冯·格康-玛格建筑事务所作品集

建筑设计　1991–1995

[德] 迈因哈德·冯·格康　编著
　　　　张　莉　杨淑娴　译

中国建筑工业出版社

著作权合同登记图字：01-2003-7681 号

图书在版编目(CIP)数据

建筑设计1991-1995/(德)格康编著；张莉，杨淑娴译.—北京：中国建筑工业出版社，2004
(玛·格康-玛格建筑事务所作品集)
ISBN 7-112-06634-4

Ⅰ.建... Ⅱ.①格... ②张... ③杨... Ⅲ.建筑设计-作品集-德国-现代 Ⅳ.TU206

中国版本图书馆 CIP 数据核字（2004）第 053124 号

© 2001 by Architekten von Gerkan, Marg und Partner
Chinese simplified translation copyright: © 2004 by China Architecture & Building Press,
through Vantage Copyright Agency, Nanning, Guanxi, China
All rights reserved.
von Gerkan, Marg und Partner Architecture 1991-1995

本书经德国 GMP 公司授权我社在全世界翻译、出版、发行中文版

责任编辑：丁洪良　王雁宾　戚琳琳
责任设计：郑秋菊
责任校对：赵明霞

冯·格康-玛格建筑事务所作品集
建筑设计　1991-1995
[德] 迈因哈德·冯·格康　编著
　　张　莉　杨淑娴　译
*
中国建筑工业出版社出版、发行(北京西郊百万庄)
新　华　书　店　经　销
北京嘉泰利德公司制版
北京顺诚彩色印刷有限公司印刷
*
开本：889 × 1194毫米　1/40　印张：12$^{7}/_{10}$　字数：305千字
2004年11月第一版　2004年11月第一次印刷
定价：85.00 元
ISBN 7-112-06634-4
TU·5790(12588)

版权所有　翻印必究
如有印装质量问题，可寄本社退换
(邮政编码100037)
本社网址：http://www.china-abp.com.cn
网上书店：http://www.china-building.com.cn

目 录

6 序言 迈因哈德·冯·格康
10 冯·格康 - 玛格合伙人建筑事务所(gmp)基本设计的传统 迪特马尔·施泰纳

影剧院与音乐厅

14 音乐厅及议会厅，卢比克
36 音乐厅，哥本哈根
40 市剧院，古特斯罗
46 克莱斯特剧院，奥得河畔法兰克福
48 卡地夫湾歌剧院
50 提维里电影院，柏林
52 2000 奥林匹克，柏林

教学与科研机构

60 成人教育学校和市图书馆，海勒波恩
64 工艺学校，史威林
67 马克思 - 普朗克协会，慕尼黑
70 成人继续教育学院，赫尔内 - 索丁根(Herne-Sodingen)
72 离散数学学院，波恩
74 马克思 - 普朗克学院，波茨坦布尔
78 莱比锡大学化学院
80 斯特勒堡工业大学分院
82 报告戏剧中心，奥登堡大学
86 肯尼文化工大学分院
88 小学和中学，慕尼黑 - 里默(Riem)
90 成人继续教育学院，德国电信 - 克雷思马柯拿(Klein Machnow)

公共建筑

92 国会大厦，柏林
96 联邦委员会办公处，柏林
99 联邦参议院，柏林
100 德国议会议员办公室，柏林
101 柏林 - 特雷普托市政厅扩建
102 不伦瑞克法院
116 北汉堡法院
118 汉堡 - 皮尔沃德(Billwerder)监狱
119 卡塞尔警务中心
122 奥德堡就业中心
128 两个政府部门和德国电信移动无线电台，波恩 - 波勒(Bonn-Beuel)
130 东部河运和海运部，马德堡

办公楼

132 苏黎世大楼，汉堡
140 克尔威德尔角 (Kehrwiederspitze)，汉堡
143 苏尔电信(Telekom Suhl)
144 "斯皮格尔"大楼，汉堡
146 普兰根(Brodschrangen)银行和商业大楼，汉堡
154 银行大楼，美因河畔法兰克福
156 纽伦堡投资股份公司
158 米莱希德(Mielescheide)办公园区，埃森
160 北德金属 BGN，汉诺威
162 吕特格斯集团股份公司(Rütgers Werke AG)，美因河畔法兰克福
163 3+5 电话大楼，柏林

164 德国审核股份公司，美因河畔法兰克福
182 德日中心，汉堡
186 BHW 银行，汉堡
192 市货币办公楼，埃尔富特
193 比沃革(BeWoGe)-柏林，奥托-苏勒-阿里(Otto-Suhr-Allee)
194 商业疾病保险公司，汉诺威
196 OPD 汉诺威电话大楼 2
200 罗温特(Löwentor)旁的格林楼，斯图加特
202 德累斯顿银行，巴黎广场，柏林

商务楼与商业中心

208 杜伊斯堡大厦
218 希纳费尔德(Schenefeld)商业中心
222 萨尔大厦，萨尔布吕肯(Saarbrüken)
228 威廉港(Wilhelmshafen)商业中心
231 莱比锡-格鲁诺(Grünau)区中心
232 希尔曼(Hillmann)角，柏林
234 蝾螈大楼，柏林
238 居住及商业楼，腓德烈斯街 108-109 号，柏林
239 世界贸易中心，柏林
240 欧洲贸易中心，不伦瑞克
242 新克尔恩广场(Neukölln Forum)，柏林
244 克佩尼克广场(Köpenick Forum)，柏林
246 非洲大楼，汉堡

住宅与饭店

248 冯·格康住宅
266 "美之居"(Schöne Aussicht)，汉堡
272 布拉奇博士(Dr. Braasch)的城市别墅，埃伯斯瓦尔德
274 布道处街(kanzleistraße)别墅，汉堡
275 卡尔-海恩运河(Karl Heine-Kanal)畔的城市住宅，莱比锡
276 格林(Gerling)城市住宅，莱比锡
278 多芬河(Dovenfleet)畔的住宅楼，汉堡
280 腓德烈斯汉广场，柏林
281 美尔巴尔的康饭店(Hotel Mare Balticum)，班辛
282 奥古斯丁住宅楼，汉堡
286 饭店，水岛(Fleetinsel)，汉堡
288 古丹-埃克饭店(Hotel Ku'damm-Eck)，柏林
290 库美勒街(Kümmellstraße)居住及商业楼
292 萨尔广场(Schaarmarkt)居住及办公楼，汉堡

博物馆与展览厅

296 人文博物馆(Türkencaserne Museum)，慕尼黑
301 20 世纪国家博物馆，纽伦堡
302 格罗特(Grothe)收藏馆，不来梅港
306 新莱比锡博览会
314 汉诺威博览会，第四展厅
320 西蒙集团(Simeonstift)对外展览馆分馆，特里尔

城市规划

322 斯图加特 21 城市规划
326 隔声建筑群，施瓦本布格费尔德广场(Burgerfeld-Markt Schwaben)
328 瑞西格康南部(Dreissigacker-Süd)，迈宁根
330 施普雷河湾(Spreebogen)，柏林

331 "玫瑰石"(Rosenstein), 斯图加特
332 新里默中心(Neuriem Centre), 慕尼黑
334 兴登堡广场重新设计, 明斯特
336 韦登纳(Werdener)街, 杜塞尔多夫(Düsseldorf)
337 柏林 - 舍内费尔德(Schönefeld)区中心
338 "通用电气 - 卡尼斯"(AEG-Kanis)新开发区, 埃森
339 木港老区(Holzhafen Altona), 汉堡
340 跑道场庄园(Trotting Course Farmsen), 汉堡
344 霍夫曼街, 柏林 - 特雷普托
346 多特蒙德"U"形(the Dertmund "U")
348 柏林广场, 海尔布隆(Heilbronn)
349 科隆 - 埃伦费尔德(Cologne-Ehrenfeld)
350 老东环路, 德累斯顿
351 莱茵河畔的商业园, 施佩耶尔(Speyer)
352 施普雷岛, 柏林
353 商业园区, 德累斯顿
354 前动物市场, 卢比克
356 德日中心, 柏林
360 新广场(Neumarkt), 策勒
361 戴姆勒奔驰股份公司, 波茨坦人广场, 柏林
362 索尼, 波茨坦人广场, 柏林

工业建筑

370 米诺数据集团(Miro Data Systems), 不伦瑞克
380 高科技中心, 巴本斯堡
382 工业综合楼, 不伦瑞克
383 斯图加特机场服务区
384 康柏股份公司(Körber AG)技术办公楼, 汉堡
385 波德维茨(Podelwitz)工业区, 莱比锡
386 德国汉莎航空公司巨无霸大厅, 汉堡
397 德国汉莎航空公司工厂, 汉堡
404 罗伯特隆(Robotron)工业园, 泽默达(Sömmerda)

交通运输设施

406 候机厅, 汉堡机场
432 苏黎世机场
434 斯图加特机场, A中心, 第二候机厅
438 地铁车站, 斯图加特机场
440 横滨港
443 隔声屏, 柏林 - 施潘道铁路
444 南易北河港口火车站
445 哈韦尔河(Havel)桥, 柏林 - 施潘道
446 霍尔斯登港人行桥, 卢比克
448 基尔 - 霍恩(Kiel-Hörn)人行桥
452 布兰肯火车站, 汉堡
454 柏林 - 施潘道火车站
459 莱比锡主火车站
460 玫瑰石火车站, 斯图加特
462 夏洛特堡火车站站台顶
464 站台顶, 泰本纳特乌尔夫(Typenentwurf)
466 2000次列车
468 勒尔特(Lehrter)火车站, 柏林, 0.3方案
470 勒尔特火车站, 柏林, 建造方案
478 斯图加特21主火车站

附录

迈因哈德·冯·格康
序言

本书是我们建筑事务所自1965年成立以来出版的第五本专集，记录了1991~1995年竣工的几乎所有项目。我们继续出书意在记录我们完成的设计项目，设计如何进行以及设计的实施过程是如何遵循最初的设计构想的。

此外，继续出专集另一个目的是，设计手法及对建筑理念的统一对我们设计和建造的每幢建筑都至关重要。这意味着设计理念和设计具体内容的立场。我们不希望制造一台兼容并蓄的设计机器，而是主张设计师们体现各自的观点，坚持各自的设计风格。因此，在理念上达成一致极其重要。事务所的工作方法、组织形式及讨论形式也服务于此目的。

然而最佳、最有效的媒介还是这些专集，这些浓缩的作品。它们既是我们员工的指南，同时也为我们的顾问和工程师提供感性材料。

单体并非专集推崇的惟一范例或参照摹版。相反，这些专集将试图从风格迥异的单体项目中挖掘出一个相对普遍的设计理念。理解这一点的最佳方式就是了解并比较许多截然不同的项目和建筑。虽然图片完全可以展现设计和建筑自身的内涵，但是仍有必要概括如下：

• 简洁

我们的目标是设计尽量简洁，使之内涵宽广，经久耐用。外观朴素、用材统一也是基于此设想，因为我们坚信，目的性绝对必要。我们希望我们的建筑设计简洁、自然、得体，创造出的空间能满足人类生存方式的多样性需要，长盛不衰，维护费用低。表现主义只是艺术家们的突发奇想，与自然、建筑和耐用没有合理的关系，因此，我们时常考查我们的作品，以批评的眼光审视主要建筑动机，努力避免表现主义倾向。

新闻界现在把这种传统的简洁重新命名为"新"简洁。然而，设计缺少信息数据，建筑几乎荡然不存，这种纯粹主义我们前所未闻。我们认为，简化必须以可行性和常识为依据，因此必须综合设计目的和地理位置因素，以免步入所谓的风格主义的误区。

• 统一性与多样性

欧洲传统意义上的城市化要求整体平衡统一，个体达成平衡的多样风格。过度统一意味着沉闷单调，过度多样则混乱无序。

我们既不主张工业居住区的那种单调，也不赞成东京那种无限制的多样性。欧洲城市的大部分，如巴塞罗那、都灵、里昂、以及大都市巴黎、伦敦、马德里，都出自多样性与统一性的完美结合，这需要每个建筑师形成共识，自我约束。每幢建筑，即使规模大如国会中心、火车站或大型写字楼，也只是整个城市结构的一小部分，必须有适当的统一，控制建筑形式与高度，用材也应和谐有致，否则我们的城市将会降级为商业利益或个人利益统治的战场。

因此，宁要统一，也不要自由专横的个人主义。这种理念要求设计师谦逊有节，避免上演建筑界的杂技表演，无论是属于理论信念还是平民风头主义。放弃"才华四溢"的建筑创作很容易被诽谤为无能或随波逐流，原因在于新闻界需要发布新花样。而对于我们来说，建筑始终是一门为人类环境服务的社会应用艺术，而并非新闻界或摄影师的猎奇之地。

这种传统主义并不是风格问题，而是环境与设计文化的问题，所以设计优秀的标准化作品应该总是优先于设计一般的另类作品。

• 连续性

现在，不仅新闻界甚至连评委们都渴望轰动，走连续性道路绝对不是成功之道。然而，其他艺术可以自由，因为它们不负任何直接责任，而建筑艺术要承担太多的责任，必须时刻确保艺术与现实有因果关系。要而且只有建筑设计遵循这条基本规律，创新才是我们建筑师对社会的应有贡献。推陈出新的发展和建筑时尚犹如昙花一现，不知是否能验证为大势所趋，还是不过个人目的的标新立异，令人难以确定。我们尽力排除层出不穷的"当代思潮"的干扰，某些旁门左道的确非常诱人。

我们之所以奉行基本立场的连续性是因为我们坚信，在不确定的情况下，最简单的方法总是最佳方案。这就是我们为什么要把每项设计任务简化成条条框框，划分重要与非重要因素的原因所在。

• 创新与改变

设计时最令人振奋的莫过于有所发现：想出了解决具体问题的具体方法，逐步完善了设计构想，使其满足使用标准、场地状况、材料和结构情况以及耐用性，并将所有相关要素都糅合到建筑整体中。重视整体与具体情况始终是关键，因此，我们不会尝试仅仅局限于改观表面的创新。对于我们来说，在探索新事物的过程中心不可少的是一项称心如意的任务，一项基本要求则更佳，玛格（Volkwin Marg）认为，"有目的的创新犹如有轮之车、有帆之船，才能胜利前行。为轰动而创新只会滋生创造者的表现主义，满足自我表现的强烈欲望。"

在过去的几年中，巨型屋顶、长跨度结构这个主题日益成为我们的一种创新形式。汉堡机场、175m单跨度的巨无霸大厅、柏林2000年奥运会场馆、莱比锡和汉诺威贸易博览会、赫尔辛基、施潘道、斯图加特的车站大厅、或是勒尔特火车站，都是全新的活力四射的新领域，给公共空间带来全新规模、全新特征，使结构本身升级为设计特征。

甚至我们习以为常的办公楼也始终是一个挑战，力求创造新种类、新形式的公务组织，提供新的建筑选择改善工作条件，这是除了住宅以外最重要的设计任务。苏黎世办公大楼是那种设计有温室立面的建筑，这样不只是弥补了大城市街道的噪声粉尘，改善工作环境、节约能源，而且其建筑风格高雅尊贵，造就了一方黄金宝地。而诸如德国审核股份公司那样的建筑又是一次可能性挑战：虽然外形大小单一，但是通过多样性结构创造出朴实多变的空间。米诺数据集团建筑通过开发一种新楼型，实现了办公桌与操作台的和平共处。

城市规划最难直接实现创新，我们也深知创新不是乌托邦。虽然斯图加特21这个项目的城市结构具有革命性创意，但这仍在可能范围之内。铁路区3km长的绿化带可能会让当地议员自摇脑袋，大呼不解，我们认为内城开阔的铁路区呼唤大规模的城市规划复兴。

乌托邦是人类发展的"智力乳汁"。我们尊重约纳·弗里德曼（Jona Friedmann）或是巴克敏斯特·富勒（Buckminster Fuller）的成就，他们在思考时与当代相比的确不够真正的理性。有些事大多数人认为不切实际或不可能，而今天通过努力，通常采用众多折衷的办法，便可变梦想为现实。这些事对于我们而言是更大的挑战。莱比锡贸易博览会的巨型玻璃大厅、巨无霸大厅的顶部结构或是柏林或斯图加特的新车站，都是我们游戏于现实与理想之间的界地。

当我们的设计集结成书、得到褒奖时，我们理所当然获得了巨大的满足感。但是，更高的目标是让这些构想付诸实际。有些人或许认为这是过于固执的"行动"妄想，而我们的观点是，建筑师的任务在于建造：变目标为现实，不失怀揣梦想的能力。然而，创新对于我们并非风格问题，风格充其量不过是工作方法和理论观点的产物。

• 行动

许多批评家和有些同事看待我们的作品时有三段式局限。先是嗤之以鼻，特别是那些认为我们对于建筑很重要的学生们。有些纯建筑教育培养的这些怀疑论者总是描绘出大量草图，醉心于演讲和出书，但大都回避具体的建筑实施，因为具体的行动往往会玷污最初纯美的设计构想。设计的实施就意味着接受妥协和让步，而让步无疑会产生平庸，而正是从这平凡之中提炼出我们所构想的简洁。批评家中的正统派对办公楼、购物中心，甚至工业建筑这些重要设计任务总是作出吃惊的反映。有些建筑师被斥责为"商业建筑师",因为他们接受用户和投资者的金钱,给他们创造高利润的建筑。与此相反,艺术建筑师洁身自好,只钟情于著书布道或博物馆建筑,音乐厅如果不为俗用,机场如果只是消费中介,也可勉强接受。

我们事务所规模之大,也不得不让人竖指赞叹。员工200多人,这似乎不可能再适合建筑艺术了,只能成为大批量制造产品的车间了。了解我们事务所的人知道,我们比大多数5人工作室工作快得多,却更没有规律,效率更低。

有眼光的人可以自己判断我们的产品是否真是标准庭院。我们事务所的规模甚至连我们自己也深感不安,但也有满意的时候:不论任务大小与数量多少,我们都能成功坚守我们的目标,在基本观点和小到细节质量标准上保持共识。

即使当我们不得不为偶尔的失误抱歉时,我们的立场对客户也不够友好,有时甚至是敌对。有些客户10年之后还会回来,因为他们已经体会到建筑责任与顺从、讨好难以兼得。

· 公共关系

每个建筑形式都是都市的一部分,因此也是公共体验的一部分。它若没有活力会产生什么后果?这就是我们为什么每次都致力于如何化解公共与私密空间之间的隔阂这个问题,这并非所有权问题,而是有关功能、用途、认识和城市整体化的。

有鉴于此,我们认为建筑创造和美学责任息息相关。每幢建筑占据了有限地球空间的一部分,即使是非常极端的资本主义社会理论也不能辩解说,这块土地可以任凭金钱摆布蹂躏。绝对不行。每件建筑作品及其设计者、所有者和使用者都必须向公众"献礼",献上优秀的设计和公共参与精神。

或许,我们之所以宣称此类观点是因为我们参与设计了许多公共建筑,如机场、车站、展览馆、音乐厅、购物中心和停车场。但或许这些任务之所以青睐我们,是因为我们与公共建筑已经亲密接触,不只是纸上谈兵。

· 对话

对话这个隐喻可以用于解释我们的设计立场。我们把我们的设计方法描述为对话式的,这样可以阐明,问题与答案在设计过程中互相依存。每件特殊的设计任务都隐含解决方法,对其评估可以改造任务,改变价值及相关设计要求。此处也涉及到当代思潮与我们自己作品之间的互相影响,虽然最方便的方法是置身事外。一定的智力免疫力有可能抵消当代思潮的影响,条件是你知道你有扎实的个人基础。基础之一是基于建筑与合理性的关系。我们认为,建筑是一项对话任务——从字面,但首先是从转换意义上说。因此,我们把自己当作合作者,通常是在艰难的设计过程中回答环境设计问题。

对于我们来说,这些答案不是判决,把每个方法审判到一个美学"标识"的囚笼里。我们努力用我们的"答案"透彻地回答"问题",这是我们的设计方式,从具体情况开辟设计道路、设计构想。

我们不愿上演建筑独角戏,让总是雷同和重复的设计定式成为清楚无误的特征。我们不想充当得力助手的角色,瞬间解决每个"问题",从而制造一个建筑大杂烩。只有耐心倾听,在对话中应答其他合作者,但同时保持一贯的观点,这样磋商才会卓有成效。

或许本书两个处理思路完全相反的项目可以说明这一点。不伦瑞克法院位于一个历史遗址上,建筑线、斜屋顶、屋檐高度甚至色彩选择都由保守权威预先决定。基督教神厅风景大殿(Land-schaftliches Haus of Christian Gottlieb Langwagen)的修复是由撒克逊州下议会决定的。我们的磋商合作者不得不面对一个有历史的方案,这个方案尊重所有的这些要求,同时采用现代建筑风格,不带历史痕迹。相反,柏林的勒尔特火车站是个世界交通枢纽,其重要性众所周知,日客流量

5万人,其城市特征需要地铁。任务的重要性这里比城市情况更突出。我们的设计师在改建呼声和自我实现之间斡旋。

结构

不存在纯粹的结构和纯粹的技术,这两者要存在都必须依附于形式——一个探索设计出的形式。

每个建筑结构都是一个混合物,把合理的承重、支撑、各种压力的抵抗力等各项特征凝聚于材料形态。这种形态可能是庞大的,使用大量材料即可实现目的,也可以贴饰加遮蔽。然而,也能设计出精妙的结构,用材经济,展现美感。这些建筑混合体总是根植于某个结构理论。因此,合适、经济、生态,联手美观,共同指挥几乎无穷无尽的设计创作,惟一的决定因素是合理,而根本不是风格。我们认为结构不是极权主义独立自主的产物,正确的观点是把结构当作更高一级的工具,当作音乐节拍中的强音或语言中的语法。

如果汉堡巨无霸大厅内175m的跨度结构不合适,我指责理由准是"空洞可怜"。但是这个结构却恰到好处,特别经济,因而其象征主义毫无疑问一览无余。这同样也适用汉堡机场屋顶和飞机机翼的相似之处。我并不认为象征性本身是建筑艺术的先决条件。人造象征主义作为纯美学表现由于短命的后现代主义已经消退。解构主义甚至把目标都分解成结构主义主题,它在符号学上必须包括"感官空白"(Sinnleere),那就是无意义性(senselessness),我们这个时代颇有启示意味的隐语。这不是我们心中的任务,这不仅有背我们的情感,而且悲观怀疑哲学也有违专业道德,我们的责任是为人类开创生活空间,不是设计混乱的混凝土疙瘩,引发社会批评。

个性

在技术文明的现代社会,建筑(除了预制装配房)是最后一个非大批量重复制造的人类发明。

有人感叹,现代建筑业的工业化尚未到来,建筑业与其他工业相比比较昂贵,而且将更为昂贵。与此相反,我们认为这是先进之处。建筑业创造了个性的最后一块胜地。每个新项目都有非常独特的个性,是场地、气候、功能、环境以及建造和经济情况之间对话的产物。同时,我们感到,这个挑战中我们的任务是创造个性独具的地方、空间和建筑物。

我们认为,每所房子都需要一张"脸",反映和表达其性格,在众多限制因素的对话中打造的性格。因此,在两个不同的地方重复同一个设计是不可能的,正如风格"标识"的使用一样。我们设计的16座机场无一雷同,尽管计划功能要求相似。当然,在类型上有相似之处,例如斯图加特和汉堡的候机大厅,或者在建筑设计语言上,然而并非整体如此。

机场作为现代城市的新大门,独特性义不容辞,在到达和出发之处必须给人们留下深刻印象。我们主要关注的就是创造这种独特性。

在我和马克的两种独特设计中,我们找到了一种联合建筑语言。我们的建筑必须显示出我们理念与具体内容的联合,不商标化或者流于为艺术而艺术的自由主义。

我们建筑的个性必须在我们自己的原则范围内,而且满足独特性要求,两者缺一不可。

我们的工作处于公共责任与个人表达之间的平衡,以前如此,今后也不变。

迪特马尔·施泰纳

冯·格康-玛格合伙人建筑事务所(gmp)基本设计的传统

对gmp的评价与接触不应局限于讨论会式的项目和建筑的简单汇报,至少应该是对某个特定的德国建筑和过去几十年建筑历史的评价。采用"gmp"这个仍在使用的常用事务所名称以避免冗长的全名Meinhard von Gerkan, Volkwin Marg & Partners。gmp可能成为标识,像以前的SOM一样。

能正大光明地称作建筑事务所的德国设计事务所中,gmp无疑是最大的。在柏林、亚琛、不伦瑞克、莱比锡及总公司汉堡,共有员工200余人,这就产生了一个切切实实问题:如何在这个庞大的"公司"维持建筑标准的持续性。其实,不同的办事所并非像乍看起来的那么极端涣散。柏林有开发大型任务的可能性,需要一个办事处;莱比锡也如此,有新博览会的设计;而亚琛和不伦瑞克有建筑学校,是格康和玛格从教之地;最后,汉堡仍然是建筑师的家乡。如果要将德国建筑划分区域,那么,可以说gmp代表了北部德国的建筑风格。

我们首先把gmp归入德国建筑的标准。在日益国际化的建筑界,确实仍然存在乡土主义(regionalism),虽然日趋消亡,但还是生机盎然。但是,乡土主义与19世纪和20世纪初的全国浪漫主义运动(national romantic efforts)毫无关系。它不是要探索地方"风格",现在,20世纪90年代,不再有"批评乡土主义",Kenneth Frampton和Christian Norberg-Schulz在80年代提出"批评乡土主义"用以强调和解释当地实情检验的现代建筑特定传统。90年代的乡土主义越发精神化了。

另一方面,今天的地方化仍基于各地社会文化上存在的差异,基于不同的建筑实践和建筑师的作用,基于整个建造过程中建筑的意义与强度。或许,对艺术历史平衡派和国际建筑行家来说,这低俗不堪,但建造规则、能源、健康、安全因素、结构、工艺标准等仍然是"建造施工"(building)和"建筑风格"(architecture)最多变的标准。凡是了解弗兰克·盖里(Frank Gehry)在洛杉矶、法国、德国的建筑,或者阿尔瓦洛·西扎(Alvaro Siza)在葡萄牙、荷兰和德国的建筑的人都能轻松区分这些建筑物的地方和区域差别,不仅是建筑师行为活动,还是各自的建造参数。

另一个方面发生在15年前,建筑产生了彻底且巨大的变革,从一门批评性期盼有条理社会模型时代的学科到营销类,充当包罗万象的文化工业的一门学科,包括整批相同的和基本相似的模型。文化工业的本质是打造"明星们",他们通过发明一种建筑理论来证明自己的设计没法真正建造起来。为了在工业文化状况下与建筑发展保持同步,深入参加艺术和理论文化的讨论至关重要。同样重要的是建造建筑大作,说明这个在理论上打成的观点,同时这些只是不完全地针对真实目的、真实的项目和真实委托人。

因此,我们清楚地认识到提供当代方案的两种"类型"的建筑:一是地方,最好是地区最高权威建筑;二是源自于基本发展理论或普遍标准的建筑,它把每个地区带当作发展的试验场。国际建筑师的建筑属于后面一类,这些建筑在德国主要是在过去的10年中建造起来的,一个情况类似的绝佳试验场。现在,德国,更仿佛是德国建筑师,开始接受和分析国际建筑师的这种"一座表演"了,而不再视之为狂乱,但仍不能忍受这些建筑成为"德国个性"的一部分并具有相当大价值这个事实。在最近的一次采访中,詹姆斯·斯特林(James Sterling)称德国为"最佳建造地"。

但是,这些"地区状况",德国建筑师是如何理解的呢?第一次试图回答这个问题时,gmp的建筑界地位应该更明确,gmp划入"竞赛事务所"之列。当时还很年轻的gmp事务所第一次巨大成功是赢得柏林-特格尔机场。gmp后来的大量项目也是在竞赛中夺魁获得的。这里必须介绍一下德国的竞赛体系来解释这一点,因为它与其他国家的体系差别相当大,而且它在德国特别重要。几乎所有的德国公共项目都公布竞赛,这就是说项目要求,某个社区、某个州、全国的注册建筑师都以匿名参加竞赛。由建筑师和委托人代表组成的评审团评审参赛作品,向委托人推荐拟建方案。这种形式的建筑竞赛显然根基于民主决策。其指导方针是建筑师家意见,这些建筑师主要是该行业的著名代表,但是他们不得不通过讨论和解释同委托人代表达成共识。因之,通常那些理性上、技术上、功能上、经济上容易理解的方方面面被提到最显著的地位。

冯·格康自己就在其事业生涯之初发人深省地指出种体系的特征:"每个局内人都试图在著作和演讲中对这种无文化状况。我们把我们的美学和城市目标包装在功能图表里,使用分析和虚假的经济最优化。这样,种文化争论悄然滋生,'借口'是德国建筑交流体系中技术专家政治的经济正当性。

必须在德国的历史背景中洞察这种建筑文化的民主衡,那时,决策的根据是僵化的建筑教条。战后民主国意欲建立与这个结构刻意相反的文化,评审团由趣迥异的代表组成,其"对话"、"交流"在探求建筑方时以达民主平衡。最大的一致和最小的共性以前和现都是理论上的根本目标。这个体系一旦成为建筑发展市场指挥,就能够排除任何形式的试验、任何声势浩的新运动、以及任何模糊的立场。它是反权威的、民的,从最好和最坏意义上说。这个体系产生正常的常性建筑,产生基本符合需要的建筑,产生"建造世界"的建筑,产生准确无误实现社会期望并得到其容忍承认的建筑,接受结果的建筑。有了这个体系并在这体系中,gmp现在的立场才能实现。这样,对话式建才能实现,其存在的可能性被接受。建筑的所有精神值也能与有效性和功能性保持一致。在这个体系中,有社会状况的文化阐释,通常是积极的称。

这样,我们到达了德国建筑的一种特殊的"精神状"(intellectual level)。冯·格康曾在一次演讲中用甘特·本尼施(Günter Behnisch)的话:"形式以用眼睛看,用手摸,而我们要以精神之眼观察设。设计不仅仅是简单的形式。"这种观点使精神设计(intellectual design)与实际创作之间不由自主地产生了一个"缺失环节",这个"缺失环节"是建筑风格同建筑工具、象征、理论、文化立场的真正关系。建立在"精神设计"上的德国建筑风格同时又回到无限制的推论,回到与相关建筑师的神秘主义创造态度。这很典型,而且关于战后德国建筑的断言尚未证实,这个断言就是,战后德国建筑风格在理论合理性上根基于一种更高层次的人文制度,一种尚未确定的精神主义,它从未在理论上真正地命名过式。这并非解决这个问题的地方,还是让它继续充当批评吧。分析gmp建造的真实建筑会更有成效。

既然gmp许多建筑赢自竞赛,那么就有理由说gmp对这种形式的决策过程已经产生了特殊的感觉或独特的策略。新颖而又容易建造,情趣盎然而形状和空间又经济节约,自信而又与环境协调。这些或与这些一脉相承的优点成为评审团报告中对夺魁作品成功之处的描述,合乎多数建筑评审过程中必须具备的品质。这个策略可以定义为对矛盾的让步,软化矛盾迎合口味。

gmp建筑最令人兴奋之处是其简洁清晰的"建造"语言。功能满足了,目标达到了,委托人满意了,使用者感到被理解了。关于这一点,gmp似乎有个道德限度:遵循合理化建筑技术。

那在强调快速快出的建造生产中困难重重。对此,我们一直采取抵抗的态度。gmp建筑的"精神设计"内容也深思熟虑,精描细写,材料直观明了,坚固持久。建筑无可挑剔,即使在最困难的情况下也如此,从不放弃追求和立场。如此大的建筑数量和体积有如此的质量gmp这样规模的建筑事务所来说简直令人羡慕不已。因此,建造过程本身也纳入了一个新品级。Werner Oechslin有一次分析gmp作品时把这个策略称为"建筑师化"(baumeisterlich),他显然很难从当代历史出发评价这个立场。这也不容易。没有令人兴奋、异乎寻常的地方。的确如此吗?gmp最杰出的建筑都有引人注目而壮观的形体,这些形体由于实用性和功能性要求通常显得"时断时续";比较国际建筑,这些形体产生的原因是早已提到的地区性德国法定国情,以及由此产生的文化常识。gmp建筑物最主要的品质是经久耐用,这个事实最能证明上面这一点了。不是通过细枝末节过分强调设计的艺术性,而是通过最大的关心和注意简单地将其正确解决。秉承工匠式方法,或者也是建筑的清洁性,正如兰普纳尼(Vittorio Magnago-Lampugnani)在《镜子》(Spiegel)杂志一篇文章中要求的,该文是关于"新简洁"这个主题的,最后错误地在德国引起了所谓的"柏林之争"。

建筑风格中"创新"这个词是这次所谓的争论中惟一得到拓展的主题。创新必定总是新的吗?"创新"是否总是只意味着建筑风格必须最近才从每个项目和每个建筑物中诞生?"创新"是否意味着翻出以前标准的复古运动?或者"创新"意味着每种标准必然被抛弃,而有活力或有精神的标准体系被提出?所有这些都是可能的,任何时候都不能排除在外。

在目前的生产条件和建筑习惯下,建造经济合理,达到简洁明晰,这种创新也不应该低估。今天的建筑师面临前所未有的新材料、建筑标准、工业细部的山崩。只有真正的建筑师才能创造清晰与确切。

因此,gmp的建筑风格定位是坚固、实用、美观的建筑三位一体。采用用材清晰简洁的文化,沿袭整体艺术,兼具易辩性、易懂性、易分性。采用超越特定目标的功能主义,生命很长的功能主义,使建筑能在其很长的使用寿命中适应各种用途。采用美观的观点,把当代社会各种形式的建筑构件轻轻松松、不加遮掩地整合到一起。

因此,gmp最近几年的项目都使用清晰的外形,形式清晰的构件,所以总是这些大型的形体和清晰的建筑,尤其是机场,还有办公楼,这些建筑展现了一定的自信,顺利获得易于改建的总体评价。gmp的建筑语言总是清晰的、具体的、毫无疑问的。在战后国竞赛体系的基础上,德国建筑服务的区域文化也发展起来了。结果,在德国产生了一种遵从实现目标合理主题的经典现代主义:一种技术文化水平很高的特殊的"实建"(real building)艺术;一种文化,它不容个人的沾沾自喜,因而符合人性化的现代理想——纯空间、在结构和选材上诚实、真实。

这可能是因为最近的德国建筑历史宣扬这个体系的国际轰动性,也可能是因为德国国内争论追捧自己的英雄,涉足国际争论的英雄。但是,对战后德国社会、文化和建筑关系,同样经典的是而且依然是gmp的建筑风格,这种建筑非常清楚它是我们社会的一个服务实施。这种建筑社会整合充分,能在最高文化层次上阐明区域特点。如果德国今天有自己的建筑文化的话,那么gmp的建筑就是其表现形式。只要这种文化不真正存在,gmp的建筑依然停留在可能性层次上。

影剧院与音乐厅

音乐厅及议会厅，卢比克

竞赛：一等奖，1990
设计者：Meinhard v. Gerkan
项目负责人：Thomas Rinne,
Wolfgang Haux
合作者：Volkmar Sievers,

公众需求和庆典需要的双重特性指导着该设计各项参数。该建筑长120m，宽55m，高19m，并非要迎合小规模氛围的卢比克旧城，而是对现代的一个语义、微缩与美学的陈述。该建筑及其公共设施的定位为都市建筑物。北楼顶层其内置筒体门厅形似巨大的拱廊，伸进横穿此地的行人道。在这个建筑入口广场处，该楼本身就充当了一个公共空间，它备有拱廊、楼梯间、走道等各项实施，多用途门厅用几何

形状圆形和方形构成一个向公众开放的庭院。筒体玻璃墙总面积达1400m²，高10m。建筑选材简单：白色搪瓷铝和可见配件的两极化对比突出了其工艺特色，同时显示了其设计与水上建筑的关联。该建筑基于中心轴线，音乐厅着类似的清晰的长方形廓，四面都有入口。正厅坐区、舞台区和正厅后区的座位做成可移动的使其室内可容纳1000

000 观众。室内墙壁带有
饰面,以满足音响和设
的高要求。屋顶曲面、结
钢架连同舞台区的吸声
板都是音响效果的组成
分。

1 竞赛模型:屋顶图鸟瞰图
2 从圣比特里(St. Petri)塔上的视角
3 卢比克旧城平面图
4 新旧的强烈反差
5 从旧城看卢比克音乐厅

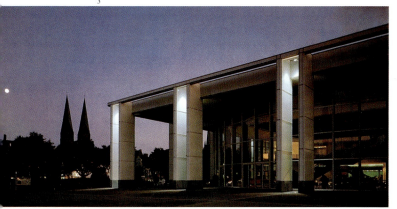

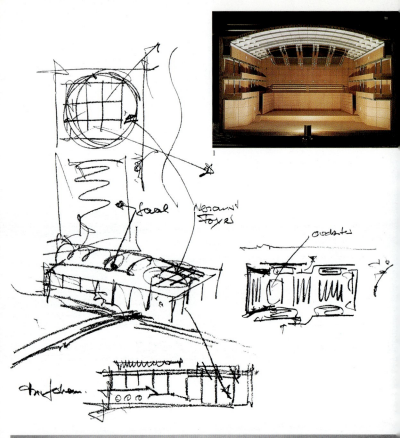

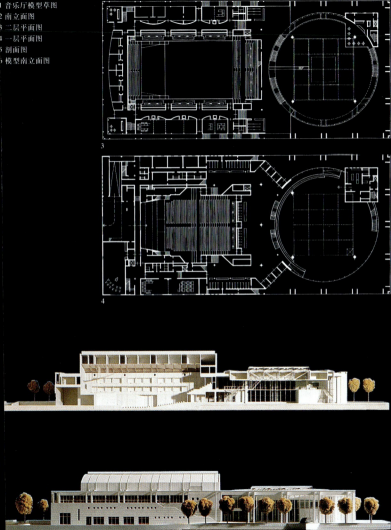

1 音乐厅模型草图
2 南立面图
3 二层平面图
4 一层平面图
5 剖面图
6 模型南立面图

建筑通过双层正立面与宅外相连,宽大的楼梯通向上层公共区。

下面两页:
带车行道的北立面

1

3

宽阔的房顶坐落在纤细的双支柱上,筒体活动门厅全部装玻璃,在顶灯的照射下亮如白昼。

1 日景效果图
2 夜景效果图
3 模型的正立面图
4 模型的东立面图
下面两页：
日光、工艺装备和外部关系
尽显宽敞效果。

1

3

屋顶抬升后的天光强化了空间的圆形结构。方形框架的平台覆盖并穿入圆形。圆形与方形交互主导着该空间,设计元素的简洁明快,色彩也作同样处理。

2

1,2 从活动门厅向外看
3 从活动门厅越过天光的效果图
4,5 大厅与圆形面互动的楼梯和天桥
6 活动门厅顶部细部及天光

精确的细部处理,简单的材料运用和基于自然与人工照明的空间构思构成了门厅区域的特点。

1 上层会议室的通道走廊
2 晚间的多功能门厅
3 柱基细部
4 音乐厅入口
右图:轴线性与对称性构成建筑宅内外设计的语汇。

音乐厅内貌犹如"一盒珠宝"。大厅2014座,厅堂成龛,这些区域观众少,调暗灯光可使该块场地保持气氛。折叠的屋顶和音响棚创造了高品质的音响效果。

墙表面设计为木饰面板,不锈钢框架。

空间恰到好处的音响功能成为一个主要设计特色。这并非实用装饰，而是被转换的美学功能主义。

1 乐团排练室
2 顶棚照明细部
3,4 金属与木饰板面细部

音乐厅，
哥本哈根

竞赛:1993
设计者:Meinhard v. Gerkan
合作者:Nikolaus Goetze Charles de Picciotto, Walter Gebhardt, Karen Schroeder

宽阔的整体屋顶栖息于分段排列的纤细支柱上，形成一个覆盖大厅和附近入口厅堂的顶棚。室内外融为一体。抬高的地势、逐步倾斜的坡道，以及临水而拥有海湾宽广视线的台阶，为该地赢得了特殊的吸引力和独特的魅力。该建筑的拱廊设计成公共建筑，大厅向公众开放。平面布局同样对称：音乐厅和入口楼梯间位于对称轴线。由于主入口水平面高于街区平面，音乐厅和图书室从上"突然插入"。图书室不仅完全融于水环境，而且底层平面向外凸向海湾码头，因而明良好。与水为缘，楼东、楼南、楼西明亮通透，创造出独特的氛围，形成了一道新的城市特色夜景：哥本哈根的又一标志性建筑

1

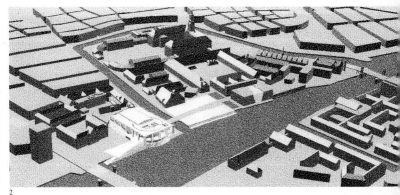

2

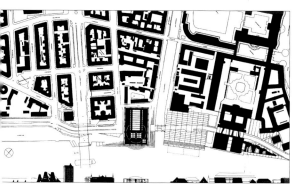

1 立面细部
2 城市定位图
3 总平面图,展示城市轮廓
4 基地设计图 1:500

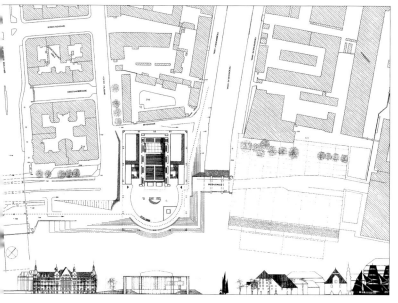

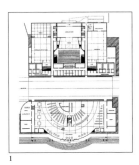
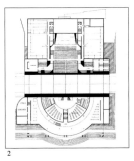
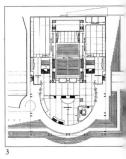

1 ±0.0标高
2 +2.75标高
3 +5.50标高
4 东立面图
5 剖面图

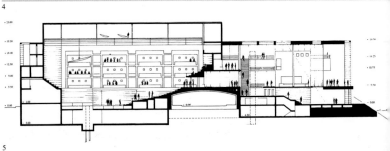

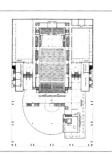

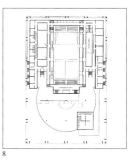

+10.75/9.90 标高
+14.75/12.50 标高
16.00 标高
南立面图
横剖面图

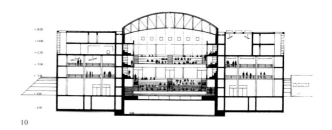

10

市剧院，古特斯罗

竞赛:1994-Ankauf
设计者:Meinhard v. Gerkan mit Henning Schlattmeier
合作者:Walter Gebhardt

分歧性和多语性两种建筑元素在此建筑中互相叠加和渗透。舞台、两翼观众席、门厅和排练室的长矩形建筑上有一个轮廓分明的"品"字状塔楼。剧院使用时，塔楼晶莹剔透，而白天，透过双层外墙，它则显得影影绰绰，从而减少了体重的压抑。主、附楼一方面通过轴线和对称的互相作用，另一方面通过辐射对称互为联系。壮观的剧场大厅基于圆形平面，其原理是两个互为连结的不同直径和不同圆心的圆形体块。

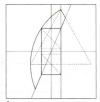

1

2

3

1 几何体块
2 平面图
3 城市文脉
4 舞台塔楼在晚上闪闪发光，成为剧院的标志和广告形象
5 大厅室内的剖面效果图

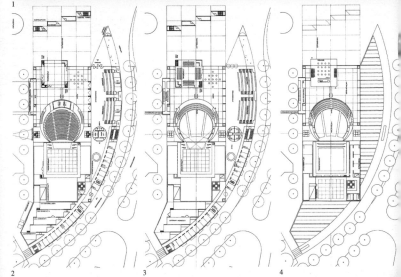

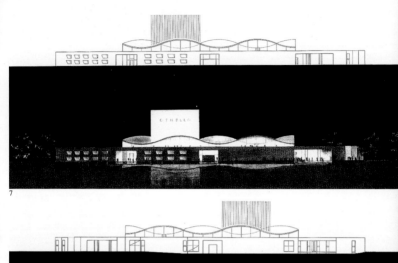

7

8

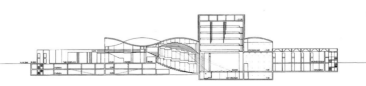

9

10 晚间南立面
一层平面图
二层平面图
三层平面图
从舞台看大厅
舞台效果图
西立面图
东立面图
纵剖面图

❶ 屋顶由凹凸相间的曲面组成，形成弯曲的波浪状，舞台塔楼穿过屋面像一块闪光的立方体

克莱斯特剧院，奥得河畔法兰克福

竞赛:1994-Ankauf
设计者:Meinhard v. Gerkan mit Joachim Zais
合作者:Stephan Schütz, Doris Schäffler

该建筑沿着布雷特希德街(Breitscheid-straße)纵向伸展，形成了构造骨架，内有辅助舞台区、舞台背景区、木偶剧场以及工作区，这些建筑组成部分使该建筑体铺满外部场地的各角落。该建筑体前面是中央大厅和剧场大厅通道区，在一个紧靠公共区的圆形玻璃建筑物内。公共看台位于在幕墙后的圆形建筑物的中心，成为设计中的第二核心。顶棚的形状和座位的设计都突出了剧场的内弯特性，最大限度保证观看时的视觉通透。

1 三层平面图
2 二层平面图
3 一层平面图

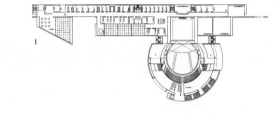

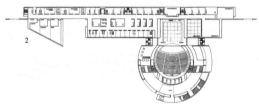

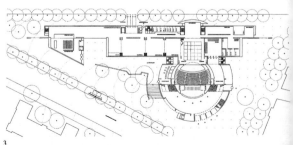

卡地夫湾歌剧院

竞赛: 1994
设计者: Meinhard v. Gerkan
mit Joachim Zais, Andreas
Reich, Hilke Eustrup
合作者: Andrea Bach

明确的建筑元素传达了歌剧院的特性：现实与幻想交结之处，社交与智慧表达之所。门厅设计成略微抬升的都市玻璃凉廊，环绕着筒体建筑，即公共大厅"奇观圆厅"。两个平行的建筑体块同一个玻璃中央大厅共同围合成"演出方间"。钢铁和玻璃材质传达出轻快、透明和开放。实体墙则显示出完整性和坚实性。

1

2

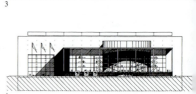
3

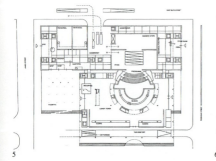
4

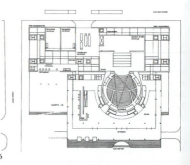
5　　6

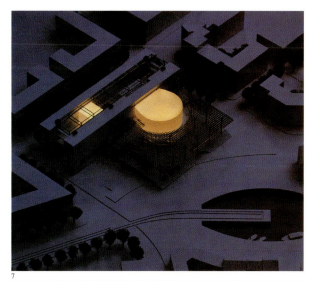

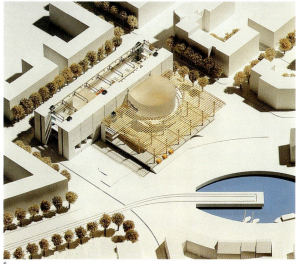

观众席／舞台剖面图
柱廊剖面图
詹姆斯街立面图
椭圆盆广场立面图
0/-1.00标高，入口
+1.00/+3.50标高
8 建筑综合体白天和晚间与城市的关系

提维里电影院，柏林

建造时间: 1994
设计者: Meinhard v. Gerkan mit Klaus Lenz
项目负责人: Klaus Lenz
合作者: Peter Kropp, Thomas Grotzeck, Bettina Groß, Gerlinde Venschott
业主: Gabriele Franziska Schloss-Gräbert
建设进度: in Planung
建筑技术: Dr. Kriegel
静力分析: Dr. Kobarg

华丽与自信之影院。餐厅与五个大厅坐落在后部的繁阴绿树丛中，通过一个巨大明亮的有两层门厅的入口大厅进入。电影院大厅伸入门厅空间，通过一个宽敞的门厅楼梯和天桥、浮桥结构到达。电影主映厅入口设计别具一格。

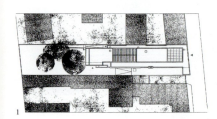
1

作为一个久负盛名的电影院，提维里电影院应该重现其20世纪的繁华、

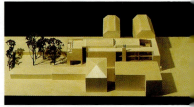
2

1 平面图
2 临街立面图
3 正立面图
4 侧立面图
5 剖面图
6 二层平面图
7 一层平面图

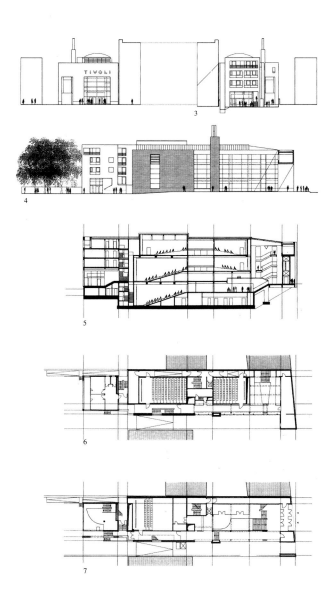

2000奥林匹克,柏林

竞赛:二等奖,1992
设计者:Meinhard v. Gerkan
合作者:Clemens Schneider,
Manfred Stanek
Kerstin Krause

奥运会是壮观的赛事,因此奥运会总会有壮观建筑的诱惑。运动会14天就结束了,但是建筑不仅在工艺构造而且在美学上却应具有长久的价值。该设计避免了夸张的设计倾向。馆厅的形式与结构基于需求,力求简洁。底层平面的环状外观与筒体外墙相呼应。运动区外形遵循跑道的椭圆形。游泳跳水馆的斜矩形屋顶帆看似悬空,奥运会期间,它覆盖了两边的临时赛区。会后,它就像一个巨大的保护伞,庇护着建筑的正立面。基地周围抬高约4m,所有服务间都隐在入口标高下,使建筑的外形呈现最佳效果,清晰而透彻。这样,服务设施并不在建筑物自身出现。建筑主要的城市规划目标重在创造一条腓德烈斯汉(Friedrichshain)和普仁滋罗尔伯格(Prenzlauer Berg)之间的宽阔的城市绿化带。服务中心被设计为南北向的平行体块,环墙的屋顶是球形小圆顶形状的缆索结构,直径125m。屋顶支撑由缆索串接的环状构件构成。节点采用螺栓和张力结构。游泳跳水馆的屋顶结构悬以两片互相斜靠的钢侧面凸肚窗,凸肚窗架在四根柱子上,通过张力杆一对对以直角连接到山墙上。临时赛区采用链接支撑的钢结构。

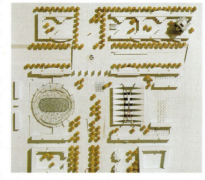

平面图模型

前页：
前方是环状外墙，后方是游泳馆。

游泳馆。弧形的横梁跨越主轴线，侧屋顶悬臂使支架可以在赛后拆除
游泳馆横剖面
非奥赛用途横剖面
游泳馆纵剖面

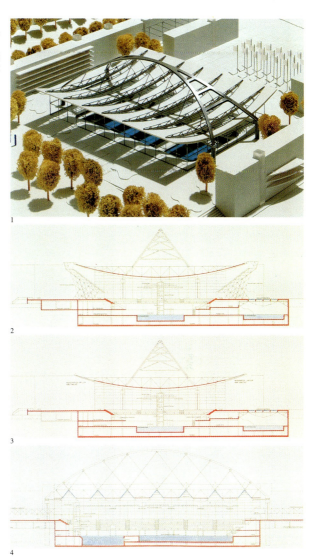

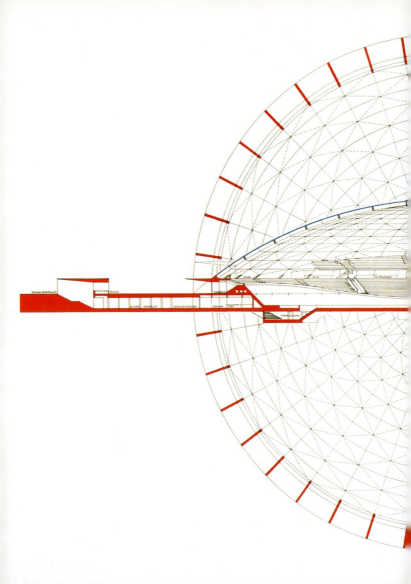

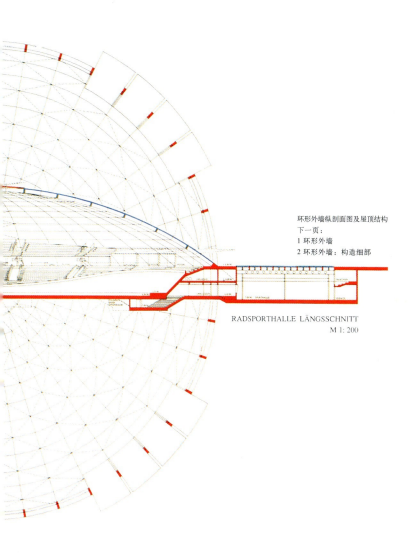

环形外墙纵剖面图及屋顶结构
下一页:
1 环形外墙
2 环形外墙:构造细部

RADSPORTHALLE LÄNGSSCHNITT
M 1∶200

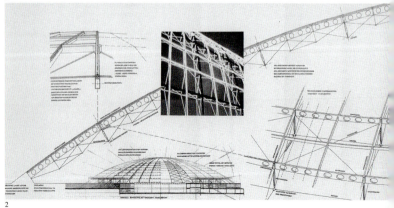

教学与科研机构

成人教育学校和市图书馆，海勒波恩

竞赛：一等奖，1990
设计者：Meinhard v. Gerkan
项目负责人：Volkmar Sievers
合作设计：
Hilke Eustrup, Volkmar Sievers
合作规划：Hitoshi Ueda, Clemens Schneider, Hilke Eustrup, Karen Heckel, Kerstin Krause
业主：Stadt Heilbronn
建设进度：noch nicht begonnen
建筑技术：Kriegel
静力分析：Kunkel+Partner

设计意图实现成人教育学校和图书馆的各项设施与公共空间互相渗透。学校和图书馆由同一屋顶相连，但又各成体系。两外侧面清晰的水平设计手法界定了建筑的临街立面。连接两个体系的玻璃顶棚营造出一个有遮蔽的公共场所，体现了公共建筑的意义，即其建筑主题。各自的入口相对而立，位于同一屋顶结构下。两楼局部都向中心伸出，使用玻璃立面，而脊柱状的楼体则伸展至临街区，立面的精心处理使其显得非常谐调。

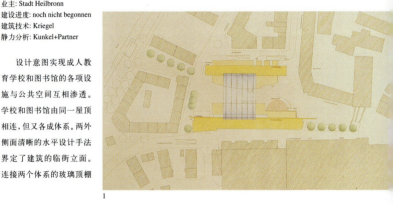

1

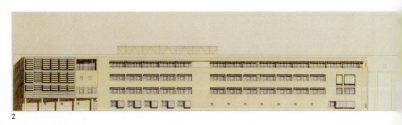

2

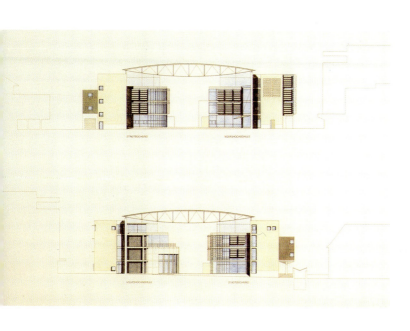

平面图
北立面图
东立面图,西立面图
南立面图

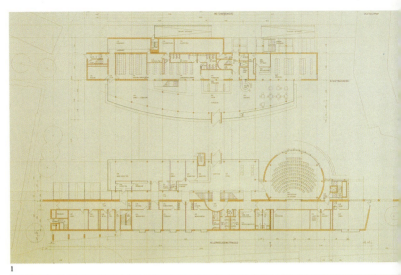

1

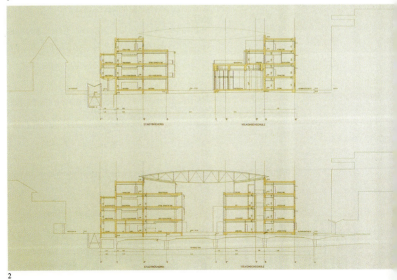

2

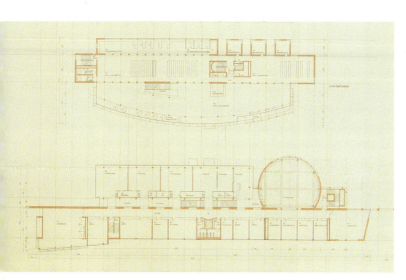

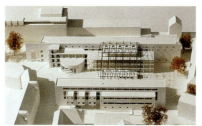

4

5

一层平面图
横剖面图
二层平面图
5 该建筑群的城市环境

工艺学校,史威林

竞赛:一等奖,1993
设计者:Meinhard v. Gerkan
合作者:Walter Gebhardt,
Hilke Eustrup, Klaus Lenz

这个 U 形建筑群开向入口一面,界定其与周围景观的边界。设计营造了一个公园似的广场,而且各建筑单元互相联系。楼房形状似脊椎,把建筑群所有部分连成一串,像一串珍珠一样。简洁严整的造型与空间合为一体,空地和绿化则调和了严肃拘谨的气氛。简洁的造型加上各单体的多样风格赋予该建筑综合体生动的体验性。

1 学校围绕一个庭院
2 南北向立面
3 B-B 剖面图
右页:
公寓组织成各居住单元

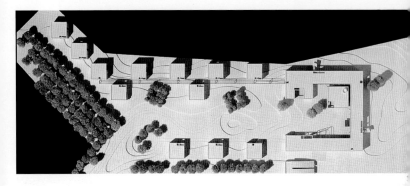

1 场地规划模型图
2 顶层平面图
3 入口层平面图
4 西北向立面图
5 A-A 剖面图

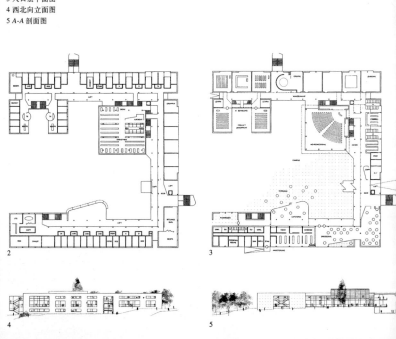

马克思 - 普朗克协会，慕尼黑

竞赛: 1993
设计者: Meinhard v. Gerkan
合作者: Christoph Berle,
Henning Schlattmeier,
Volkmar Sievers

三条互相以直角构建的长条建筑，部分被一个环形建筑圈穿过并覆盖。这个环形结构把各单体连接成整体，像一个嵌入的节点，衔接原有结构框架。这样，这个偏僻的都市一隅被赋予了界限分明的广场、临街墙和通道，显得活跃生动。在角落处有一个立方体块，两个不同的立面构造互相补充，完美相连。紧密相连的立面只留小小的窗户开口，与精致的立面形成对比。

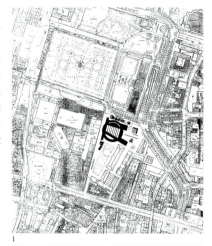

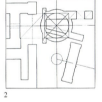

1 总平面图
2 建筑造型
3 空间界限
4 建筑空间构成

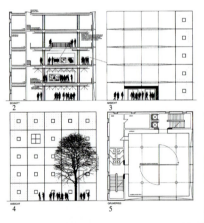

1 北立面图：用于展示空间的"立方楼"
2 剖面图
3 立面图
4 立面图
5 平面图
6 西立面图
7 一层平面图
8 三层平面图
9 横剖面图

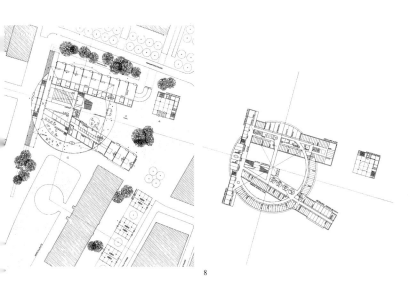

8

成人继续教育学院，赫尔内-索丁根
(Herne-Sodingen)

竞赛: 1992
设计者: Meinhard v. Gerkan
合作者: Klaus Lenz, Karen Schroeder

自然是不可模仿的，复原主义仍存在着人工雕饰，尤其是当人类工业技术理性与自然成长发生对话时。学院像"小岛"立于景观之间，景观设计中线与面的强调使其融入整体，本身成为了公园的一部分。这个独立的四层建筑合出紧闭的庭院，从而形成一个内向的中心。所有项目要求，甚至包括居住房，其设计方法造就了一种与世隔绝的特征。两条自然的坡道在视觉上和建筑上连接该建筑群和周围的景观。运动场把索丁根城区与学院分开。

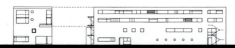

1

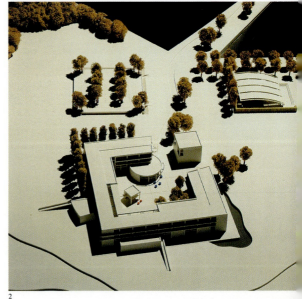

2

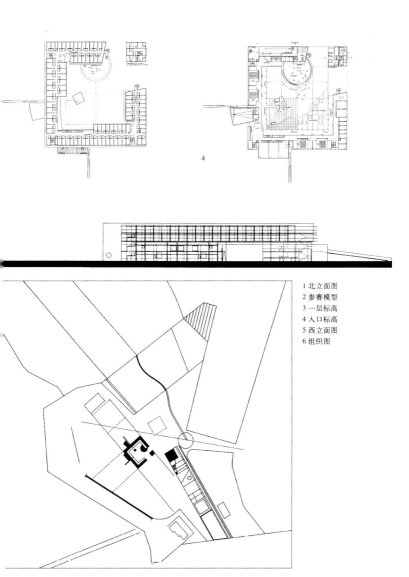

1 北立面图
2 参赛模型
3 一层标高
4 入口标高
5 西立面图
6 组织图

离散数学学院,波恩

竞赛:四等奖,1993
设计者:Meinhard v. Gerkan
合作者:Nikolaus Goetze,
Charles de Picciotto
委托人:Ph. Holzmann

统一设计的建筑外观充分体现建筑的三重用途。南部公寓楼与相邻的单窗洞立面呼应,并直线继续。办公楼平坦的外墙突出成第二层,楼房轮廓线微斜,与弯曲的道路相应。只有一个圆柱状大会议厅,如雕刻般融入其中,成为一个强调两层高入口的连接因素。在北面第三个建筑引入第二层立面。这个立面设计和相对的凸出线方格是离散数学学院的图形演绎。同时构造了

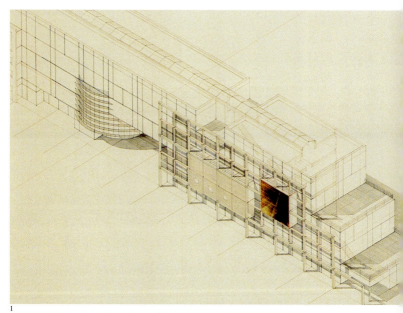

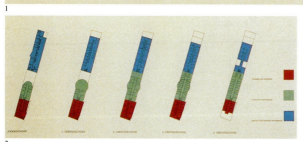

1 施工图展现了设计理念:立面层次及不同功能空间的互相衔接
2 建筑分区依循功能要求

一个三维网络，表示计算
机芯片或对数，以该建筑
本型喻其除了功能用途之
外的用途。

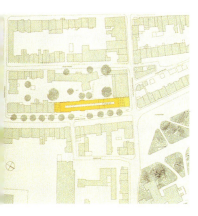
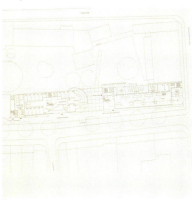

4

总平面图
一层平面图
立面图

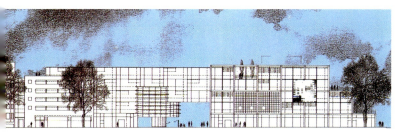

马克思-普朗克学院，波茨坦布尔

竞赛：二等奖，1994
设计者：Meinhard v. Gerkan mit Henning Schlattmeier
合作者：Klaus Dorn, Heiner Gietmann

横向展开的校园像一块敞开的村庄绿地，与波茨坦的文化景观相应。校园中心的广场强化了这个环形围合。分为四个单体，每楼仅两层，建于边长65m的方形基础上。这些楼房外观造型清晰，在景观中造型标识性明确。各单体檐高一致。各具特色的体积处理和立面设计打破了建筑严肃拘谨的外观造型。宾馆在水轴线和一排排树木的交界处，成为整个校园的中心。树木排列有序，恰到好处地填补学院各楼空间。

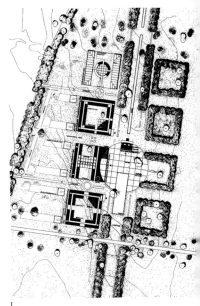

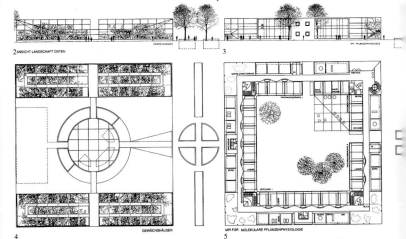

1 总平面图
2 东侧景观立面图：温室
3 东侧景观立面图：分子生理实验楼
4 温室平面图：上层
5 分子生理实验楼平面图：上层
6 定位图
7 东侧景观立面图：重力物理学楼
8 东侧景观立面图：胶体研究中心
9 重力物理学楼平面图
10 胶体研究中心平面图

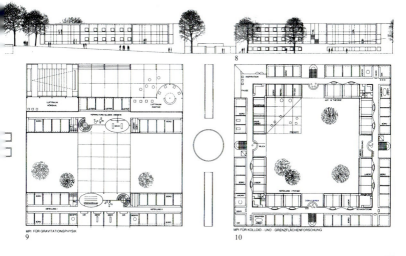

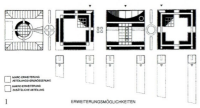

1 扩建区：温室平面图
2 温室纵剖面图
3 分子生理学楼纵剖面图
4 重力物理学楼平面图
5 胶体研究中心平面图
6 重力物理学楼纵剖面图
7 胶体研究中心纵剖面图

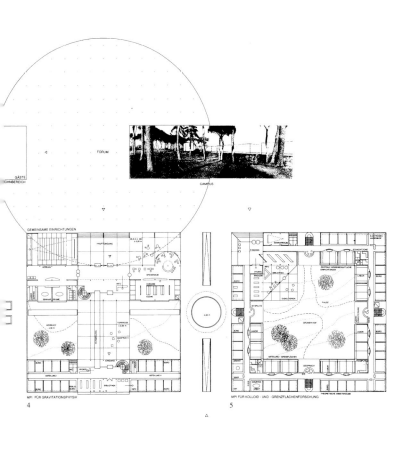

4 MPI FÜR GRAVITATIONSPHYSIK

5 MPI FÜR KOLLOID- UND GRENZFLÄCHENFORSCHUNG

7 LÄNGSSCHNITT

莱比锡大学化学院

竞赛: 1994-Ankauf
设计者: Meinhard v. Gerkan
合作者: Charles
de Picciotto, Heike Schöttler

原校园建筑在结构和空间上都被重新定义:"角落"成了重要的视觉交点,言说着建筑综合体的整体性。向外伸出的"手臂"创造了清晰的城市空间,同时界定了校园的边界。化学院的三角形造型由基地的尖角应运而生,布局合理。它环绕中心玻璃墙,内有特殊用途的独立楼房。边界的界定是在第二期工程中实现的。

1 模型
2 定位图模型
3 +8.00 标高, 有机化学楼
4 +11.80 标高, 有机化学楼
5 +20.90 标高, 无机化学楼
6 西北立面
7 南立面、剖面图
8 横剖面图

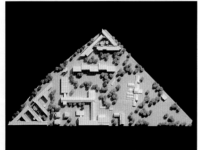
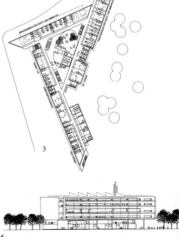

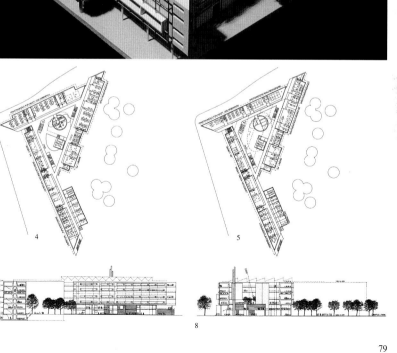

斯特勒堡工业大学分院

竞赛: 1994
设计者: Meinhard v. Gerkan
合作者: Astrid Lapp,
Kirsten Blötz, Heidrun Reusch

报告戏剧中心位于基地中心,通过其倾斜的立面强化了与夫立滋佛斯特尔广场（Fritz Foester-Platz）的轴线关系。报告戏剧中心门厅前区与广场相连,其空间框架取自于与地形相应的楼梯。化学楼结构与纺织化工楼形成一个建筑综合体。一条南北向的主干道用作内部通道,设计成一条贯穿各层的连续的走道,通过屋顶天光采光。两条"侧干道"用作入口和两翼附楼的通道。尽管全楼布局紧凑,但下沉式屋顶结构提供了良好的采光。

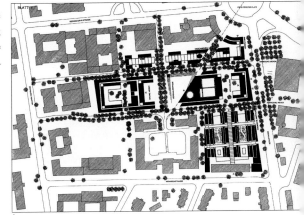

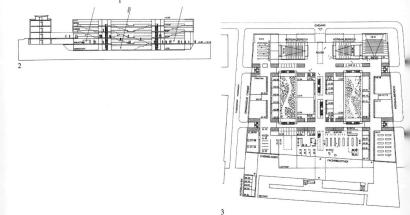

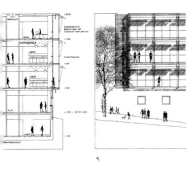

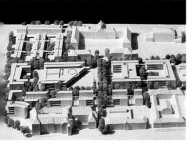

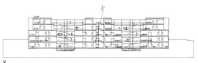

1 总平面图
2 纵剖面图
3 一层平面图
4,5 立面细部
6 参赛模型图
7 五层平面图
8 横剖面图

报告戏剧中心,奥登堡大学

竞赛:一等奖,1990/1992
设计者:Meinhard v. Gerkan mit Klaus Lenz
合作者:Jens Kalkbrenner, Gerlinde Venschott
业主:Staatshochbauamt Oldenburg
建设进度:in Planung
建筑技术:Kriegel
静力分析:Weber,Poll

周围建筑造型各异,而新楼框架清晰。该设计可建造在线形格架节点,与主要建筑特征相应。环形主楼是建筑群的整体重心。各种设施进行不同的设计处理,从而各楼、各空间与既存楼房空间互相复合联接,融为一体。避免简单的立体造型,各部分设计独特,使该建筑与混杂各异的原建筑相应相融。使用相同的材料,色彩适度有节,通过它们的中性效果和精致的细部装饰烘托它们自身的建筑语言因而与周围环境不冲突优美的细部简洁明快,料简洁,使内外效果皆佳其成功之处在于内外空宽敞的品质。

1 参赛地理位置模型
2 西立面图
3 工作模型:门厅效果图
4 H-H 横剖面图

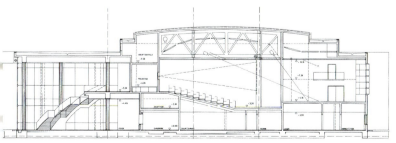

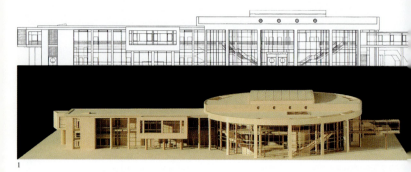

1 前立面图：主入口
2 后立面图：大礼堂
3 一层平面图
4 二层平面图

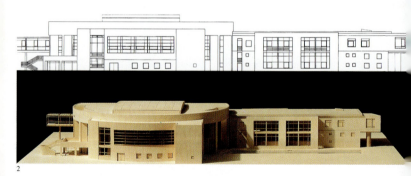

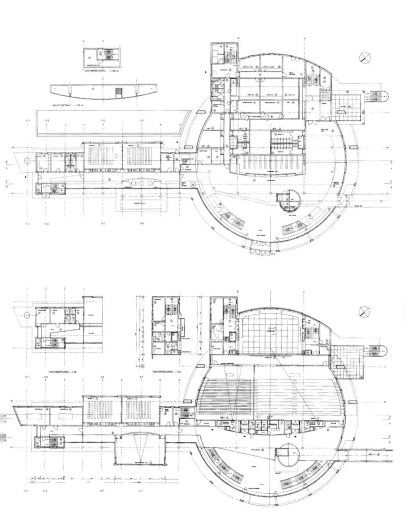

肯尼支化工大学分院

竞赛：一等奖，1994
设计者：Meinhard v. Gerkan
合作者：Astrid Lapp, Henning Schlattmeier, Kerstin Burmester, Heiner Gietmann

原有的区域分布决定了校园的组织结构。拟建学院间有一个公园。一条小径为南北向连接通道，小径两边绿化带和建筑带交替分布，与小径成直角。敞向广场。几间大型阶梯讲堂设计元素清晰，嵌入宽敞的两层楼高的入口门厅。位于角落里的几间研讨室在两个水平面上环绕这几间阶梯讲堂。四层高的方形经济科学院楼设计为典范，它设定了最大及最小尺度。入口贯穿到中心的内部庭院，同时也是室外设计的一部分，这样，每个大学院系在此都有休息之所。

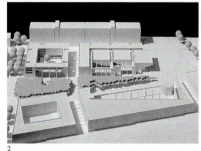

在食堂旁边的主入口处，修建一个阶梯式报告中心，弥补了校园广场的缺失，拟建图书馆与之相对。报告中心入口宏伟，同时

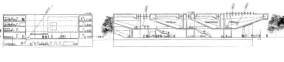

1,2 化工分院前区，内有阶梯式报告中心、图书馆、商学院
3 总平面图，展现建筑带和景观设计
4 纵剖面图
5 南立面图：+WWI阶梯式报告中心
6 三层平面图
7 二层平面图
8 一层平面图

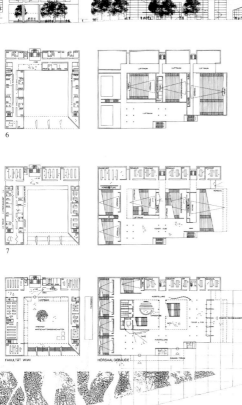

小学和中学，慕尼黑 - 里默(Riem)

竞赛: 1995
设计者: Meinhard v. Gerkan
合作者: Charles de Picciotto, Ralf Schmitz

这个校园建筑综合体组织清晰，入口场地位于北部与南部边界上教室旁边的封闭内院。专用设施和几间盥洗间以及分为两部分的体育馆位于中部。立面按照标准方格在建筑物前部。遮阳百叶和移动遮板限定了这个巨型建筑的外立面。悬梁式房顶格架形成了该建筑群的第六层立面。

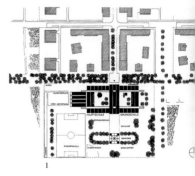

1

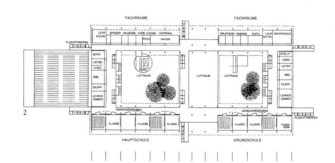

2

3

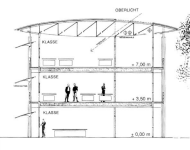

1 总平面图
2 二层平面图
3 北立面图
4 结构体系
5 横剖面图
6 一层平面图
7 南立面

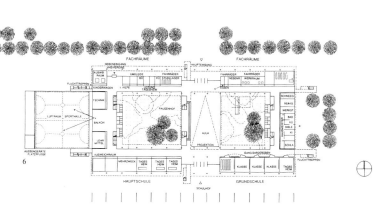

成人继续教育学院，德国电信-克雷恩马柯拿(Klein Machnow)

专家意见: 1993
设计者: Meinhard v. Gerkan mit Joachim Zais
合作者: Andreas Reich

独特优美的风景和原建筑构成其环境。该设计合基地情况，北面铺展着五个条形单体，南面设置与此呼应，可以说，该建筑综合体组与地势直接相关。电信塔耸立在山顶，标志着该建筑群的中心，梯状住宅环绕分布。位于原建筑核心的锅炉房外覆精致的钢结构，改造扩建为食堂和咖啡馆。周围树林茂密之处暂时向公众关闭，将来用作娱乐场所对外开放，从而使海格堡(Hackeburg)这幢建筑和施潘道湖一样迷人。

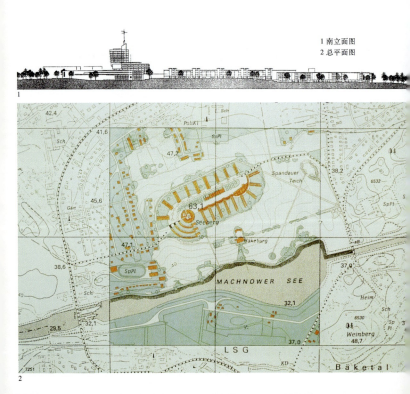

1 南立面图
2 总平面图

公共建筑

国会大厦,柏林

竞赛:二等奖,1993
设计者:Meinhard v. Gerkan
合作者:Walter Gebhardt, Hilke Eustrup, Klaus Lenz, Clemens Schneider, Karen Schroeder

"该设计的基于透明性、公众亲近性、愉悦性"(引自参赛文件)。原"国会大厦"这个顽固的历史堡垒极不符合这个目标。特色鲜明、坚固紧凑、壮丽雄伟、轴对称、仿历史建筑风格、华而不实,代表其文化立场,完全否认了迎合要求的建筑定位的努力。这个建筑典范应该留在原地,但是统一德国的议会不应该进入这个堡垒,在厚厚的墙壁后面重复拖沓旧影,远离透明性、远离民众。如果原楼的任何部分还保存着其旧特色,那就不会也不能成功。这幢旧楼有没有可能容纳民主与历史的观念,剥夺其典范地位,使完整的建筑变为废墟,而后服务于与其建筑特点完全相反的目的?我们认为不能。因此,我们提出在原"国会大厦"前建造一个国会大厦和公共广场之间的现代的建筑,用作新的国会大楼,这个建筑既是民主的,又是意识形态的。透明不是声称的,而是通过

实际的建筑体现的。议会广场抬升,有遮篷,通过向公众敞开的台阶到达。该楼形成一个巨大的柱廊,连接现今历史与过去的普鲁士时代。这个议会广场一边通过不规则的柱形抬升,另一边虽与之不同,却平衡良好。它是一个公共集会广场,是公众理解议会程序的场所。宽敞的大厅也是透明的,全装上玻璃。来往主厅的通道透明可见。议会广场也是其他公共服务共用通道最清楚的地方。主中央大厅在南边主辩论场下进入,新楼前区新潮而正式,更勿论其开放特色和建筑材料。主辩论厅抬升,建筑形式清晰可见,但仍与其他部分密切结合。其位置不对称,避免支配之嫌而仍然成为最主要的部分。从中央大厅和总统办公室到蒂尔加藤的一长段,通过气氛与环境而不是雄伟壮丽突出其正式性。

1

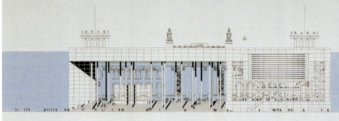

2

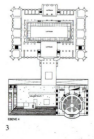

EBENE 4

3

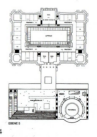

EBENE 5

4

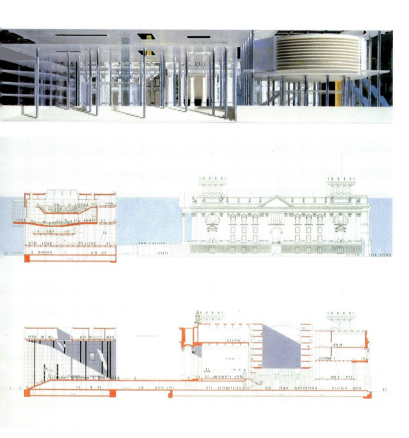
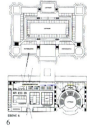

1 从东面穿过议会广场到原议会大厦的效果图
2 西立面图,纵剖面图
3 四层平面图
4 五层平面图
5 南立面图,横剖面图
6 六层平面图
7 七层平面图

联邦委员会办公处，柏林

竞赛：四等奖，1994
设计者：Meinhard v. Gerkan
合作者：Klaus Lenz, Volkmar Sievers, Kerstin Burmester, Uli Heiwolt, Maren Lucht, Ralf Schmitz, Giorgio Gallotta, Ralf Blume, Karen Heckel

德国总理是德国最高政治权威，他的任务是把国家多数人的表决变为政治现实。同时，他是国家首脑，只有他代表国家权力。该建筑以开放的姿态向东开向广场闹市，向西开向施普雷河弯道的美丽景观。自然与都市交汇在同一屋檐下，保护各入口，而且作为象征性通道代表开放。举行国家典礼的地方向东倾斜的区域，它面向公共广场，可视性好，就像一个倾斜的看台，倾斜之处有一层楼高，这样，把入口设在地形的中心。地势在西边突然变高，像一个阳台敞向景观。安全要求不能影响开放的目标。典礼广场和集会广场的界限以透明栅栏，栅栏与一个巨型纵杆室外雕塑浑然一体。面向南部大道的办公室窗户安装在幽静的温室中，冬园的正立面作为安全表面，而正常的办公室窗户向外开到内天井。从而，普通的办公建筑被球体与冬园的形式所代替。

1

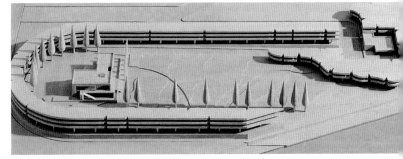

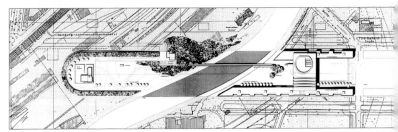

2

高效节能屏障,从南边向冬园使用热泵可以节收集能量。就像一次建元素的庆典,这个设计大增强了该建筑的标识——一个可以远眺斯普河岸的有顶棚的入口门,而外观也满足了庄重式的设计要求,拒绝形土义。位于建筑中心的状结构把所有特殊的功都互相联系起来。

斯普雷河平面图中的曲线
平面图
主要标高平面图

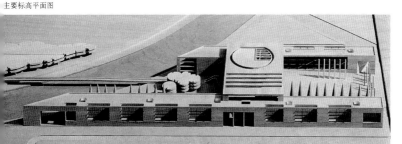

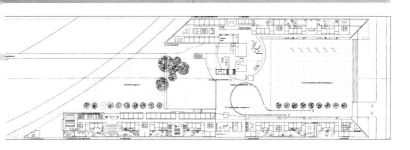

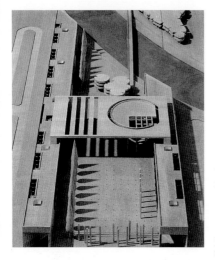

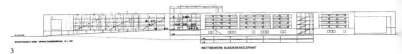

1 东面横剖面图
2 西面横剖面图
3 纵剖面图
4 电脑透视图

联邦参议院，柏林

竞赛: 1994

设计者: Meinhard v. Gerkan mit Peter Römer

合作者: Klaus Herzberg, Bernhard Galetto, Henner Borgwardt, Karl Baumgarten

宫殿形状是新楼的基础，围绕着该地最葱绿的部分，由拱廊连接，贯穿玫瑰园。选用平缓的房顶拱形确保与宫殿的总体效果保持一致。屋檐高10.5m，与宫殿附房同高，该楼横向有三道走廊，在正式的南面厢房里的中间走廊设计成连续的走道。新楼与旧楼没有丝毫冲突，也没有纯粹的模仿，而是呈现出自立、自尊的面貌。

平面图
立面图
模型

德国议会议员办公室，柏林

竞赛: 1994
设计者: Meinhard v. Gerkan mit Henning Schlattmeier in ARGE mit: Schweger+Partner, Thomas van den Valentyn, Busmann+Haberer de Architekten Cie
业主: Bundesbau-gesellschaft Berlin

行政区街道格局和沿多罗西区(Dorotheenstadt)的街区的矩形体块确定了其建筑结构。两个街区的街道两旁建筑遵守Berliner Traufhöhe 的高度限制，其街道两边是封闭的，而在斯普雷河的一面是一幢开放的建筑，与国会大厦总统府规模相当。建筑中间是个大厅，这是建筑特色，标志一路相隔的两楼区的统一。在国会大厦方向的矩形活动区形成组织框架，附有用于内部交流的一个三维连续空间。严整而中立的总体结构为后期规划变动提供了可能性。

1

2

3

1 看向中间大厅的效果图
2 总平面图
3 街区模型

厅扩建

设计者：Meinhard v. Gerkan
合作者：Henning Schlattmeier, Sigrid Müller

引导设施的玻璃角风格融合。立面采用石材和简洁开窗的处理，与大型玻璃区成强烈的对比。

通过原市政厅的设计，建成一个都市单元。整个建筑群的通路是原有的主入口。一条走道形成与新楼的连接。设计的统一是通过坚实而和谐的立面实

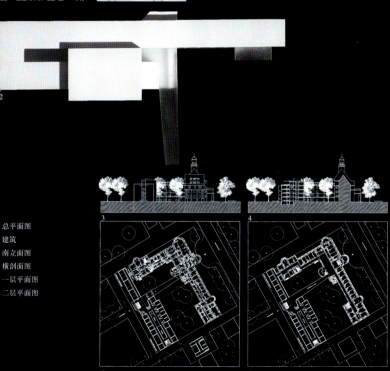

总平面图
建筑
南立面图
横剖面图
一层平面图
二层平面图

不伦瑞克法院

竞赛：一等奖，1981
初步设计：1985
设计者：Meinhard v. Gerkan mit Hans-Eggert Bock, Manfred Stanek

城市规划总体基于古典派"丽景宫"的外部重建，原建筑建于1799年，1944年毁于战争。汉诺威州议会不顾建筑师的反对主张重建。一幢三层楼玻璃长廊，沿柱廊轴线而建，称为"内径"，既作通道又分隔不同的用途。法庭位于东边的两层楼上，等候休息室开向走廊。西边是三层楼的行政办公室，环绕三个内院。所有的建筑都忠于历史鼎盛时期的规模，斜脊屋顶，临街有屋檐；以山墙调节，格调优美。正面墙表面是光滑的灰泥，基层和支柱是天然的石材。

1

2

3

4

总平面图

历史上的"丽景宫"(建筑师：兰瓦根(C.G.Langwagen))原设计的改造

新建建筑融合尊重原建筑的历史尺度。屋檐和中间山墙的设计出于保护旧貌。设计折射历史但不古板

纵剖面图

临莱马克(Eiermarkt)立面图

设计构思发展过程

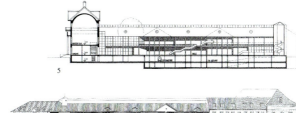

5

6

7b

7c

7d

a) 现状；
定的建筑红线；
留的柱廊；
马克大楼；
丽的莱姆树
)"丽景宫"的改造参照政治标准
) 一条"内径"把该建筑综合体沿其深度连到柱廊轴线上，而把公共法庭和行政楼分开
) 出于保护的考虑，造房顶柱身，房顶倾斜，立体形
二层平面图
一层平面图

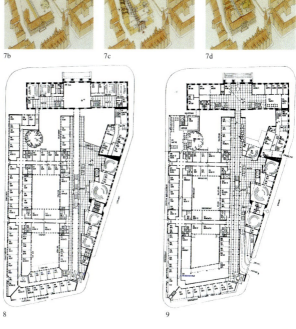

8 9

103

基层，窗墙和飞檐采用天然石材，墙抹灰泥。"内径"的一端是塔楼楼梯井。

努力保留了美丽的榆姆树，给周围的房间和餐厅增添了愉快的气氛。

右页：

"丽景宫"和行政楼的连接桥。

1 高又窄的"内径"第一张草图
2,5 右页：内入口大厅宽3m，高15m，照明通过玻璃顶天

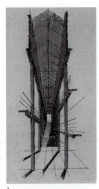

光。中间楼梯连接法庭和行政楼，两楼高不同。休息室区域和通道走廊建为长廊，在网格状立面后

3,4 等候休息室在法院前面，通过"内径"自然照明

6 简洁灰泥区域的几何布置

左页:
入口门厅内中央楼梯的起点。
1,2 棱角分明的灰泥梁和轻钢条、玻璃配件的对比形成了主楼入口大厅的特点
3 几何构成形成所有细部的基础

1

2

1,2 原建筑的拱形结构被融入法庭的立面设计
3 小法庭，座椅采用环形布局，照明采用方形布置
4 修复的"丽景宫"楼上大法庭位于入口门厅的中线上，可以看到里面的活动

顶棚和墙的设计形式以矩形条块为主导,而家具基本为圆形。用材为瑞士梨木、钢和玻璃。

北汉堡法院

竞赛: 一等奖, 1992
设计者: Meinhard v. Gerkan mit Joachim Zais
合作设计: Thomas Schreiber
合作规划: Uwe Wiblishauser, Marita Skrabal, Stephan Schütz
业主: Bezirksamt Nord
建造时间: 1995
建筑技术: HL-Technik
静力分析: Weber, Poll

简单的方形建筑环绕着一个矩形内院, 在一边通过一幢两层高的拱廊面向大街, 同时形成一个有遮挡的公共广场, 作为通向法庭的走廊, 在中间有棵莱姆树。该建筑单体三面是办公室, 砖立面, 与汉堡建筑设计的传统相呼应。后面第四个建筑包括入口大厅和法庭, 设计成钢和玻璃结构, 对比鲜明。

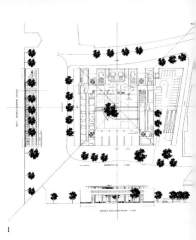

1

2

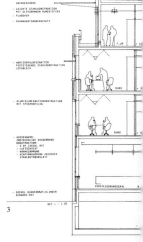

3

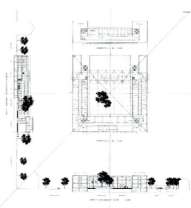

4

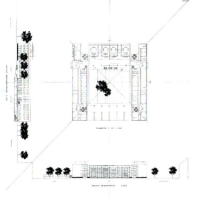

1 一层平面，立面图
2 立面细部
3 穿过正面的剖面图
4 三层平面，剖面图
5 二层平面，立面图
6 总平面图

6

汉堡-皮尔沃德 (Billwerder)监狱

竞赛: 1992
设计者: Meinhard v. Gerkan
合作者: Karen Schroeder

这个建筑综合体被分为风格各异的两部分：工场和制间设计古板，相比之下，其他地方设计成独立的楼房，四处景观优美如公园。体育场就在建筑群入口旁，毗邻开放的操场，方便其他用户使用。中心是一块绿地，四周环绕房屋。设计目的是创造一个不落窠臼没有任何辖制构件的氛围。

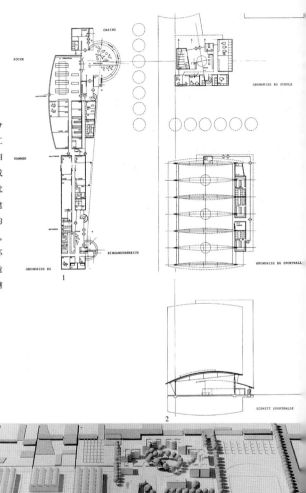

1 一层平面图
2 体育馆剖面图

塞尔警务中心

竞赛：二等奖，1993
设计者：Meinhard v. Gerkan
合作者：Walter Gebhardt,
Britta Claasen

这是个安静封闭的建筑单体，弯曲的外形试图顺应原有场地，在空间处理没有任何缺漏，同时营造了设计鲜明的新城市空间。在带有小窗洞的坚固的石基层上是一圈窗户和金属栏杆窗格。主入口位于中间横贯的体块，运用该地的斜坡，从建筑综合体中线通向不同的区域。

立面细部

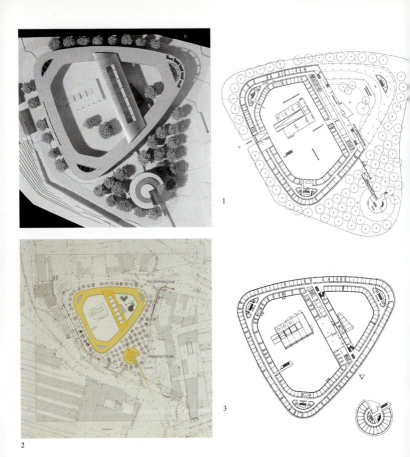

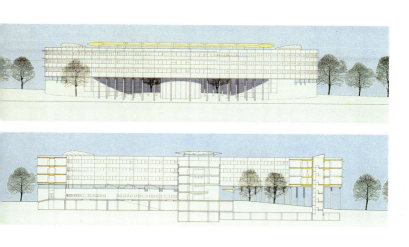
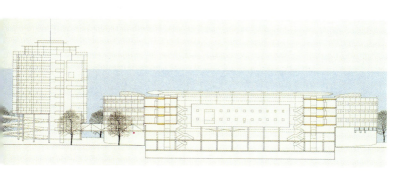

口层平面图
平面图
层平面图
立面图
-A 立面图
-B 立面图

奥德堡就业中心

竞赛：一等奖，1986
设计者：Volkwin Marg
项目合伙人：Klaus Staratzke

建筑造型的理念自然地采用原地形特色，随水缘线和弯曲的街道形状形成四分之一圆形单体。新楼单体环绕一个内院，下沉式花园。主楼梯与港口起重机这个现代工业标志面对面，可以清楚地看到港湾和花园的景色。砌结构与钢材的组合符合易工业建筑传统。

合作者：Christian Kreusler,
Hauke Huusmann, Marion
Ebeling, Claudia Papanikolaou
业主：BundAA
建造时间：1990-1993
建筑技术：Reuter-Miebach
静力分析：Weber, Poll

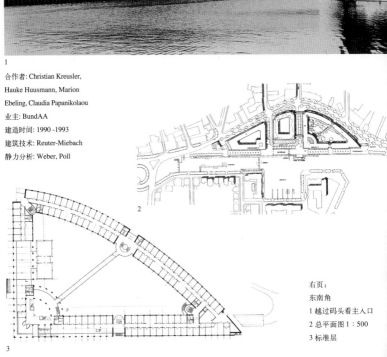

右页：
东南角
1 越过码头看主入口
2 总平面图 1:500
3 标准层

1 内部通道区
2,4 外部楼梯成为第二立面
3 在两层高门廊下的主入口

4

左页:
入口大厅上的天光
1 主厅
2 培训室

两个政府部门和德国电信移动无线电台,波恩-波勒(Bonn-Beuel)

专家意见: 1993

个建筑综合体的身份。限高设计遵循莱茵河景观特色。三层高玻璃走廊构成建筑的骨架,从而把一个又一个的内院融入到办公区。

1

设计者: Meinhard v. Gerkan mit Nikolaus Goetze
合作者: Kerstin Burmester

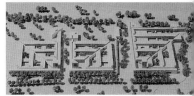

这三个建筑都采用三层高的网格状布局,每个建筑都通过一条内部斜道进入。各楼都由前院进入,前院以两层柱廊为框架。每个院子都设有一个五层塔楼,是建筑惟一略高于树顶的地方,标志每

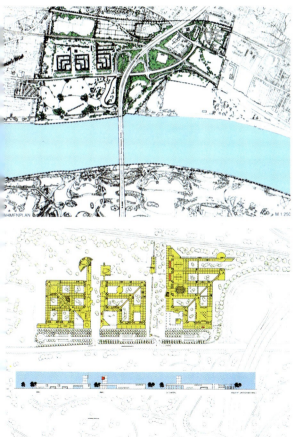

1 虽然楼型相同,但各楼都有其自身特色
2 总平面图
3 一层平面图,从莱茵河的角度

东部河运和海运部，马德堡

竞赛：1995
设计师：Meinhard v. Gerkan
合作者：Sigrid Müller, Anja Bartkowiak, Anja Knobloch, Bettina Groß

该建筑沉入公园中保持与基地轮廓的一致，因此使自然资源的改变最小化，减少了占地面积，成为低能源建筑。办公空间大部分向内开向明亮的内院，

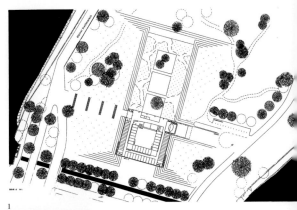

1 水平面 +2
2 竞赛模型
3 西立面图
4 B-B 剖面图
5 A-A 剖面图

只有上层伸到底层护栏外，看上去只有一层高。悬伸而出的一个宽大的穹顶处是入口，一个条状塔楼成为建筑的标识。该建筑在计划、材料和设计上减少到最小。

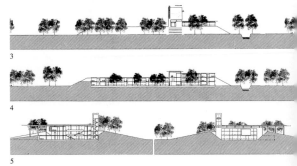

办公楼

苏黎世大楼，汉堡

竞赛：一等奖，1988
设计者：Volkwin Marg mit Nikolaus Goetze
项目负责人：Klaus Staratzke, Nikolaus Goetze
合作者：Marion Mews, Antje Lucks, Stefan Lohre, Thomas Haupt
业主：Zürich Versicherungs-Gesellschaft
建造时间：1990-1993
建筑技术：HL-Technik
静力分析：BGS Hannover,
景观规划：Wehberg, Eppinger, Lange, Schmidtke

前汉堡商务大楼的建筑传统在分区规划和用材上得以延续，以坚固的柱子突出纵向结构，水平方向分区使用基础、中间结构、顶高、砖和钢。避免内弯的灯槽，所有办公室都能看到城市景色。玻璃内置温室，采用玻璃电梯，敞开的楼梯间，长廊通道，形成正式的入口门厅。首先它们是声音屏障，使自然通风的办公室免受街上噪声的干扰，其次也是举行派对、音乐会、大型会议的好地方。在规划上，通往塔楼的楼梯是弥撒堂(Meßberghof)高楼的悬饰，也标志东西街和教堂街的交汇处。

1 市政厅
2 临大赖兴街(Große Reichenstraße)草图
3 从东西街到尼古拉教堂的草图
4 尼古拉教堂
5 从东西街到凯萨琳教堂的草图
6 总平面图
7 温室院子的钢、玻璃结构
8 东西街上的温室

1

2

3

4

5

8

1 景观化的表面设计
2 院子和温室的连接处
3 人工照明突出材料结构和宽
  敞效果
4 一层平面图
5 标准层平面图

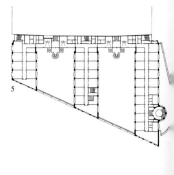

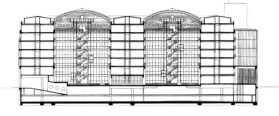

左页:

塔楼里的楼梯

1 从楼梯上向下看大厅

2 钢结构螺旋楼梯两侧是观光电梯

3 横剖面图

克尔威德尔角(Kehrwiederspitze),汉堡

竞赛:二等奖,1990
设计者:Volkwin Marg
项目合伙人:Klaus Staratzke
合作者:Hakki Akyol, Martin Bleckmann, Jutta Hartmann-Pohl, Christina Tibi
二次设计:1990
合作者:Martin Bleckmann, Jutta Hartmann-Pohl, Andreas Leuschner, Reiner Schröder, Klaus Dorn

1996年由四大世界著名设计事务所设计的汉萨商贸中心(Hanseatic Trade Centre)全面竣工。该建筑位于横贯汉堡古城的易北河中的克尔威德尔岛上。办公楼综合体分五期,经保护部门商议,作为历史建筑仓储中心(Speicherstadt)的扩建部分。本建筑是第四期,在一片废墟的仓储中心旧仓库,它重现了克尔威德尔河道的建造过程。在克尔威德尔角这个岛的堡垒上,该历史与拓扑形的建筑群被重建成一个仓储中心的多面据点。这个形似梳子的办公楼与邻近的旧仓储中心同高,它通过四个巨大的玻璃院子向外敞向内河港(Binnenhafen)和城市,并通过一个大门连接到主要古典风格的办公楼聚集区。

1 从城市穿过克尔威德尔河道的视角
2 工作模型
3 原来的整个建筑综合体
4 总平面图
5 走廊剖面图
6 前楼大厅剖面图
7 前楼立面图
8 入口层平面图

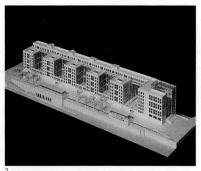

这些院子周围。立面设计
取决于仓储中心典型的砖
切坚固窗洞和轻钢、玻璃
结构的变化搭配。

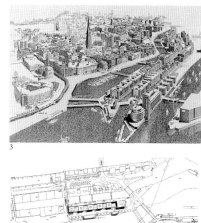

3

4

6 7

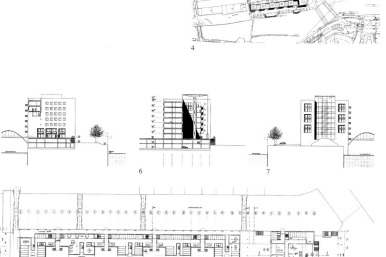

1 克尔威德尔立面图
2 前楼大厅
3 内河港夜景
4 标准层平面图

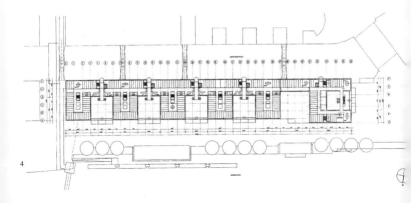

苏尔电信（Telekom Suhl）

竞赛：一等奖，1992
设计者：Meinhard v. Gerkan mit Jens Bothe, Kai Richter, Hadi Teherani

开放的梳形结构，倾斜的地面，公共设施设在靠路边绿化院子周围。筒体建筑作为基础的强力点，偏离主线，道路平行。

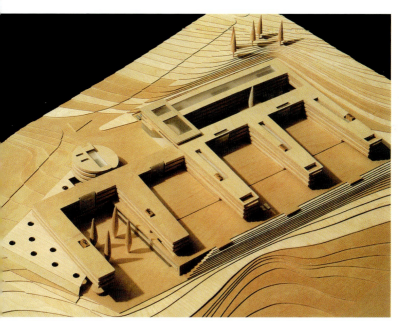

参赛模型

"斯皮格尔"大楼，汉堡

竞赛：二等奖，1993
设计者：Volkwin Marg
合作者：Hakki Akyol, Stephanie Jöbsch, Ulrich Heiwolt, Ulrich Rösler, Reiner Schröder, Susanne Winter, Marc Ziemons

建筑反映了仓储中心 (Speichestadt) 和商务大楼 (Kontorhaus) 周围的环境，熟悉耐用的砖结构避免模仿历史或表现派。内外空间的多样化及对比适度的开放与闭合以及砖结构和轻钢结构的对比使建筑设计和城市空间既清晰、直接，又功能化、合理化：朝堤门广场 (Deichtorplatz) 有一塔楼，是主要标志，形成仓储中心的又一道堤形门。朝堤门大厅 (Deichtorhalle) 有一方形庭院，形成东西街的一道临街墙，一厅临关河 (Zolkanal)。

1

2

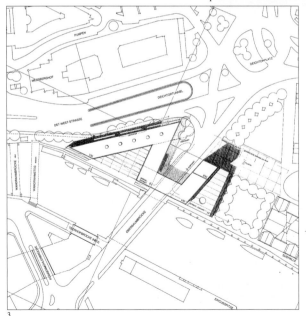

3

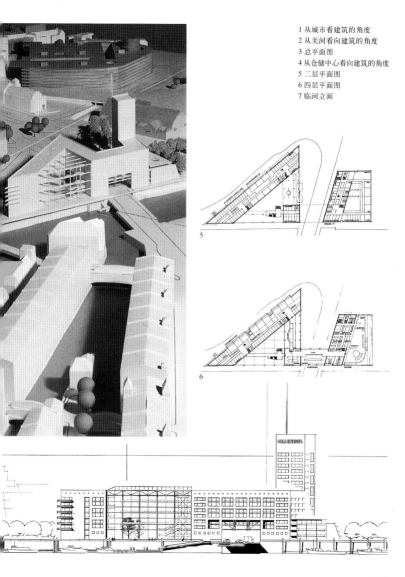

1 从城市看建筑的角度
2 从关河看向建筑的角度
3 总平面图
4 从仓储中心看向建筑的角度
5 二层平面图
6 四层平面图
7 临河立面

普兰根(Brodschrangen)银行和商业大楼,汉堡

可行性研究: 1988
设计者: Volkwin Marg mit Klaus Staratzke
项目负责人: Susan Krause, Dagmar Winter, Christoph Hegel
合作者: Jens Kalkbrenner, Kirsten Bonk, Susanne Dexling, Peter Sembritzki
业主: A. Büll+Dr. Liedtke
建造时间: 1992-1994
建筑技术: Falcke+Korff
静力分析: Bobeth+Sommer

地处历史悠久的交易区(Börsensiertel),该七层办公商业楼与原建街区发展风格统一。拐角处的塔楼位于该排建筑的终端,这排建筑沿着原来运河的路线分布,运河旧道原先穿过该街区。三层高的玻璃正、立面、屋顶窗、八面玻璃塔楼创造出明亮、透明的工作间,弥补了狭窄的街道空间。在建筑轴线上采用连续的金属玻璃立面,室内外连接清晰。倾斜的屋顶用镀锌板覆盖,正面和安提卡支柱覆盖天然石头和铝嵌板。内部空间设计与苏珊娜·雷瑟(Susanna Leiser)合作完成。

1

2

总平面图
平面透视图（由彼得·威尔士设计）
西南轴线的视角

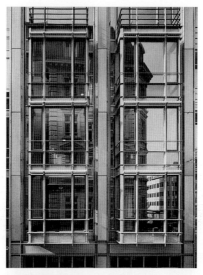

立面的主体有精致的棱角分明的金属窗和大片玻璃区域构成,新的设计手法创造风格的变化与统一。

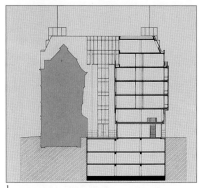

1 剖面图
2 标准层平面图
3 一层平面图
4 主楼梯的雕塑造型

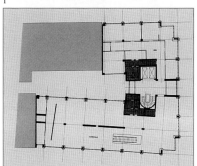

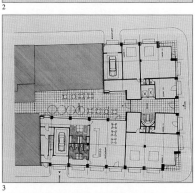

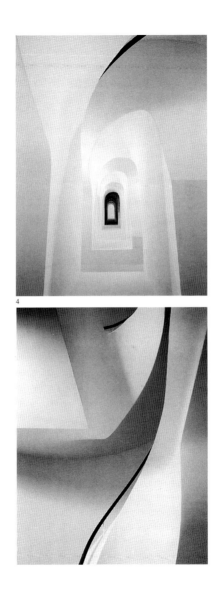

1 高处彩色部分和精致的构造是入口区特色
2 角落塔楼里的会议室可以通过移动玻璃隔墙扩大空间

银行大楼,美因河畔法兰克福

竞赛:四等奖,1994
设计者:Volkwin Marg
合作者:Martin Bleckmann,
Tom Naujack,
Melanie Gerhards, Bettina
Kortz, Carsten Venus, Robert
Stüer
景观设计:Wehberg, Eppinger,
Schmidtke

保守而简单的正面结构和宽敞大方的气度体现出银行的形象。楼体的曲线形成一条门厅,一个有水,有园的外部空间,一块露天场地上有拱廊作为广场。走廊前整面的缩进玻璃使门厅和广场的空间变化更为突出。内外立面设计使门厅与外部保持了风格上的连续。立面的砂岩饰面符合该地的城市文脉。

1

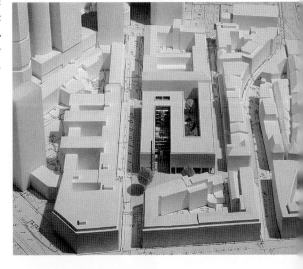

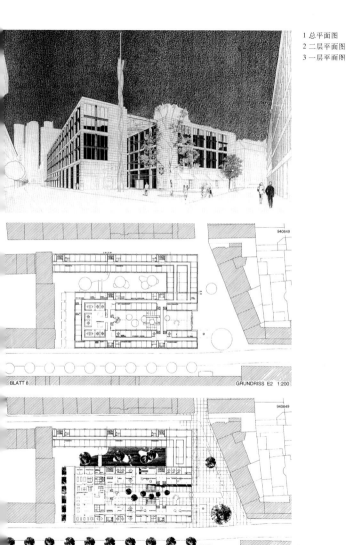

1 总平面图
2 二层平面图
3 一层平面图

纽伦堡投资股份公司

竞赛：二等奖，1993
设计者：Meinhard v. Gerkan
合作者：Volkmar Sievers,
Hilke Eustrup, Kai Voß, Kerstin
Krause, Hitoshi Ueda,
Christoph Berle

设计目的有：与周围环境保持适当的尺度，在常用单一用途之外创造变化的、高品质的独特氛围。设计出的立体形状是一个方形场地上的螺旋形，两端由一个两层玻璃接待厅连接，都是三角形高楼，格外醒目。一条对角线穿过该螺旋，此处各楼房通过天桥互相连接。

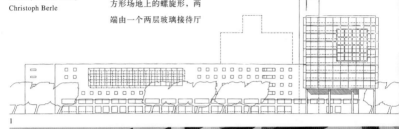

1

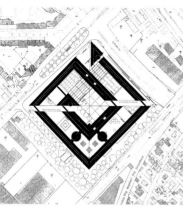

1 临卡鲁斯克尔街(Cheruskerstraße) 立面
2 总平面图
3 二层平面图

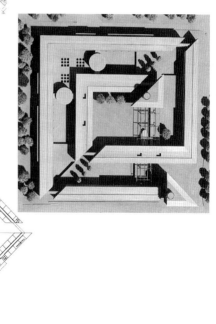

米莱希德(Mielescheide)办公园区,埃森

竞赛:一等奖,1993
设计者:Meinhard v. Gerkan
项目负责人:Walter Gebhardt
合作者:Karen Schroeder,
Britta Claasen, Klaus Lenz,
Henning Schlattmeier,
Heiner Gietmann, Sibylle
Kramer, Christian Kreusler,
Claudia Papanikolaou
业主:MCImmobilien
Verwaltungs GmbH+Co
Essen Mielesheide KG
建设进度:in Planung

两个面积不同的方形之间的对角壁阶构成建筑的造型,两个U形庭院之一径直流畅,另一个从一幢架起的横楼下通向外面。两层高的玻璃大厅连接入口中心。坚固封闭的开窗区和精致透明的部分形成对比,建筑用材简洁,主导建筑设计。合并两或三个单元入口,方便出租或混合使用。

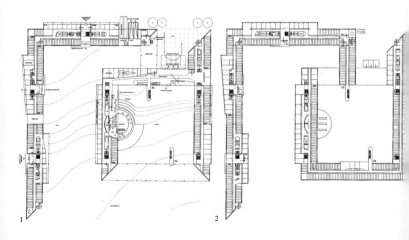

1 入口层平面图
2 标准层平面图
3 立面剖面图
4 西北向立面图
5 总平面图

北德金属BGN，汉诺威

竞赛：一等奖，1994
设计者：Meinhard v. Gerkan
项目负责人：Walter Gebhardt
合作者：Albrecht Bauer,
Kirsten Bonk, Katja Beiß,
Ulrich Heiwolt
业主：Norddeutsche
Metall BGN
建设进度：in Planung
建筑技术：Schmidt-Reuter+Partner
静力分析：Kunkel+Partner

三种不同的设计提供不同的选择，各设计特色对比鲜明。三个设计都考虑到分期施工、可租性和生态经济方面的因素而采用双表层立面，隔热带和能源交换系统。A方案是三个较平滑的筒体建筑物，阳台在弯曲的六层"骨架"上。这个楼型是典型的现代办公楼，在美因河畔法兰克福也正在建造。B方案是一幢13层玻璃建筑，在第九层有一个多层温室，玻璃体切入长条形六层建筑。该地大部分是空地，可用作绿化。C方案是几条平行建筑体块，由斜向的"干线"（Magistrale）连接，一个宽敞的玻璃厅作为入口。业主选定C方案。

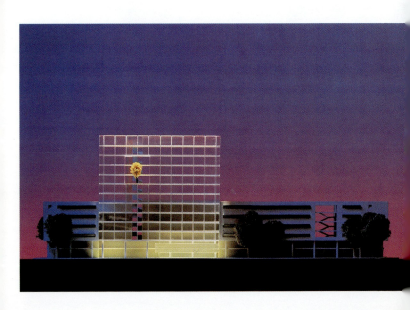

1

2

3

1 A 方案
2 B 方案
3 C 方案

161

吕特格斯集团股份公司(Rütgers Werke AG)，美因河畔法兰克福

竞赛：三等奖，1992
设计者：Meinhard v. Gerkan
合作者：Volkmar Sievers

这个简单的五层建筑极具功能性，工艺精良。它围绕一个绿化内院，入口大厅构思成一个宽敞的贯穿各层的门厅。内院在西南角上敞开。

1 总平面图
2 二层平面图
3 北立面图
4 三层平面图
5 西立面图

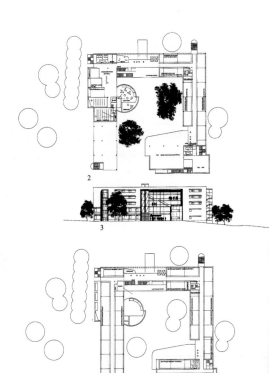

3+5电话大楼,柏林

设计者: Meinhard v. Gerkan mit Joachim Zais
合作者: Vera Warnecke, Susanne Schröder, Jürgen Stodtko, Gabriele Wysocki, Stefan Schappach, Hilke Eustrup, Marita Skrabal
业主: DeTeBau Berlin-Brandenburg
开工时间: 1994年底
建筑技术: Canzler Ingenieure
静力分析: IHP Harden+Partner

各建筑体块平行排列,因基地限制各建筑体块长度不一,由一根"骨架"连接沟通。临街面的建筑作为入口和接待区。多层停车场设在基地纵向最深处,由"骨架"的延长部分连接。专用设施位于这个建筑综合体齿状结构的底层空间。

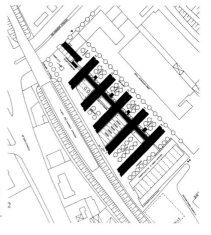

1 北立面图
2 总平面图
3 西立面图

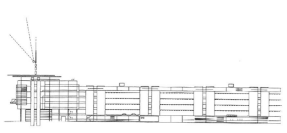

德国审核股份公司，美因河畔法兰克福

竞赛：一等奖, 1990
设计者: Meinhard v. Gerkan
项目合伙: Klaus Staratzke,
合作者: Manfred Stanek, Arturo Buchholz-Berger, Jutta Kaufhold, Michael Engel, Knut Maass, Kerstin Krause, Robert Beyer, Gabriele Hagemeister, Birgit Meyer, Marina Hoffmann, Edeltraut Grimmer, Klaus Dorn, Swantje Wedemann, Lajana Weinmann
业主: C+L Treuhand Vereinigung AG
建造时间: 1992-1994
建筑技术: H. Reuter+ M. Rührgartner
静力分析: König+Heunisch

该建筑与多边的基地完美融合，富有动感，而无直接、深奥的象征主义色彩，外表也不夸张；它是沿街五幢筒体楼的"骨架"。考虑到楼层设计的功能性把办公楼分成若干单元，中央楼梯用玻璃顶灯照明。楼层设计的形状形成清晰的通道框架。筒体楼向外延伸的不规则部分能增加自然日照，从而改善工作区环境。临街第二外立面可以用作附加隔声层，但只建了个框架。

1

2

1 总平面图
2 一层平面图
3 标准层平面图
4 从西南方看向入口

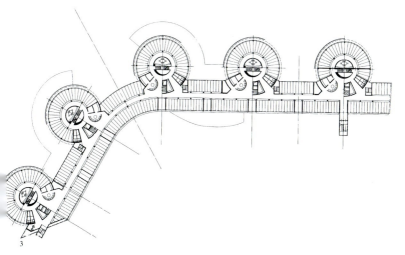

1,2 右页：
紧急逃生阳台、遮阳百叶、清洁走道，构成建筑的走廊立面，结构框架成为第二层外立面
3 骨架剖面图
4 圆柱体剖面图
5 局部平面图
6,7,8 其他层平面图

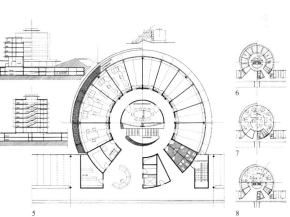

一分为三的大厅凸出到前立面外。
右页：
在建筑骨架西南端的疏散楼梯，用玻璃墙封闭。

1 有顶棚的入口
2,右页:
双层入口大厅可以看见喷泉景观区,二楼的通道由天桥连接,横贯大厅

走廊区的楼梯使用最简单的设计手法。

筒体楼的环状造型,是"游乐场"入口的主要特色

乐场"的餐厅

水平结构的立面烘托出会议区的宽敞氛围。

"圆柱体"里的开放楼梯,方向感明确,可视性好,内部可以照到日光。空间虽有限,但玻璃台阶增强了透明感。

"圆柱体"中心是会室,可以看到楼梯,从楼上也可看见会议室。

走廊的形状激活了空，骨架与筒体楼重叠部开辟了隐蔽的休息区。

德日中心，汉堡

竞赛：一等奖，1990
设计者：Meinhard v. Gerkan
项目合伙人：Klaus Staratzke
项目负责人：Reinhold Niehoff, Kai Voß
合作设计：Hilke Eustrup, Kai Voß
合作建造：AntjeLucks, Andreas Perlick, Karin Rohrmann, Klaus Dorn
业主：Grundstücks-Kommandit Gesellschaft von Quistorp+Co
建造时间：1993-1995

整个建筑群体现了德日中心城市与建筑的统一，每幢楼都适应具体的基地特色，这个建筑综合体由一幢主楼和两幢侧楼组成，在五、六层由天桥连接。面朝北的楼房成为"展示窗"：日本工业展览室占据多层空间，各面都有窗户。在北边的一个体积巨大的块状建筑，设计成梳状，缩进部分提供了极好的照明和规划多样性。南边的楼房沿着白水河(Bleichenfleet)河墙的曲线分布，该联体建筑局部间断，以保护运河的环境。东北端只有一面，架在拱廊上，避开运河古老的台阶，融入周围的街道空间。北端不幸被取消，现在代之以玻璃阳台窗——一个原设计的敏感改动；天桥也遭同样的命运。

右页：
临运河立面的模型细部

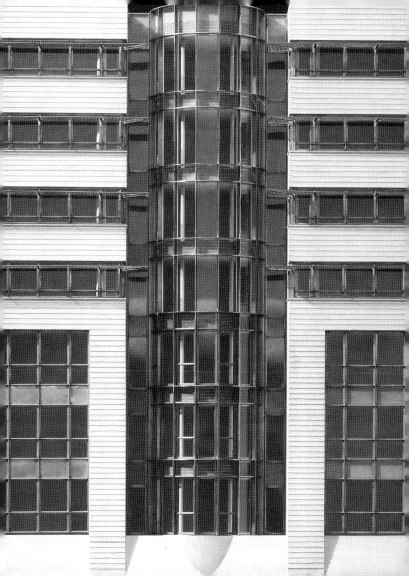

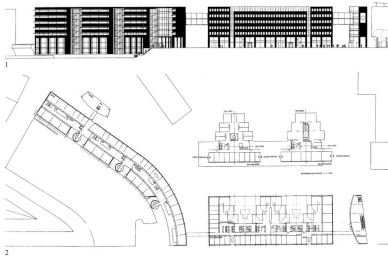

1 市政大楼桥(Stadthausbrücke)立面图
2 标准层平面图，三、四、七层平面图
3 度斯顿街（Düsternstraße）立面图/AEG
4 堤门街(Deichtorstraße)剖面图
5 S 横剖面图
6 纵剖面图
7 VAP效果图

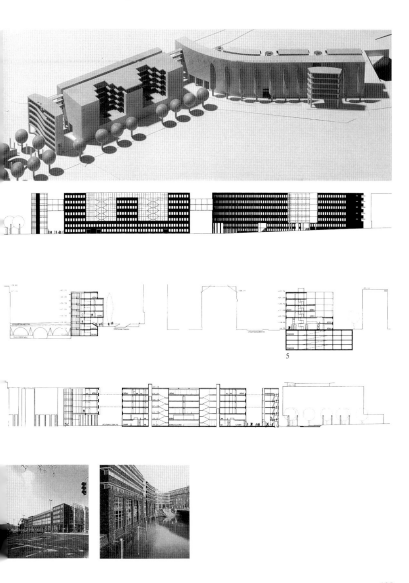

BHW 银行，汉堡

设计时间: 1990
设计者: Volkwin Marg
项目负责人: Wolfgang Haux
合作者: Jens Kalkbrenner, Bert Staber, Ralf Schmitz, Kerstin Steinfatt, Klaus Nolting
业主: Bayerische Hypotheken-und Wechselbank AG
建造时间: 1991-1993

建筑的体量形式取决于运河码头和街道的形状，高度取决于原建筑的屋檐、屋脊，内部布局取决于公共拱廊。不规则的两个半边体量庞大而坚固，表面是贝石灰样的石块，小窗洞，中间是精致的金属立面，更突出其风格。封闭的巨大石墙和精致的玻璃墙之间的对比是其主要设计主题，也创造了该地的建筑特色。

建筑技术: HL-Technik
静力分析: Windels, Timm, Morgen

1 总平面图
2 纵剖面图

1 三至五层平面图
2 一层平面图
右页：
一条公共通道穿过建筑。屋顶的艺术设计：戈哈德·梅兹（Gerhard Merz）。

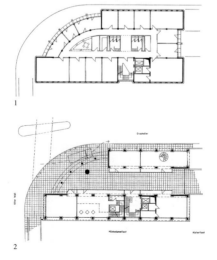

页：
运河立面细部。
3 电梯间的设计细部
银行大厅

市货币办公楼，埃尔富特

竞赛：四等奖，1994
设计者：Meinhard v. Gerkan
合作者：Astrid Lapp

(a) 楼体边缘的围合：与原建筑融为一体；保留原有小巷。

(b) 削减体量：楼体设计与城市环境一致；邻近楼房的封闭边缘；与水融合；通向水边的小道暂时作该楼通道。

(c) 设计元素的组合：与街景相对的格局；尺度基于原街区的发展；临水立面设计；房屋立面伸出码头墙外。

1 参赛模型
2 总平面图

比沃革(BeWoGe)-柏林,奥托-苏勒-阿里(Otto-Suhr-Allee)

专家意见: 1990
设计者: Meinhard v. Gerkan
合作者: Sabine v. Gerkan

该办公楼由三部分组成,主要设计特点有:宽敞的内厅,使人想到门廊"橱窗"的曲线,双层外立面结构。避免华丽昂贵的材料,创造高质量的工作气氛和环境。

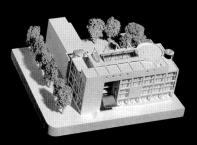

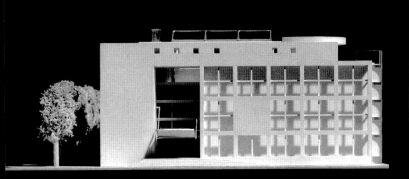

商业疾病保险公司，汉诺威

竞赛: 1991
设计者: Meinhard v. Gerkan
合作者: Manfred Stanek

庞大的建筑分布在狭长的地块，显得轻快而通透。圆柱状的建筑自身也呈现出明亮、轻快的特征，精致的结构、局部双层外立面以及外部通道。这些圆柱体结构分组出现，并在基础部分共享一个中心空间；这四对楼房都通过玻璃骨架相连。该楼型空间弹性大，使用率高。

1 概念模型
2 立面图
3 剖面图
4 平面图

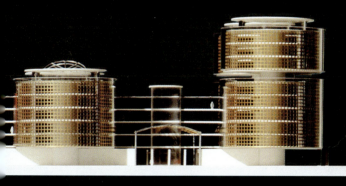

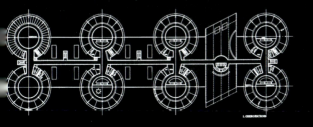

OPD 汉诺威电话大楼 2

设计者: Meinhard v. Gerkan mit Klaus Staratzke
项目负责人: Joachim Zais
初步设计: Gerhard Feldmeyer, Susanne Dexling
设计、建造、规划: Johannes Groth, Petra Zacharias, Stephan Schütz, Kathrin Pollex, Thomas Schreiber, Christine Seifried, Stefan Schappach
业主: Deutsche Bundespost OPD Hannover/Braunschweig
建造时间: 1989-1992
建筑技术: Lübbe+Spiess
静力分析: Schwarz+Weber

一长条形建筑水平设计,双连接,与中德运河平行,作为坚实的塔楼体块的补充。圆形大厅标志着入口和竖向通道,餐厅在地下层,连接运河。扩建工程必须独立。这样会形成一个有三个面的院子,容纳建筑群所有主要入口,凸出的形状对入口进行了视觉上的强调。业主否定了这个设计,而采用自己的设计,其设计以原筑细部设计为基础。

1

2

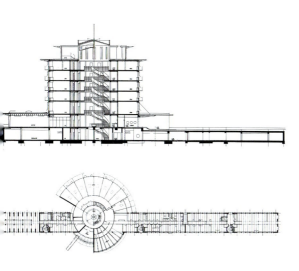

1 总平面图
2、5 南入口
3 穿过圆形大厅的剖面图
4 入口层平面图

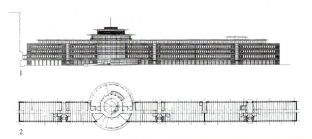

1
2

3

1 南立面图
2 标准层平面图
3 圆形大厅和平面建筑的汇合处
4,5 圆形大厅内的楼梯

罗温特(Löwentor)旁的格林楼,斯图加特

专家意见: 1994
设计者: Meinhard v. Gerkan mit Nikolaus Goetze
合作者: Kerstin Burmester, Christoph Berle, Johannes Brauner
业主: Investa
建造时间: Baubeginn 1995
建筑技术: HL-Technik

按场地形状,该建筑规划成三角形。临凹槽的办公楼面由透明玻璃走廊连接,所有办公室都开向有绿化的玻璃走廊,一览城市景观,没有封闭的内院。用玻璃围合的无霜温室不仅节省基本能源,而且能消除噪声。整个建筑的表面积也因而大大减小。

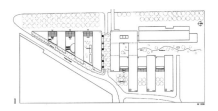

1 总平面图
2 展示模型
3 纵剖面图
4 东立面图
5 标准层平面图
6 一层平面图

德累斯顿银行,巴黎广场,柏林

竞赛:一等奖, 1995
设计者: Meinhard v. Gerkan
合作者: Volkmar Sievers, Giorgio Gullotta, Karen Heckel, Uli Heiwolt, Maren Lucht, Ralf Schmitz, Reiner Schröder

该设计基于整体外貌优先于个体的原则,立面设计较为保守。使用青铜线形切口使立面开口达到"严格"的垂直性要求。窗户与两层高的入口门廊用材相同,这种材料经久耐用,在自然条件下变化不大,淡雅风格的砂岩色调显示了微妙的正式性。底层地面覆盖粗面青铜板。伸出的台阶通向建筑。门厅邻接直径31m的圆柱形大厅,厅上覆盖透镜状的略微弯曲的玻璃顶。外部楼梯通往大厅地下层展览和活动区,一座悬臂螺旋楼梯和两座观光电梯连接上下各层。除了临巴黎广场的房间,其他房间均开向内厅。门廊周围的办公室从外周进入。缺口部分露在室外,有公共走廊,日光沿着走廊照到地下室。走廊或阳台在办公室前面,使内层立面显得更为精致。

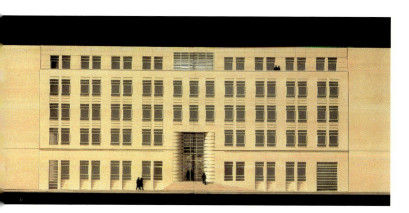

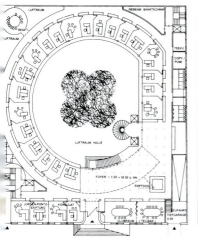

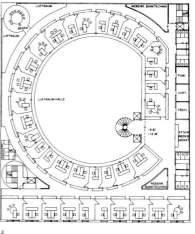

从巴黎广场看向建筑
一层平面图
标准层平面图

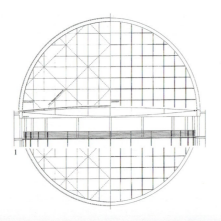

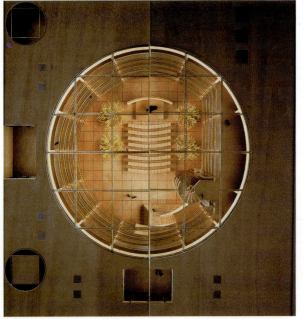

1 天光构造
2 屋顶景观
3 内院及音乐会座位设置(模型)
4 剖面图
下页:
立面细部

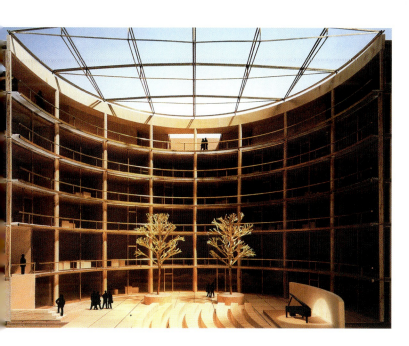
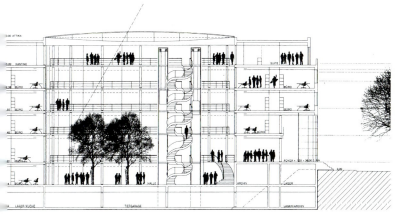

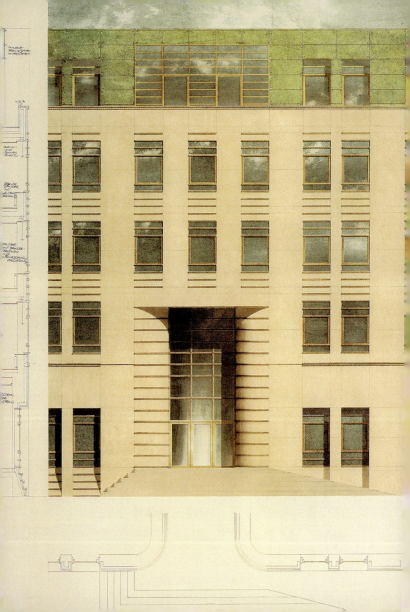

商务楼与商业中心

杜伊斯堡大厦

设计时间: 1998
设计者: Meinhard v. Gerkan mit Klaus Staratzke, Otto Dorn
合作者: Manfred Stanek, Kerstin Krause, Clemens Zeis, Sibylle Scharbau, Thomas Grotzeck, Jürgen Brandenburg, Christine Mönnich, Heike Ladewig, Thomas Demmer, Ernst Höhler, Katrin Blüm-Beck, Massoud Foudehi, Cordula v. Grävenitz, Eric Bölling, Hagen Sparbrodt
业主: IVG Immobilien Verwaltungs GmbH
建造时间: 1991-1994

这个连接到主要购物街的新城市建筑改观了邻近四周的建筑品质。两个弧形玻璃篷使宽敞的拱廊更为突出。这些高高的拱顶成为城市的标志，很远就能看见，同时也突出了入口位置。楼上各层有悬厅，通过开放的钢制楼梯、玻璃封闭的楼梯和电梯到达。杂色蓝面砖、深色勾缝、钢材和玻璃构成建筑的外部特色，而花岗岩、不锈钢和木材则成为内部特色。

1

2

右页：
临安特蒙尔街(Untermauerstraße)立面。
1 总平面图
2 临安特蒙尔街街入口

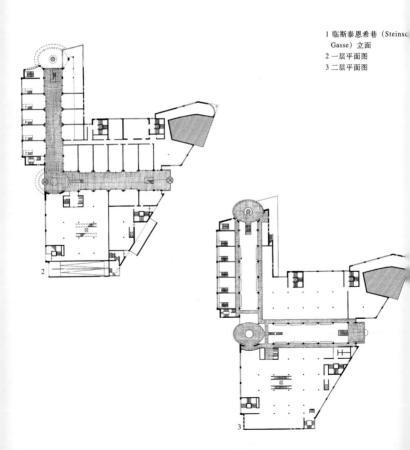

1 临斯泰恩希巷（Steinsc Gasse）立面
2 一层平面图
3 二层平面图

1 临斯泰恩希巷主立面，三层橱窗
2 拱廊细部
3 古特（Kuhtor）街入口为椭圆形，与街道弧度契合

右页：
精致的透明楼梯连接两个购物层
1,2,3 椭圆"转盘"作为窑台和餐台。

2

3

左页,1,2:
玻璃屋顶的非对称结构打破了原建筑的轴对称
3 通道位于走廊后,保持内立面的高度

希纳费尔德(Schenefeld)商业中心

专家意见: 1989
设计者: Volkwin Marg mit Klaus Staratzke
项目负责人: Bernhard Gronemeyer, Andreas Leuschner
合作者: Karl-Heinz Behrendt, Sabine, Bohl, Gerhard Feldmeyer Uwe Gänsicke, Thomas Grotzeck, Lene Jensen, Christa Hahn, Detlef Papendick, Carsten Plog, Karin Rohrmann, Elke Sethmann, Annette Wendling-Willeke, Klaus Dorn
业主: Ph. Holzmannn AG
建造时间: 1989-1991
Haustechnik: Ing.-Büro Heinze, Stockfisch+Partner
静力分析: Ing.-Büro Rohwer

希纳费尔德商业中心继承了19世纪商场大型营业厅的传统。三层楼上设有服务区,其梯形构决定了该建筑的外部轮廓宽敞的购物环境使人身愉悦。材料、细部和简洁彩更显简约风格。琳琅目的商品和店面布置在单中充满变化。

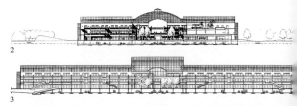

1 总平面图
2 东西向横剖面图
3 南北向纵剖面图
4 内部疏散楼梯和通风管
右页:
主入口日景

右页：
主入口夜景
1 栏杆柱，内有照明灯
2 看向三层高的拱廊

萨尔大厦，萨尔布吕肯（Saarbrüken）

专家意见: 1987-1988
设计者: Volkwin Marg
合作者: Hakki Akyol, Christian Hoffmann, Hubert Nienhoff, Joachim Rind, Martin Bleckmann, Björn Bergfeld, Klaus Brand, Annette Kersig, Roland Dorn, Jutta Hartmann-Pohl, Franz Lensing, Christa Rath
业主: Hammerson Group, London
建造时间: 1989-1991
建筑技术: HL-Technik
静力分析: Varbick, Hortz, Ladewig

该楼与萨尔煤矿及设备管理处建在一起，两楼一样高，创造出和谐的城市空间。拱廊100多米长，12m宽，六层楼高，嵌入一幢38m高的八角楼内。长长的立面反复采用预制格架，并间以一些内凹元素调节整个立面。缩进部分有停车层疏散楼梯，在钢结构后面。高出拱廊的停车场外围墙覆盖半透明预制护栏。该建筑尽端是通向停车层的盘旋坡道，为双层悬索钢结构。钢制细部是该楼最主要的特点，与蜂巢状预制结构形成直接对比。

临赖兴斯街（Reichsstraße）立面

1 停车场上层的盘旋坡道
2 总平面图
3 坡道细部
4 四边形建筑顶部
5 D-D剖面图

1 走廊中间层
2 楼梯钢结构细部
3 看向走廊拱廊

威廉港(Wilhelmshafen)商业中心

专家意见: 1991
设计者: Meinhard v. Gerkan
主要合伙人: Klaus Staratzke
项目负责人: Volkmar Sievers
合作者: Hilke Eustrup,
Maren Lucht, Nikolaus Goetze,
Ralf Schmitz, Karen Heckel,
Giorgio Gullotta, Kerstin
Krause, Monika Sallowsky
业主: Stobau Bauträger
建造时间: 1995-1997
建筑技术: Ing.Brandi
静力分析: Dr. Weber, Dr, Poll

该建筑群建在前威廉港火车站原址。购物中心有99m宽, 280m长, 两层购物层。楼高17.5m, 其标志是一幢35m高的塔楼。车站4条主要干路汇合在一处, 主通道沿它们的方向继续向前, 两条交叉通道沟通周围流通网络。铁路两边有两个停车场。大型封闭式外墙砖结构配以精致的玻璃结构, 形成对比。通道顶上为三角形"折叠"棚顶结构。

1 拱廊顶部结构(模型)
2,3 立面设计(草案)

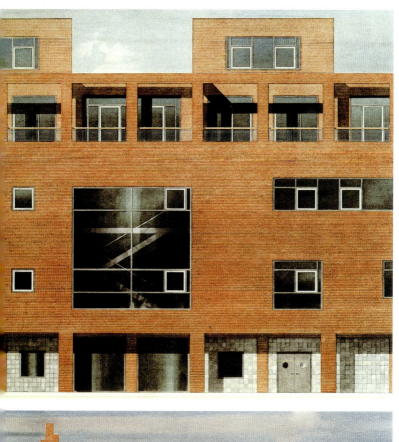

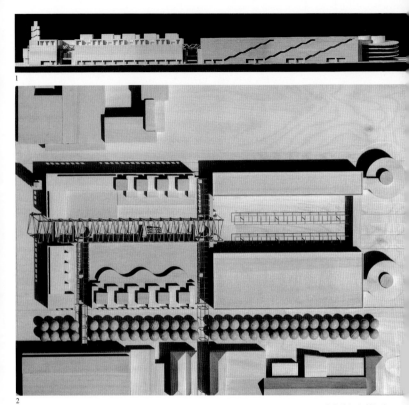

1 火车站立面（模型）
2 模型顶部结构

办公室和套房在上面几层
两层立面设计对屋顶结构
成缓冲。停车场疏散楼梯
入砖墙，成为该楼特色。

莱比锡 - 格鲁诺(Grünau)区中心

竞赛: 一等奖, 1992
设计者: Volkwin Marg
主要合伙人: Klaus Staratzke
合作设计: Kemal
kay, Hakki Akyol
合作建造: Joachim Rind, Elisabeth
enne, Bernhard Albers, Knut
aass, Angelo Martella,
erstin Steinfatt, Heidran
usch, Marina Hoffmann,
eltraut Grimmer, Lajana
einmann, Helma v. Szada,
admilla Blagovcanin, Karen
eckel
业主: ECE Projektmanagement GmbH, Hamburg
建造时间: 1995-1996
建筑技术: Heinze,

Stockfisch, Grabis+Partner
静力分析: Kunkel+Partner KG

该区中心周围都是已建房屋，像一个"十字街道"，有市场和广场，是个界限分明的封闭式城市中心。圆形玻璃大厅直径40m，成为文化中心。该封闭式建筑的风格与周围建筑形成对比。采用传统材料(例如人造石、有色钢结构、玻璃和石材等)此外，简单的造型和细部处理，具有代表性。

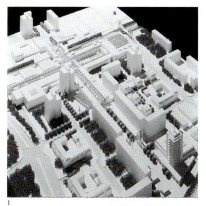

1 建筑融入周围环境
2 纵剖面图
3 立面细部

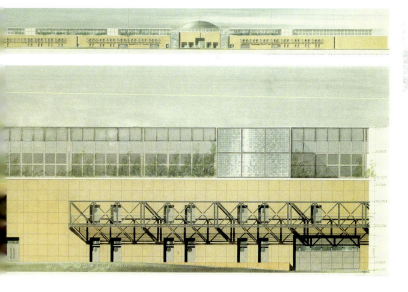

希尔曼（Hillmann）角，柏林

设计时间: 1990
设计者: Meinhard v. Gerkan mit Klaus Staratzke, Kai Voß
合作者: Detlef Porsch
业主: Ilka Ottenstreuer
建造时间: 1991-1993
建筑技术: Hansa Planung
静力分析: Neumann+Partner

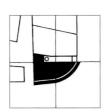

该建筑设计基于邻近建筑的数量和高度，目的是恢复城市面貌。建筑立面遵从基地的弧形特征，融入希尔曼街区的轮廓。"连接元素"连接希尔曼广场的邻近建筑，作为入口和垂直通道中心。金属立面非常突出，与周围砖结构立面对比鲜明。使用连续栏杆带和无支撑遮阳篷，创造横线效应，使这小型建筑显得格外高大。

1 一层平面图
2 工作模型
3 二层平面图
4 立面细部

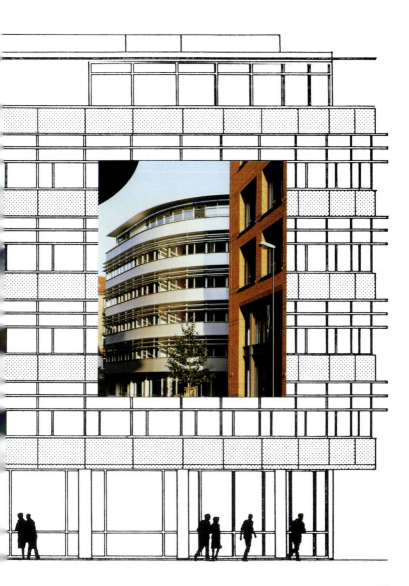

蝾螈大楼，柏林

竞赛: 一等奖, 1988
设计者: Volkwin Marg
合作者: Joachim Rind, Martin Bleckmann, Annette Kersig, Bettina Lautz, Vera Mostert, Christiane Tibi, Peter Römer, Sybille Zittlau-Kroos, Beate Lucas, Ute Kretschmer, Karl Baumgarten, Benedict Dardin
业主: Salamander AG, Kornwestheim
建筑技术: HL-Technik/GU Züblin
静力分析: Nicklisch, Hornfeld, Scheel
建造时间: 1990-1992

该建筑特别之处在于其双层立面结构。玻璃温室结构内植绿化，在夜间照明中通体明亮，"广告塔"成为街道拐角处的标识。透明的两层店面前有拱廊，到上层发展成为缩进的走廊。该建筑综合体内部有一玻璃内庭院，有喷泉。营业区照明良好，自然通风，面向有绿化的温室或有喷泉的内院。温室不仅创造了轻松的氛围，而且充当了这个热闹的地块的隔热隔声带。

1 总平面图
2 两层高的走廊
3 拐弯处

1 内院上的锥形玻璃顶
2 顶层平面图
3 标准层平面图
4 一层平面图
5 玻璃内院
6 布置绿化的双层立面

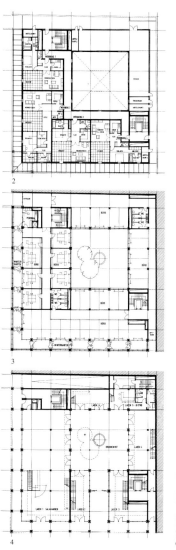

居住及商业楼，斯德烈斯街108-109号，柏林

专家意见: 1991
修改意见: 1994
设计者: Volkwin Marg
项目负责人: Christian Hoffmann, Joachim Rind
合作者: Christiane Hasskamp, Annette Kersig
业主: Tekton GmbH-Baubetreuungs- u. Immobilienges. mBH

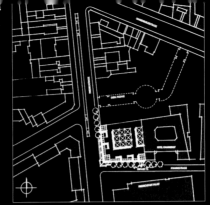

该设计在楼内提供一系列的公共空间，从而提升了其场所的品味。一幢塔楼成为城市中心的标志性建筑。环绕两层拱廊便于休息区空间和营业区空间的各自活动。中心是巨大的玻璃内院，十分宽敞。

世界贸易中心，柏林

竞赛: 1992
设计者: Meinhard v. Gerkan
合作者: Klaus Lenz, Karen Schroeder, Susan Krause, Clemens Schneider, Dirk Schuckar, Christoph Hegel, Gabi Hagemeister

两条长长的建筑体与9 座圆柱形建筑融为一体，形成总平面，这个设计体现了一个明确的无中心的设计意图，并且为各办公室提高了多样化的设计可能性。一个横厅横穿该地，形成入口区和门厅区，设计成拱廊，两边都有入口。该大厅同时用作分流点和内部通道。该建筑最高八层，在限度之内。建筑外形特色取决于灰泥立面和精致的钢、玻璃结构的交互。双层立面的精美格子结构是此圆柱形建筑的主要外形特点。

1 饭店标准层平面图
2 城市区划图
3 临兰德威尔运河(Landwehrkanal)立面图

欧洲贸易中心,不伦瑞克

竞赛:1991
设计者:Meinhard v. Gerkan mit Joachim Zais, Walter Gebhardt
合作者:Sabine Trilling
Uwe Wiblishauser

醒目的尖角是该建筑的特色,造就其独特之处。内弯部分和外弯部分之间的交融与叠加突出了饭店和办公处各种设施的内部联结。中间有一个半开放的广场,设计成玻璃内院作为空间中心和城市"标志岛"。

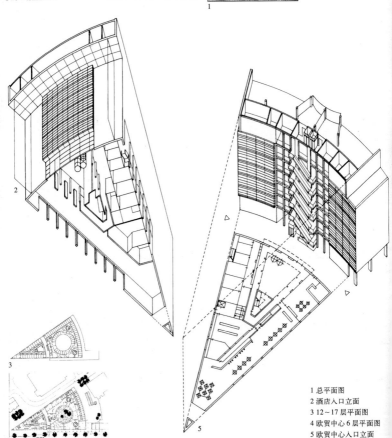

1 总平面图
2 酒店入口立面
3 12~17层平面图
4 欧贸中心6层平面图
5 欧贸中心入口立面

新克尔恩广场(Neukölln Forum),柏林

业主评选: 一等奖, 1992
设计者: Volkwin Marg
合作者: Stephanie Jöbsch,
Susanne Winter
交通规划: Masuch+Olbrisch

各层用途不同,综合了贸易、文化和娱乐。贸易区在下面几层,文化和娱乐区在上面几层,互相平衡。圆形大厅是中心,所有横向和纵向路线都在此汇合。该建筑集合了周围的街道空间,高度与周围的建筑一致。一条和建筑等高的走廊使内外畅通,通向街道交叉点。一个各道都看得见的灯柱是该标识。

1 总平面图
2 草图:彼特·威尔士(Peter Wels)设计
3 纵剖面图
4-7 二至五层平面图
8 入口层平面图
9 二至四层地下层平面图

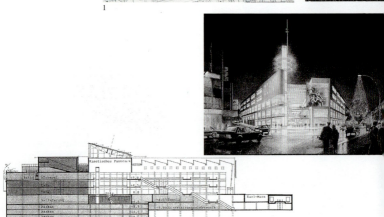

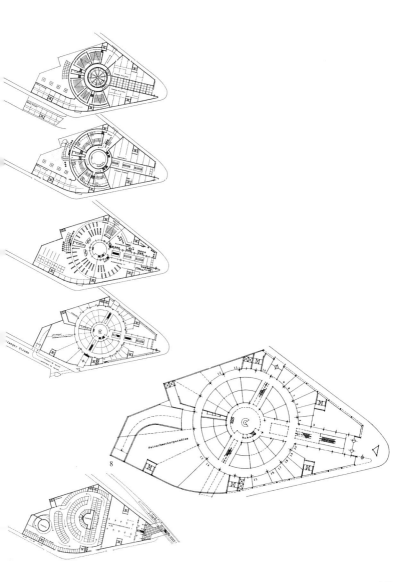

克佩尼克广场(Köpenick Forum)，柏林

竞赛：一等奖, 1994
设计者：Volkwin Marg
合作者：Joachim Rind, Tom Naujack, Jutta Hartmann-Pohl, Martin Bleckmann, Carsten Venus, Brigitta Kortz

广场和居住楼构成规则的体块联系，包括开放的、线形的和封闭的建筑体。广场区被交易大厅分开，顶上是内弯的弧形，东面是车站街，西面是居住区。玻璃大厅成为文化中心。空间形式简洁、宽敞明了，方向易辨。

右页：
工作模型，用以研究玻璃顶结构和交易大厅墙面形体
1 总平面图
2 纵剖面图
3 横剖面图

1

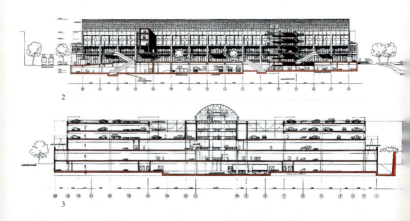

2

3

非洲大楼,汉堡

专家意见: 1992
设计者: Volkwin Marg
项目合伙人: Nikolaus Goetze
合作者: Kerstin Duncker
业主: Familie Woermann

对非洲大楼这个保护建筑进行翻新修复,建筑室内全部重建,建筑后部和上层全部更换,内院厢房和建筑后面部分进行了改建和扩建。内院顶部采用轻钢、玻璃结构拱廊,成为一条走廊。格罗宁特河(Gröningerfleet)填没的码头将重新挖出,作为特殊的建筑特征,这样可以重现所有的原有地下室窗户和码头入口。此外,将一温室把修复的立面包括附加的一层连为一体,保护其免受街道噪声的干扰。

1 总平面图
2 玻璃屋顶把后院变成带拱的温室
3 临街层平面图

住宅与饭店

冯·格康住宅

设计时间: 1986-1987
设计者: Meinhard v. Gerkan
合作者: Jacob Kierig, Volkmar Sievers, Sabine v. Gerkan
项目负责人: Klaus Tiede
业主: Meinhard v. Gerkan
建造时间: 1987-1992
建筑技术: Assmann Ingenieure
静力分析: Weber, Poll

迈因哈德·冯·格康住宅位于不规则的四边形院子的最高处,面临易北河。这个立方体建筑属于易北河谷(Elbschlucht)建筑群。住宅的色调白灰交替;房子略微偏离轴线,与东边场地界线平行,它坐落在基层上,占用部分院子空间。外形极其质朴,临街封闭,完全面朝易北河。中央椭圆形楼梯把四层楼连接起来。房间和楼层可以调整适应不同的用途,展现了室内设计的灵活性。设计基础是功能性需要,木材的多处灵活运用创造了中性的空间氛围,所有配件和多数家具都是按需设计的。巨大的壁炉由铸铁制造。

1 总平面图
2 从易北公路看向建筑
3 地下层平面图
4 一层平面图
5 二层平面图
6 三层平面图

1

2

3

4

1 从"勒卡那德"(Le Canard)
办公区和就餐区左侧的桥
的坡道看向建筑
2 东立面
3 南立面
4 横剖面图
5 北立面
6 西立面

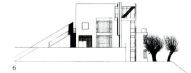

1

2

3

屋顶平台上可转动的屏风
屋顶平台的遮阳顶形成一个双坡三角帆结构
南阳台
在建筑东面的厨房和浴室窗户呈 1/4 圆形向外突出

4

1 天光从北面、东面和西面的四个扁平状玻璃顶射入夹层。上置照明设备供夜间使用
2、3 窗槽在视觉上把浴室、厨房引到楼梯处，同时装人工照明

1

2

3

4

1 南立面屋顶结构
2 椭圆形楼梯
3 前门
4 从起居室到楼梯走道

右页：
住宅中心轴线上的两层高客厅，通过其宽敞的空间验展示设计的形体特色。间高大，地位突出。
1 从起居室看向书房
2 书房的隔间向南伸出，易河风光一览无余
3 原钢结构的屋顶天光结构

1 折叠式屏风
2-8 化妆台,有抽拉式凳子

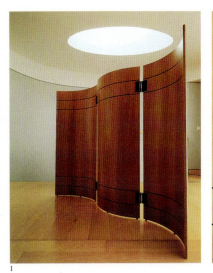

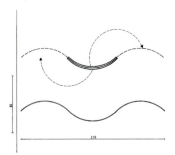

1

7

8

原钢材料的壁炉柜台

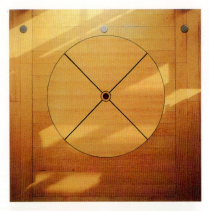

有4个1/4圆形部分铺展成方形餐桌

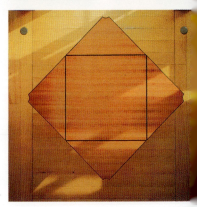

纫桌，有可折叠台面

"美之居"(Schöne Aussicht),汉堡

竞赛:一等奖,1992
设计者: Meinhard v. Gerkan mit Klaus Lenz
合作者: Karen Schroeder
业主: Kai Wünsche

宅内设计和宅外设计,建筑与风景共同造就了这个巨大的立体建筑的整体布局。建筑体与空间的交互模糊了室内外的界限,墙壁简化成"框架",室外通过庭院和露台伸入室内。房子外貌主要是白色的,墙表面一部分用灰泥,搪瓷金属板或白色木饰面。只有栏杆和楼梯扶手以及灯罩和移动遮阳帘有金属色泽。

1 总平面图
2 南立面图
3 "美之居"立面图

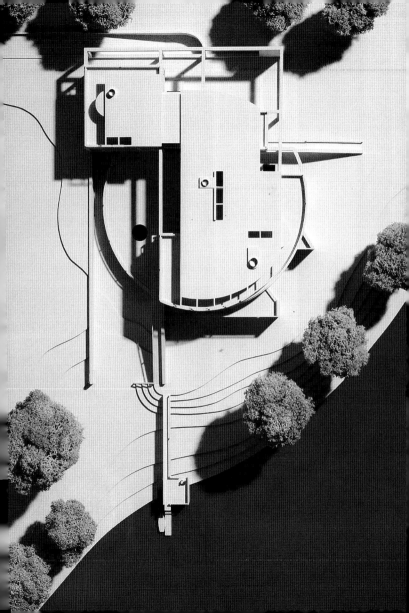

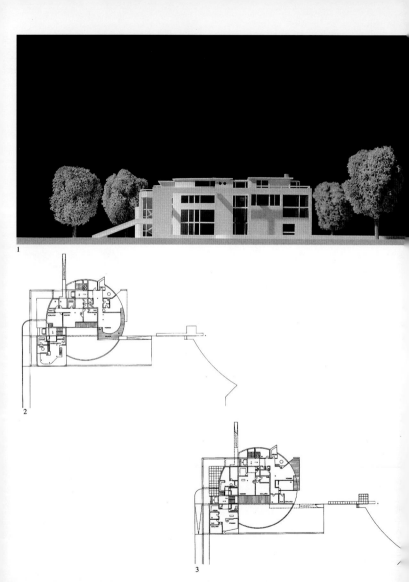

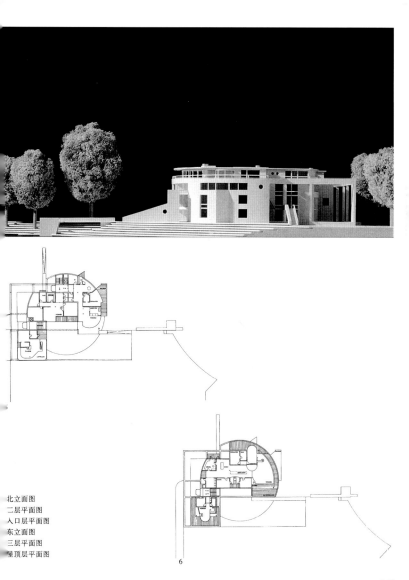

北立面图
二层平面图
入口层平面图
东立面图
三层平面图
屋顶层平面图

1

布拉奇博士(Dr.Braasch)的城市别墅，埃伯斯瓦尔德

专家意见: 1993
设计者: Meinhard v. Gerkan

项目负责人: Peter Römer
合作者: Roland Wolff, Stephan Derendinger
业主: Dr. Eckart Braasch
建造时间: 1994-1995
建筑技术: Ing.-Büro KMG
静力分析: Ing.-Büro Schulze

该建筑在周围建筑的同一风格上，转换成另一种设计语言。利用陡坡场地，临花园一面为三层，临街道一面为四层。主人套间位于上面两层，其他三个套间位于下面两层，所有房间都可通过独立的外部楼梯直接到达。弧形屋顶覆盖最上面的起居室。

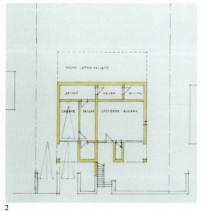

2

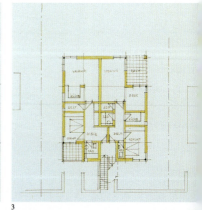

3

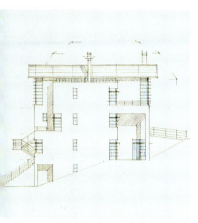

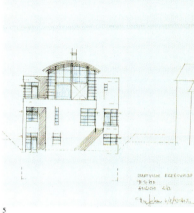

1 北立面图
2 坡道平面图
3 +1层平面图
4 西立面图
5 南立面图
6 +2层平面图
7 +3层平面图

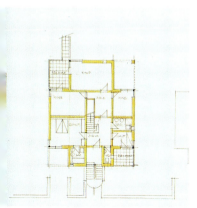

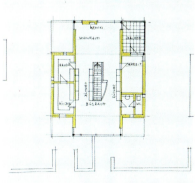

布道坛街(Kanzleistraße)别墅，汉堡

竞赛: 一等奖, 1990
设计者: Volkwin Marg 1994
Hochbau-Entwurf: Meinhard v. Gerkan mit Joachim Zais
合作者: Uwe Wiblishauser, Hilke Eustrup, Dagmar Engeler, Andreas Reich, Jürgen Köpke
业主: Victoria Versicherung, Düsseldorf
建筑技术: Protec Planungsgesellschaft mbH
静力分析: Martens-Puller
建造时间: 1995

六幢三层别墅坐落在一小块绿地周围。顶层覆盖一悬臂微斜椎形屋顶结构。楼层设计与通道的轴线形相应。主要材料为白灰泥、淡色天然石料以及轻钢、玻璃构造和镀锌屋面板。

1 总平面图
2 东立面图
3 屋顶花园平面图
4 二层平面图
5 一层平面图

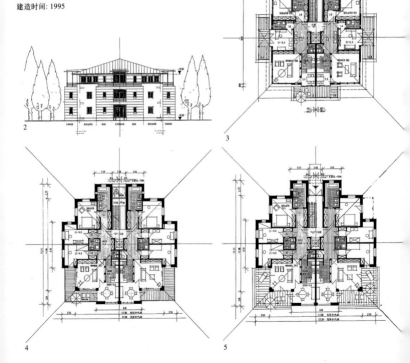

卡尔-海恩运河(Karl-Heine-Kanal)畔的城市住宅，莱比锡

设计时间: 1994
设计者: Meinhard v. Gerkan mit Joachim Zais, Klaus Staratzke
合作者: Christine Dirk, Susanne Schröder, Gabriele Wysocki
业主: EBL Leipzig
建造时间: 1995
建筑技术: Protec
静力分析: IHP Harden+Partner

该设计计划建造一组四层带阁楼的商业中心住房。有些房子沿街排列，有些沿运河，实现外部空间的对比，提供入口院子和花园。有两种不同的设计形式：半独立式，主要是三室户的公寓；独立式，主要是两室户的公寓。最主要的材料有灰白灰泥，淡色铝、玻璃立面，以及木结构和镀锌饰面。

1 剖面图
2,4 立面图
3 总平面图
5,6 独立式住宅平面图
7 独立式住宅模型
8,9 半独立式住宅平面图

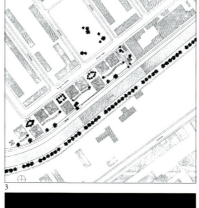

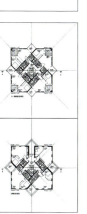

格林（Gerling）城市住宅，莱比锡

竞赛：一等奖，1994
设计者：Meinhard v. Gerkan mit Walter Gebhardt
项目合伙人：Otto Dorn, Walter Gebhardt
合作设计：Kirsten Bonk; Ausführung: Klaus Dorn, Hans Münchhalfen
业主：Gerling Konzern
建设进度：in Planung
建筑技术：HL-Technik
静力分析：Ing.-Büro Dieter Kleinjohann

延续独立式别墅的城市结构，一幢楼用于办公，另一幢用于居住。两楼的高度和用材都以周边地区的历史建筑为基础，原有建筑与新建部分的差异通过楼层立面的分区设计加以解决。轻钢、玻璃结构，温室有木制窗框，与"Grüderzeit"别墅凸出墙外的窗户一致。居住和办公单元环绕一个自然采光的楼梯。餐厅位于办公楼底层

1 总平面图
2 临希瓦格里昌街(Schwägrichenstraße)立面图
3 入口层
4 住宅楼立面图
5 办公楼立面图
6 住宅楼标准层平面图
7 办公楼标准层平面图

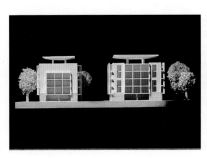

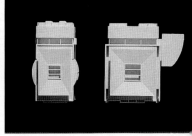

2

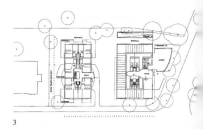

3

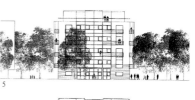

5

6

7

多芬河(Dovenfleet)畔的住宅楼，汉堡

专家意见：1994
设计者：Meinhard v. Gerkan mit Nikolaus Goetze, Kerstin Burmester

该设计计划沿 Zoll 运河河岸大道以 30m 的间距建造5幢嵌入式高楼。门楼似的住宅位于高架上，底下三层，这样对面仓储中心（Speicherstadt）的楼房视线就不会被阻断。厢形住宅层位于上面五层，有不同户型，部分为两层公寓。该组建筑的设计构想试图通过透明和精致与仓储中心的坚固砖建筑形成双重效果。

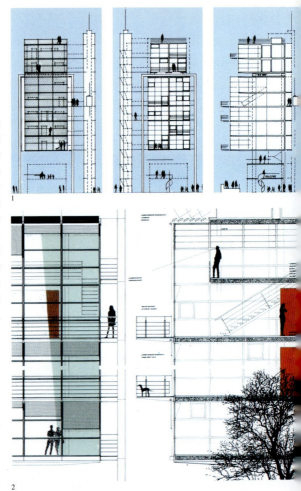

1 立面图
2 立面细部和剖面图
3 建筑夜景
4 城市环境
5 总平面图
6 平面图

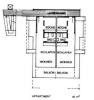

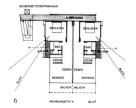

6

腓德烈斯汉广场，柏林

专家意见: 1992
设计者: Volkwin Marg
合作者: Hubert Nienhoff,
Jutta Hartmann-Pohl, Clemens
Dost, Dirk Heller, Susanne
Winter
业主: Grundstücksgesell-
schaft Friedrichstraße
mbH+Co.
建造时间: 1995

此地块经过重新规划，包括工业革命时期的保护建筑，由作坊和地下拱顶建筑组成。设计服务于一个多功能广场，集服务、餐饮、零售、住宿以及体育场于一体，充分利用其中心地理位置和市内方便的交通，以及紧邻腓德烈斯汉公园的有利条件。

1

1 总平面图
2 南面拐角
3 立面细部
4 平面图

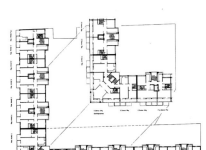

2

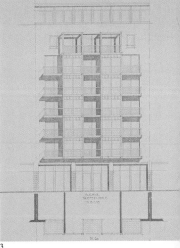

4

3

美尔巴尔的康饭店 (Hotel Mare Balticum), 班辛

竞赛：一等奖,1992
设计者：gmp-Meinhard v. Gerkan mit Klaus Staratzke in ARGE mit Bothe, Richter, Teherani

新建筑与原有的水疗建筑融为一体，营造了建筑总体效果，其中包括一幢文化保护建筑。中间有一个院子，院子下面有一个门厅兼活动厅。这个厅从抬升的河边大道下伸出去，面向有拱顶玻璃窗结构的沙丘。

1 从河边大道看向建筑
2 大厅从沙丘向外突出，像一个在大道下方的玻璃陈列柜
3 新旧建筑的平衡处理

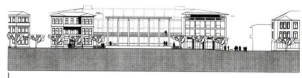

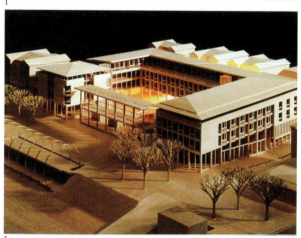

奥古斯丁住宅楼，汉堡

专家意见：1985/1991
设计：Volkwin Marg
项目合伙人：Klaus Staratzke
合作设计：Klaus Lübbert, Barbara Fleckenstein, Michael Dittmer
合作建造：Bernhard Gronemeyer, Dagmar Winter, Karen Heckel, Alfons Bauer, Armin Wald, Carsten Plog, Uwe Gänsicke
业主：Collegium Augustinum
建造时间：1991-1993
静力分析：Ing.-Büro Binnewies

这幢古老的冰库大楼是保护建筑，但有多年没使用了，建筑状况不容修缮，在移除旧楼后，建造了一幢新楼，体积与外形与旧楼相似，是一幢开有窗孔的立方形建筑。玻璃圆屋顶下有一个屋顶餐馆，符合特殊的城市位置——在完整的海湾全景和易北河茂密的植被之间，餐馆及其景色向公众开放。底层是密封的，以防洪水，一条防水隧道用作逃生路线。

1 该建筑直接立于易北河岸，照片背景是集装箱起重机
2 鸟瞰
3 建筑旧址
4 新建的建筑
5 剖面图

4

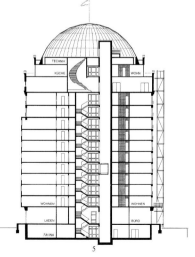

5

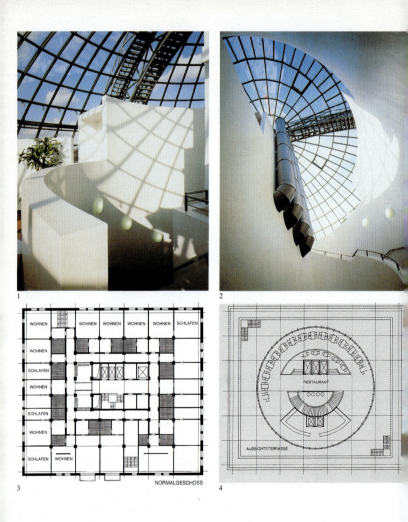

1,2 通向圆顶餐厅的楼梯
3 标准层平面图
4 餐厅平面图

饭店，水岛(Fleetinsel)，汉堡

竞赛：一等奖，1980
设计者：Volkwin Marg mit Wolfgang Haux
合作者：Anja Böke, Jan Krgmann, Heike Ladewig, Ralph Preuss, Brigitte Sinnwell
业主：Klingbeil-Gruppe Berlin
建造时间：Jan. 1991-Okt. 1992
建筑技术：HL-Technik
静力分析：Windels, Timm+Morgen
景观规划：Wehberg, Lange, Eppinger, Schmidtke

这个建筑综合体由用途、高度各不相同的建筑物构成，但在外观风格上保持统一。基层区域大多为两至三层高的拱廊。这些高于该街平均高度的楼层向后缩进，因袭20世纪20年代和舒马赫（Schumacher）时代汉堡建筑传统。主要设计主题也是传统的北方砖结构。7~10层高的施泰根堡（Steigenberger）饭店位于北部。饭店窗户和到运河的温室使用"法国窗"，创造出该建筑温馨的特点。砖墩不仅纵向协调该建筑，使其和拱廊柱子同拍，而且容纳不同的建筑层。南部包括六至八层高的办公楼。

1 总平面图
2 立面细部
3 三层高的拱廊
4 顶层五重缩进
5 该楼外部轮廓沿运河走向而定
6 横剖面图

4

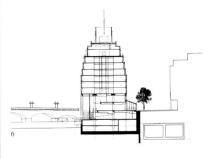

6

古丹-埃克饭店 (Hotel Ku'damm-Eck)，柏林

设计时间：1992
设计者：Meinhard v. Gerkan mit Klaus Staratzke, Nikolaus Goetze
合作者：Kerstin Duncker

业主：Grothe Ku'damm-Eck KG

两种不同的建筑——"长条"与"圆筒"——在交叉路口融为一体，形成一组角落建筑，因其场地形状、街景和临近屋檐高度，其作用就像城市"纽扣"。大型购物中心横贯底楼，中间由一露天广场组成，外临玻璃圆顶内院。观光电梯在门廊与古福斯特丹（Kurfürstendamn）透明的通道中上下移动，象征性地连接有屋顶的内院和外部都市。

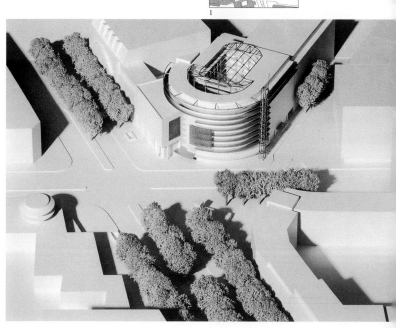

1 总平面图
2 CAD 透视图，展现城市环境
3 一层平面图
4 纵剖面图
5 标准层平面图
6 横剖面图

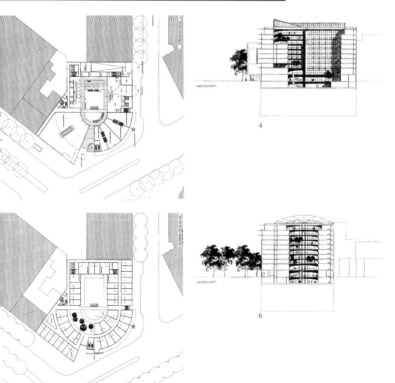

库美勒街(Kümmellstraße)居住及商业楼,汉堡

竞赛:三等奖,1994
设计者: Meinhard v. Gerkan mit Astrid Lapp
合作者: Uli Heiwolt

新楼与原有的建筑区密切相关,不仅采用周边建筑的屋檐特征,而且模糊了相互之间的边界线。一楼和二楼有拱廊,与上面各层的立面不同,双层立面区域有玻璃阳台,体现了两层公寓的特点。+3层内部通道有一特别之处,此处两边都可进入公寓,使+2层和+4层从北到南贯穿。

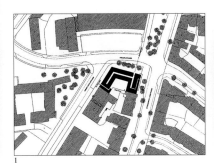

1

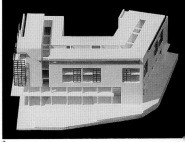

2

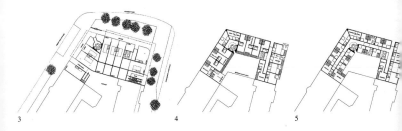

3 4 5

1 总平面图
2 模型，展示建筑形体
3 一层平面图
4 二层平面图，有横向通道
5 两层公寓上层
6 临俄朋多芬兰街（Eppendorfer Landstraße）立面图
7 横平面图，穿过正面的剖面图
8 北立面透视图

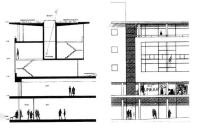

萨尔广场(Schaarmarkt)居住及办公楼，汉堡

设计时间: 1990
设计者: Volkwin Marg
项目负责人: Hauke Huusmann
合作者: Yasemin Erkan, Daniela Hillmer, Jeanny Darmadi-Rieger, Ralf Preuss, Marion Ebeling
业主: A. Büll+Dr. Liedtke
建造时间: 1992-1994
建筑技术: Falcke+Korff

静力分析: Bobeth+Sommer

这个商住楼外观符合所在街区开发的城市结构。楼高与原有建筑檐部处理一致。该建筑的拐角陆标是一幢高楼，内有主入口，该拐角有一插入构造，临萨尔广场。上面几层的院子产生明显的深度感，三面都有拱廊，立面分割匀称。内院单独一层，设计成屋顶花园，包括露台，设藤廊。

1

2

3

1 总平面图
2 建筑西南角
3 建筑西北角,设有主入口
4 横剖面图
5,6 北立面图
7 建筑弧形部分朝西

1 这个错落有致的建筑阁楼
  面设计成公寓的屋顶花园
2 一公寓的屋顶花园
3 西立面

博物馆与展览厅

人文博物馆(Türkencaserne Museum),慕尼黑

竞赛:1992
设计者:Meinhard v. Gerkan
合作者:Clemens Schneider, Volkmar Sievers

一幢体态轻快的三层直角建筑环绕一个圆形大厅而建,这个现代建筑保留了具有慕尼黑地域特色的方格结构,与两幢绘画陈列馆(Pinakotheken)面对面。为保存原有树木和创造理想的公共流通,该计划分为三部分:1. 展示现代艺术和新藏品的国家陈列馆,以及工艺大学的建筑博物馆;2. 艺术收藏品馆;3. 工场和管理处。一条设计巧妙的通道使博物馆成为一个"集会地"。多层天桥连接内部空间。这个设计以简单和精简以及细部的精确为主旨,轻钢、玻璃构造体现了功能性,这个建筑呈现出通透的外观而且轮廓鲜明。

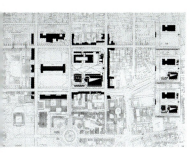

1 立面图
2 立面细部
3 总平面图
4 剖面细部,显示照明设计

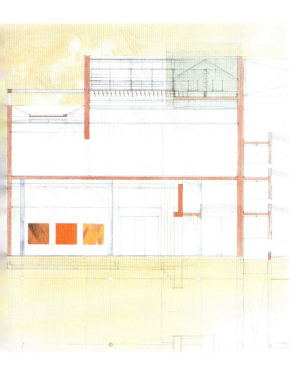

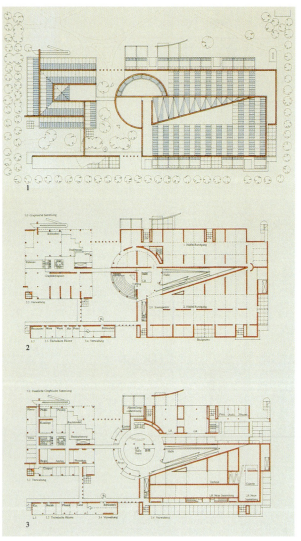

1 屋顶立面图
2 +13.00 标高
3 +5.00 标高
4 入口门厅，有坡道和屋顶光
5,6,7 透视印象

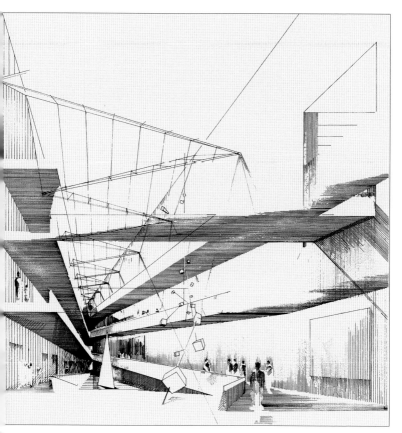

6

7

入口

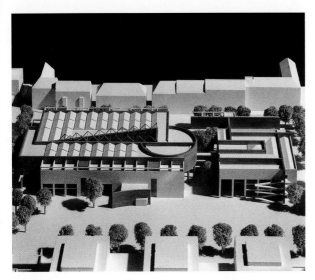

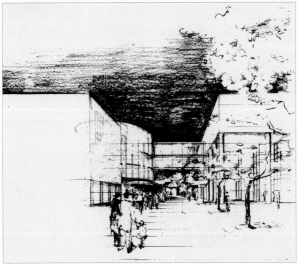

20世纪国家博物馆，纽伦堡

竞赛: 1991
设计者: Meinhard v. Gerkan
合作者: Hilke Eustrup

这个设计否定单调的单体的构想，通道、设计形式和建筑结构源自场地条件和设计纲要的功能要求。最主要的特色是内部人行十字形走廊，多边形、时断时续、参差不齐的空间与笔直的、修长的建筑形态并置，整个博物馆的入口立面设计都采用了这种外部形态。建筑主三层的简单清晰的内部设计形式使用起来具有灵活性。

1

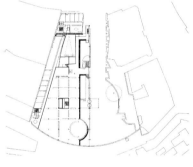

一层平面图
二层平面图
墙体立面
立面细部

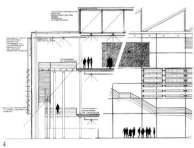

4

格罗特(Grothe)收藏馆,不来梅港

可行性研究: 1993
设计者: Meinhard v. Gerkan mit Klaus Lenz
业主: Hans Grothe

格罗特收藏馆收藏了13位当代德国艺术家的作品(属于格罗特藏品)将公开。整个设计构思的灵感源自格斯特河(Geeste)水域风光和一个船坞遗迹共同构成的景观。内院突出了基于圆形和方形建筑形式的韵律,前院标界定了建筑的入口,而水上楼梯同阳台一起界定了建筑与水道的关系。

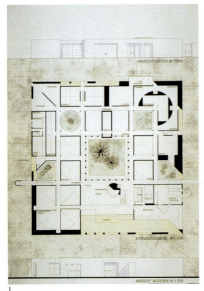

1

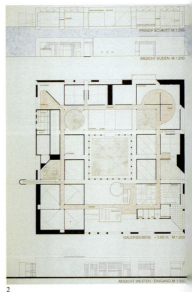

2

1 东立面,入口层平面图,北立面图
2 主剖面,南立面,+3.60走廊,西立面/入口
3,4 设计模型

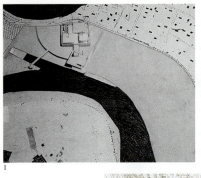
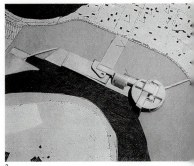

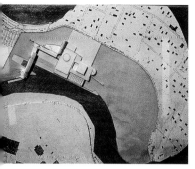
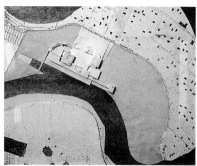

7

参考模型 I
参考模型 II
总平面草图
区位图
总平面图
参考模型 III
参考模型 IV
组织规划草图

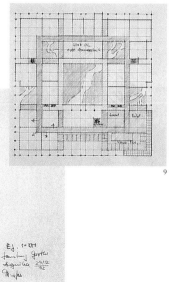

9

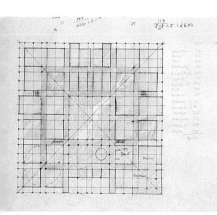

新莱比锡博览会

国际竞赛: 一等奖, 1992
设计者: Volkwin Marg mit Hubert Nienhoff
合作竞赛: Björn Bergfeld, Christian Hoffmann, Hubert Nienhoff, Jutta Hartmann-Pohl, Michael Pohl, Hakki Akyol
合作规划: Kemal Akay, Yasmin Balbach, Wolfgang Balbach, Fernanda Barbato, Marco Bartusch, Myrna Bergfeld, Björn Bergfeld, Susanne Bern, Heike Breuler, Verena v. d. Brincken, Hubertus v. Dallwitz, Mirjam Danke, Clemens Dost, Wieland Freudiger, Uwe Friedrich, Bernd Gossmann, Aristide Hamann, Christina Harenberg, Christina Hasskamp, Hubert Hirsch, Christian Hoffmann, Angelika Juppien, Dirk Kahlig, Monika Kaesler, Petra Kauschus, Gabriele Köhn, Jochen Köhn, Ursula Köper, Franz Lensing, Annette Löber, Fulvio Melle, Elisabeth Menne, Michael Pohl, Henning Rambow, Dieter Rösinger, Birgit Roth, Monika Scharrer,

1

Almut Schlüter, Gisbert v. stülpnagel, Robert Stüer, Beate Sturm, Ulrich Weigel, Reinold Weiten, Armin Wittershagen
业主: Leipzig Messegesellschaft mbH
建造时间: Sommer 1993-Ende 1995

景观设计: Wehberg, Eppinger, Schmidtke
Ingenieure: Technische Ausrüstung, Federführung: HL-Technik, Tragwerk, Federführung: Ing.-Büro Polonyi+Partner;

2

Ing.-Büro Schlaich, Bergermann+Partner
钢－玻璃网格结构顾问: Ian Ritchie Architects, London

此项目是东部重建的政治性先导工程。在国际竞赛获得一等奖并取得规划委托,18家受邀参赛单位包括 Behnisch + Partner, Richard Rogers Partnership, OMA-Rem Koolhaas, Hentrich Petschnigg Parterner, Storch + Ehlers, Jourdan + Müller。场地于通往机场、铁路、高速路和二级公路系统各道路交叉处。此处是前机场址,已建造了一个新的城市商业区。直线形展览园建开挖处,约2km长,150m宽5m深。在西边连接火车站(已建), 在东边连接旅客车场。该建筑和展览园合为一。采用莱比锡这个展城全盛时期的建筑特色。波纹参照"民族战争纪念碑

1 入口大厅
2 黑匣子,用作展览厅
3 总平面图

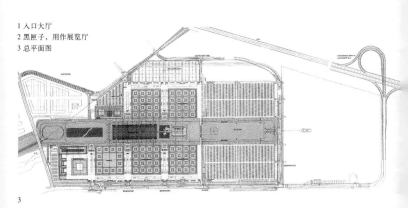

3

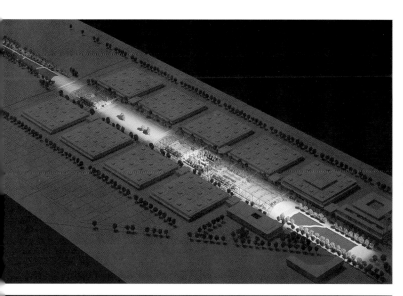

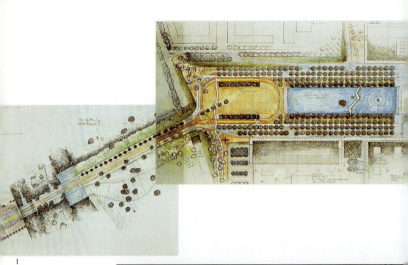

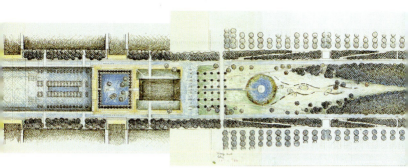

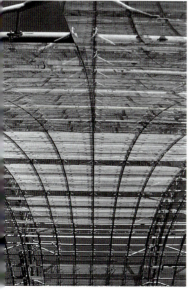

1 公共空间的设计(WES)
2 西入口
3 施工期间仰视玻璃屋顶的效果

(Völkerschlachtsde-nkmal),大拱顶玻璃屋顶构造来自欧洲最大的莱比锡火车站的特色。拱顶玻璃厅直接参照19世纪的"水晶宫",成为展览园中心。筒形拱顶约250m长,30m高,80m宽,其典型的形状象征20世纪玻璃、钢构造的"艺术之邦",无框玻璃板在节点固定,使这个巨大的内部空间材料最程度地简化。外部的空间框架拱顶是一个完整的自动外壳构造,每25m用附加的系材拱顶进一步加固,以防风雪的重量。方形展览厅合计20000m²,有空调设备,设计成较暗的展览空间,入口大门可以上下移动,方便货车通达,移动隔墙还可以进一步划分空间。会议中心为会议和演示提供会议厅。醒目的烟囱形高塔成为当地标识,可与"钟塔"媲美,其优雅的钢框架与玻璃厅相似,可以看见垂直交连环节设计精巧的结构。传统的"MM"图标代表"Mu-ster-Messe",意为示范展览,将来也代表设计构思的主旨,即"Menschliche Messe"——人性展览。

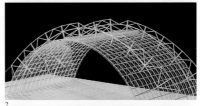

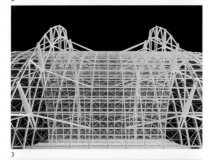

1~3 玻璃顶结构的参考模型
4 东入口
5 东入口立面图
6 玻璃大厅侧立面图
7 纵向剖面图
8 玻璃大厅平面图

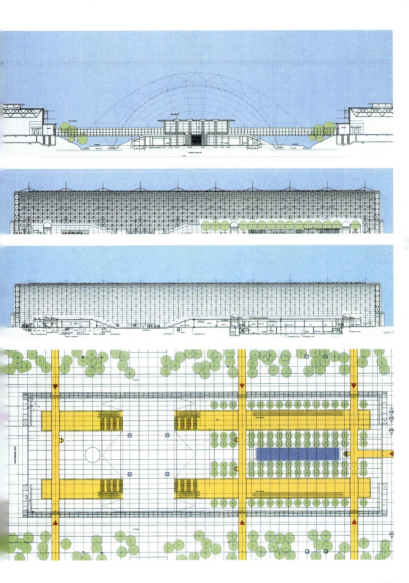

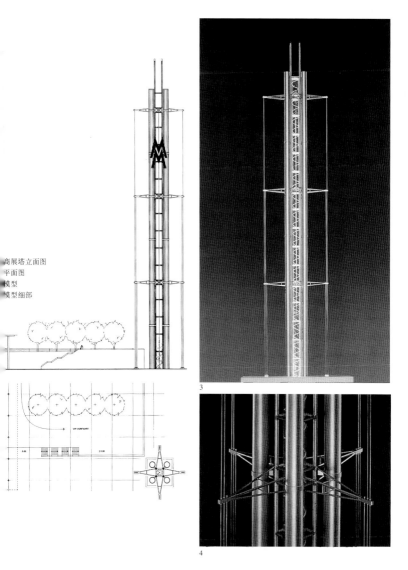

商展塔立面图
平面图
模型
模型细部

汉诺威博览会，第四展厅

竞赛：一等奖，1993
设计者：Volkwin Marg
项目合伙人：Klaus Staratzke
合作者：Reiner Schröder, Marc Ziemons, Susanne Winter, Ulrich Heiwolt, Dirk Vollrath
In Zusammenarbeit mit: Schlaich, Bergermann +Partner, Jörg Schlaich
合作者：Sven Plieninger

该设计和结构构想的特点是：完全不用柱子，利用自然采光，外形轻巧。单层高大厅覆盖185.6m × 116m的区域，顶部由18块122m跨度的钢梁合成，用波状钢顶板连接，透镜状的空心结构用来支撑采光顶棚。现场完成组装，包括分期施工建造基础、支撑物、梁和顶板，钢梁的轴间隔为10.8m。工厂预制可以把现场组装时间缩小到最少。大厅长的两边墙壁没有开孔，短的两边墙壁视觉上是开放的，全部装以玻璃。

1

2

3

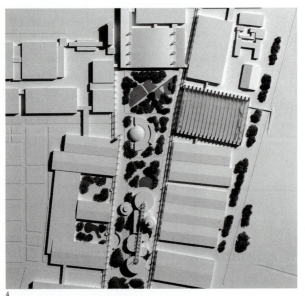
4

1~3 建造步骤
4 总平面图
5 横剖面图
6 北立面图

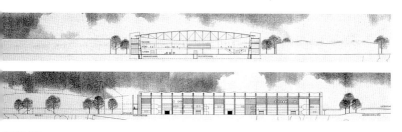

ID 29A/29B

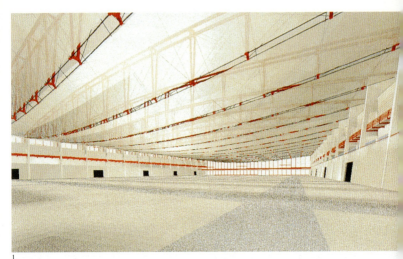

1

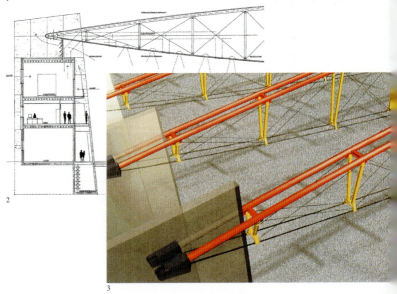

2

3

内
撑结构剖面细部
墙板细部
结构参考模型

西蒙集团(Simeonstift)对外展览馆分馆,特里尔

竞赛: 1994
设计者: Meinhard v. Gerkan mit Henning Schlattmeier
合作者: Kai Ritzke

该设计不仅最大限度发挥了博物馆建筑的空间功能多样性,而且对城市文脉的建筑历史传统尽量不作改动。罗马西蒙集团内院顶部是精致的轻钢、玻璃结构,由四根十字形柱子和拱顶支撑,分别由周围四块的墙体支撑。一个大型多功能门厅,长廊没有封玻璃。呈立方体块"卫星"状排列在建筑前面,用封玻璃的天桥连接,其底层坐落在柱子上,可以保留城市关系,保护风景。简单的钢、玻璃构造宛如城市空间的大型陈列柜,晚上灯火通明。建筑的历史双重性也导致了用材的差别,新建筑艺术复原,增加了历史建筑的价值。

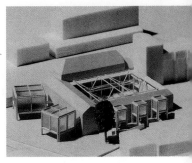

1

2

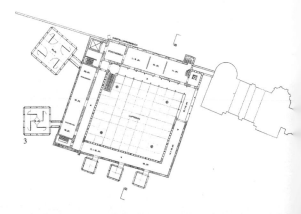
3

1 C-C 剖面图
2 西蒙集团广场立面图
3 上面层平面图

城市规划

斯图加特21城市规划

专家意见: 1993/1994
设计者: Meinhard v. Gerkan mit Charles de Picciotto
合作者: Kirsten Blötz, Ralf Giesecke
火车站静力分析: Schlaich, Bergermann+Partner

除了靠近宫中花园 (Schloßgarten) 的建筑边线外, 所有现有的站台都将关闭。这样, 斯图加特著名的城市规划——"21大街"——应运而生。这条2.2km长的交通中枢70m宽, 是一个绿化茂密的公共空间, 它把新开发的车站中心与玫瑰石公园 (Rosensteinpark) 连接起来。这条城市轴线赋予斯图加特城市结构新的都市组成部分: 新开发土地沿其分布, 它在空间上连接了互相分开、用途和密度各异的邻近区域, 同时, 它又有隔离作用, 以强化各个区域的特色。一幢正式的服务楼建在城市中心, 融合历史上的"勃那兹"(Bonatz) 车站, 形成主要特色。居住设施设计在"21大街"和宫中花园之间。在现在的北方货场上, 新区延伸了玫瑰石区的已建街区, 用于居住和工作。

1 1995年: 车站下方80 大的区域将用于城市发
2 草图: 为如何开发铁路 指明道路。最重要的是2. 长的"21大街", 既是交 枢, 又是黄金宝地
右页:
"21大街"轴线给小规模 图加特增添了新的城 积。

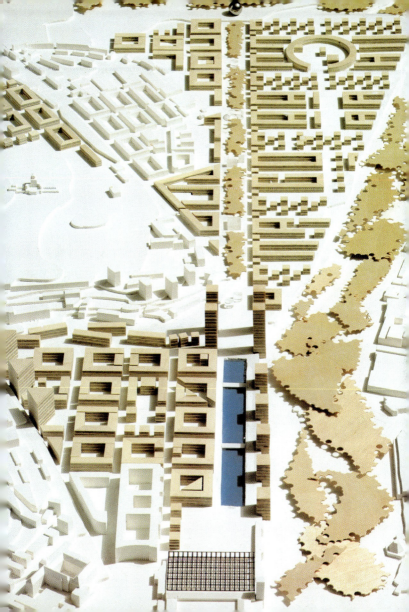

新城与旧城关系

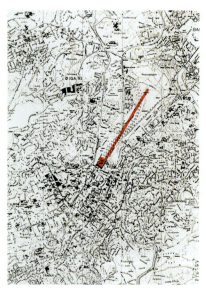

"勃那滋"(Bonatz)车站和玫瑰石公园之间的2.2km长的轴线给斯图加特城市发展添加了新的空间。

1

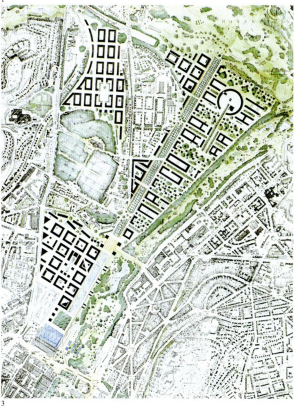

规划平面图
新的城市街区模型展现新的
建筑肌理，新的城市空间沿
现有的铁路线规划
建筑肌理和景观规划

3

隔声建筑群，施瓦本布格费尔德广场 (Burgerfeld-Markt Schwaben)

竞赛：二等奖，1992
设计者：Meinhard v. Gerkan
合作者：Clemens Schneider

该设计不建议使用小城市建筑风格的基本方法，抹杀其个性或装点得精致可爱，而是使用诗一般的表达方式，试图创造个性化特点。墙体曲折蜿蜒，依偎着铁轨，俨然像一条在风中飘舞的丝带。600m长的"建筑带"，建筑物差别很大，前面有圆柱形建筑、笔直的办公附房、销售区、玻璃墙以及圆柱形停车场。整个建筑群形式多样，活泼俏皮，各种用途和建筑形式的多样性压过了建筑群的统一性。

1 总平面模型
2 一层平面图
3 立面图

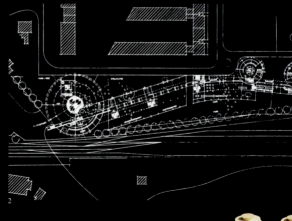

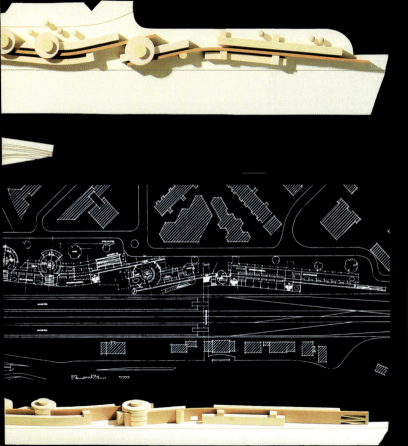

瑞西格康南部(Dreissigacker-Süd),迈宁根

竞赛: 1993
设计者: Meinhard v. Gerkan
合作者: Charles de Picciotto

居住区分为五块,独立的邻里区,包括门廊房、公共庭院以及多家庭星形楼房和别墅。五块居住区的整体结构基本相似,每块内部结构各异,因此又有各自的特色和特点。"新创"的风景"怀抱"居住区。所有服务设施都以宫殿(Schloß)为轴线排列,成为新旧之间的纽带。

1 公共空间的概念
2 总平面模型
3 城市环境
4 居住区
5 联排别墅
6 南立面图
7 花园平面图
8 林阴道如骨架连接新旧宅区

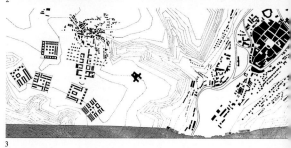

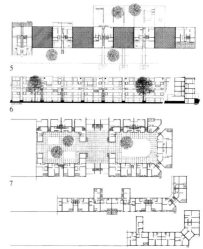
5
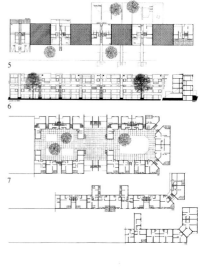
6
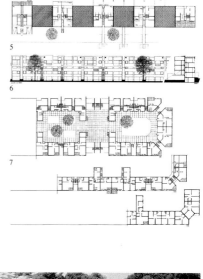
7

8

施普雷河湾(Spreebogen)，柏林

竞赛：1992
设计者：Meinhard v. Gerkan mit Henning Schlattmeier

该设计否定了夸张的想法和象征性形式。因为城市空间清晰，建筑物风格简洁，所以制定了一个总规划，主导整体统一，个体多样。包括了创建空间、广场、道路、河岸和公园以及清晰的空间边界、限定的建筑高度。建筑的实际形状和楼层规划设计只提出理论上的建议。所有办公功能都象征性地聚集在公共广场这块"热闹的空地"周围。通过夸张的建筑高度强化空间感。这个城市规划主题的体系与前阿尔森广场（Ahlsenplatz）有关。线形建筑结构最主要是由施普雷河的河道走向决定的，沿河产生了特别的空间关系和景色。独立的建筑物在政府区北面边缘，在施普雷河和铁路之间。在国会大厦东边，重新规划腓德烈斯街。

1 模型
2 总平面模型

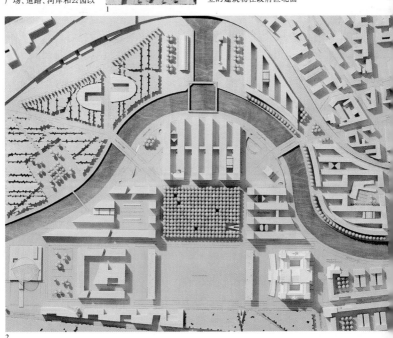

玫瑰石(Rosenstein), 斯图加特

竞赛: 1991
设计者: Meinhard v. Gerkan
合作者: Hilke Eustrup, Uwe Grahl enstedt
Bauslober: Roland Ernst

清晰的城市建筑物建在玫瑰石公园和北车站(Nordbahnhof)地区，该区主要是方方正正的建筑物和街道空间。一条新"铁路街"充当了主要通道，靠近北车站街。此处建造了一幢高七层、延伸的建筑，作为骨架，保护里面免受交通和铁路的干扰。内侧分布着几幢圆形高楼，每幢10层，与整体规划融合。该项目的南端是一幢高楼，采用五层的柱子框架结构。院子形成半开放的公共空间。

1 前排建筑
2 圆柱体高楼
3 院子内部
4 总平面图

新里默中心(Neuriem Centre)，慕尼黑

竞赛: 1993
设计者: Meinhard v. Gerkan
合作者: Walter Gebhardt, Ulrich Heiwolt
空间规划: Wehberg, Eppinger, Schmidtke

作为新里默的城镇中心，采用正式的造型，避免过于风格化。与周边地区很低的利用率相反，采用高密度，高建筑创造出城市面貌。七幢大厦，每幢66m高，规划成菱形，在两条主干道的重叠处。它们雕塑般的效果源自整个建筑群，同时营造出南面朝向景观和水景的城市空间。圆环形商展行政楼与筒体停车场在形式上呼应，弯曲处表明主入口所在位置。

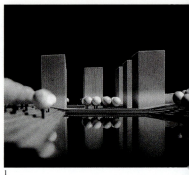

1

1 中央广场的水景效果
2 总平面图
3 轴线重叠的菱形规划的高楼成为了当地特色
4 中央广场 / 剖面图

2

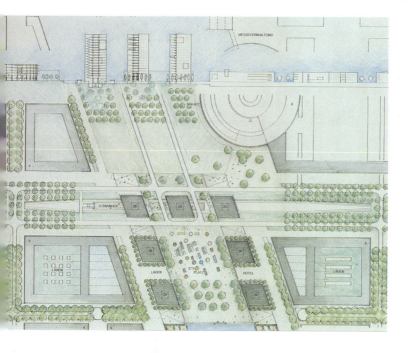

兴登堡广场重新设计，明斯特

竞赛：二等奖，1993
设计者：Meinhard v. Gerkan
合作者：Karen Schroeder, Britta Claasen, Henning Schlattmeier

由于城市的舞台式规划，城堡成为背景。多个层次，两个建筑，树木林立的大道，整个规划呈现出舞台向两侧拉开的幕布形态，将视觉轴线的重心引向背景处的城堡。在兴登堡广场上的建筑不是独立式的，围合的城市空间为广场界定出明确的边界。U形界墙设计成瀑布形台阶，成为行人通道，创造出兴登堡广场的第三空间。北侧设有一音乐厅，在四周体内，大厅可容2000座，有一环形多功能活动厅

1 报告楼
2 临兴登堡街立面图
3 总平面图
4 入口层平面图
5 走廊层/夹层及平台

部建筑群是会议中心，
店位于南边，是总部
Oberpräsidium）办公室
附带建筑。

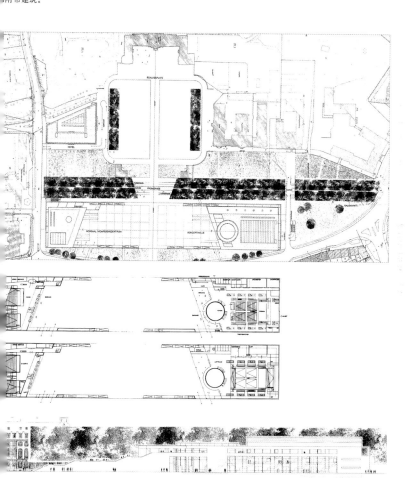

韦登纳(Werdener)街，杜塞尔多夫(Düsseldorf)

竞赛：1994
设计者：Meinhard v. Gerkan
合作者：Astrid Lapp, Henning Schlattmeier

该区有服务区、办公区、商业区以及住宅区，外部有通道，内部被线形绿化区分隔成不同功能的分区。主入口处挺立着一幢醒目的高楼，一个圆柱形停车场在车辆刚进入的位置，避免交通对内部各区的影响。四周建筑有开口，作为通道连接邻区。

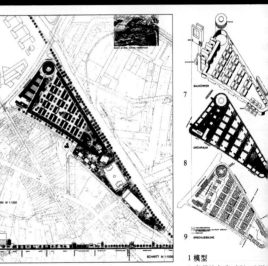

1 模型
2 奥贝比尔克（Oberbilk）市场通道
3 入口大厅
4 铁路沿线的住宅
5 与新道的连接
6 总平面图，剖面图
7 建筑设计
8 绿化设计
9 通道设计

柏林-舍内费尔德(Schönefeld)区中心

竞赛: 一等奖, 1994
设计者: Meinhard v. Gerkan
合作者: Charles de Picciotto, Astrid Lapp, Henning Schlattmeier, Walter Gebhardt

为了在车站和机场之间创建美观的城市化连接，该"机场城"的所有设施都聚集在一条骨架上。多层建筑呈梳子形排列，其后部直接与玻璃大厅相连，六幢圆柱形停车场共9000个车位，确保所有车辆集中停放。车站入口门厅通过宽大的玻璃顶棚延伸到站台上，传达了欢迎之意。玻璃顶棚侧面的高楼区指明车站入口。北面邻近的舍内费尔德新中心以简洁的城市街区为特征，有庭院和林荫大道。

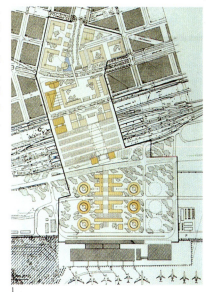

1 区位规划图
2 城市街区模型

"通用电气-卡尼斯"(AEG-Kanis)新开发区,埃森

竞赛:二等奖,1994
设计者:Meinhard v. Gerkan
合作者:Doris Schäffler, Stephan Schütz

该设计充分利用城区重新规划。大型城市花园是新区的中心,是该区特征,也成为城市中心设计的一个绝佳选择。新区南部开发为居住区,西部大型城周建筑带是两幢办公楼环形体系,位于一条贯穿整个区域的道路的另外一侧。两幢端点建筑在广场东侧面,位于城区过渡处,它们成为原有建筑的补充,城市的延续,并延续端点建筑。面临公园的区域意在建为居住和商业楼,一个饭店设在公园旁。

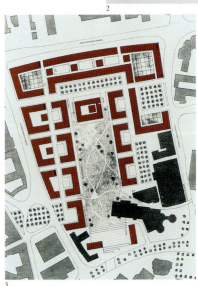

1 城市肌理融入城镇规划
2 城市街区模型
3 总平面图

港老区(Holzhafen ltona)，汉堡

赛：1994
计者：Meinhard v. Gerkan
及 Henning Schlattmeier
作者：Kirsten Blötz

木港两边的街区均在面开口，室内外空间以子形式连接。该建筑北面设计成三层骨架。该划形式使众多公寓拥有一条独立的通道，并且实现街区内部布局最大限度的灵活性。规划结构允许附加的办公楼有扩展空间和内部服务区。同时，它们也创造了易北河的最佳风景。基层和逃生桥提供洪水保护。

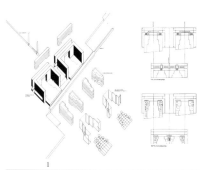

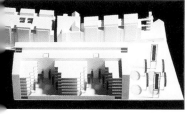

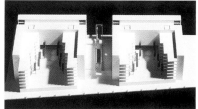

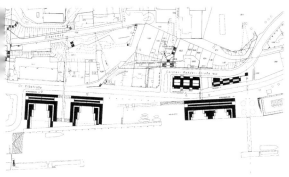

1 街区内建筑元素的组合
2 总平面图

页：
立图
面两页：
品公园立面图
公共立面图
型住宅房形图
型住宅房形图
住宅剖面图
道场立面图，外部
道场规划
学校
道场住宅剖面图
学校立面图
跑道场立面图，内部

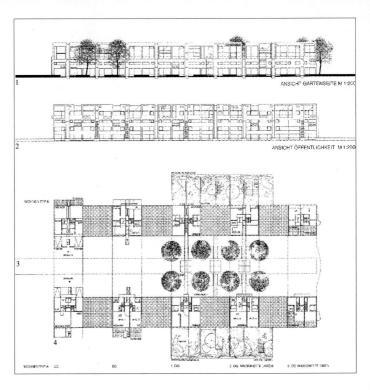

1 ANSICHT GARTENSEITE M 1:200
2 ANSICHT ÖFFENTLICHKEIT M 1:200

WOHNEN TYP A   UG   EG   1. OG   2. OG MAISONETTE UNTEN   3. OG MAISONETTE OBEN

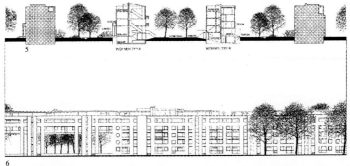

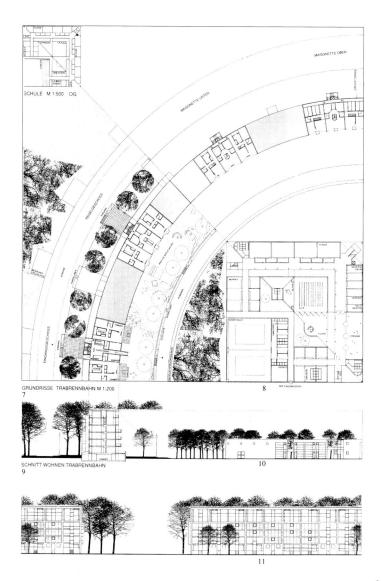

霍夫曼街,柏林-特雷普托

竞赛: 1993
设计者: Meinhard v. Gerkan
合作者: Britta Claasen, Karen Schroeder

通过略微调整两边建筑综合体的角度,设计在建筑中间营造了一块狭长的V形公共空间,开口向东临施普雷河。这个广场是新区的功能和空间中心,分为东西两半,东边主要是服务区和办公区,西边主要是居住区。它既是合而为一之处,并有狭道入口,又是从该区到柏林城市结构的过渡。其建筑结构由不同体块、横排和点的分布而成,多样化的建筑外形通过不同的空间处理以对楼高的强调来迎合施普雷河岸的基地特征。

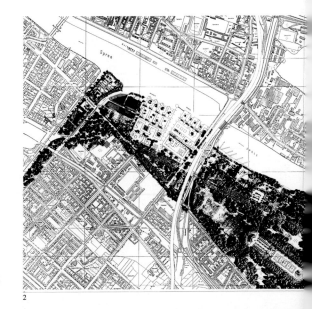

1 施普雷河上所见的街区
2 总平面图

ANSICHT VON DER SPREE

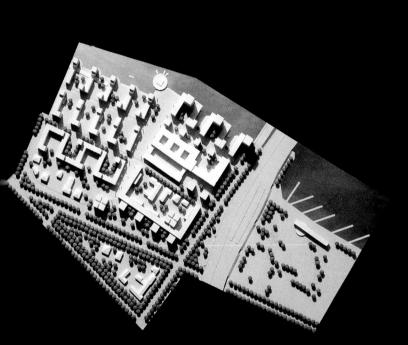

多特蒙德"U"形(the Dertmund "U")

竞赛: 1993
设计者: Meinhard v. Gerkan mit Klaus Lenz

1 城市完整性
2 总平面图
3,4 剖面图
5 细部平面图
6 街区模型

多特蒙德城区内的街区肌理是新的设计构想的基础。该区延长的中央广场与作为城市核心的 U 形塔标志相互呼应，所有街区在形式上都是开放的，公众可以自由出入。每幢楼体内院中都有一幢单独的高楼，有独立的调整，这样在统一的整体构思下，各街区也保持各自的特色。

1

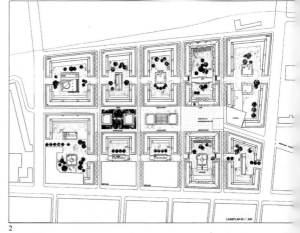

2

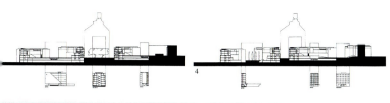

4

柏林广场，海尔布隆 (Heilbronn)

专家意见:1994
设计者：Meinhard v. Gerkan mit Volkmar Sievers

二战末以来，在海尔布隆市中心北端紧靠市剧院有一块荒地，市政委托的规划方案提出主要用于商业用途，最终沿文斯贝格尔（Weinsberger）街建造了一幢四层建筑，形成一门形外观。

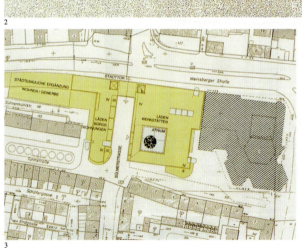

1 剖面图
2 临文斯贝格尔街立面图
3 总平面图

科隆-埃伦费尔德 (Cologne-Ehrenfeld)

竞赛：二等奖，1992
设计者：Volkwin Marg
合作者：Martin Bleckmann, Ferda Kolatau

"梅拉顿-威尔"(Melaten-Weiher)广场成为新设计中椭圆形城市空间的核心，该广场位于池塘上，周围环绕着封闭的七层建筑组成的街区。街区内建筑物有高度限制，否则建筑风格更加自由。一幢高楼表明了该椭圆形区域的入口，也是一处醒目的标志性建筑。

老东环路，德累斯顿

竞赛：1994
设计者：Meinhard v. Gerkan
合作者：Astrid Lapp, Frank Hülsmeier

零零碎碎的大型建筑展现了旧城遗迹的特色，也是城市重新规划的基础。小型街区布局方案用作补救方法，以重新体现尺度感和分级城市分区规划。建筑外构型设计重在体现对城市规划的注解，而非停留在具体建筑设计层面。

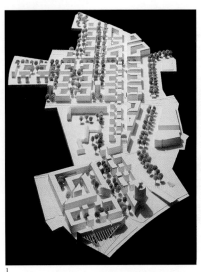

1 城市街区模型
2 城市总平面图

莱茵河畔的商业园，施佩耶尔(Speyer)

专家意见/结构论证：
1990/1991
设计者：Volkwin Marg
合作者：Joachim Rind, Hakki Akyol
委托人：Pleiad Real Estate Speyer GmbH
景观设计：Wehberg, Eppinger, Schmidtke

被废弃的前炼油厂紧靠莱茵河，该地在这个方案中开发成商业园。虽然2/3的地方用于景观，但该规划其他地方布局紧凑严密，充分体现都市的复杂性和密集度。

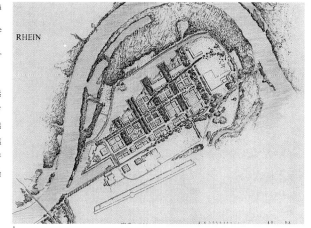

1

1,2 总体规划和景观设计
3 城市街区模型

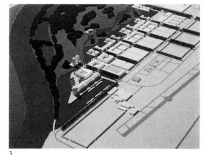

3

施普雷岛，柏林

竞赛: 1993
设计者: Meinhard v. Gerkan
合作者: Volkmar Sievers, Maren Lucht

施普雷河：游船路线。白舰队的船只从宫桥(Schloßbrücke)出发，高高的拱廊使建筑变透明了，内院是开放的。主要设计主题：历史名城区规划，具有历史感的都市的城市空间。

宫中广场(Schloßforum)：几个历史阶段均衡的城市大杂烩。

共和殿(Palast der Republik)的主房间被保留下来。宫殿(Schloß)的体量与外观用拱廊延伸部分来复原。

城市花园：给儿童、公务员和恋人带来恬静舒适的环境。

外部：沿河岸成排的树木。

内部：政府部门的办公室。

宫殿重新建造的立面像巨大的"图画"，建在沿德灵顿(Unter den Linden)的风景线上。

四周的墙壁围成一个空旷简单的小广场，与古旧建筑相类似。

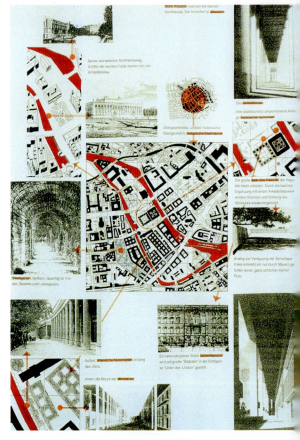

商业园区，德累斯顿

专家意见：二等奖，1992
设计者：Meinhard v. Gerkan
mit Joachim Zais
合作者：Doris Schäffler,
Stephan Schütz
业主：WoBa-Dresden

周边街区的设计构想是遵循街道布局，街区内包括住宅和服务设施。中心形成"交汇处"，与Bönisch广场相呼应。此处建有七层大厅作为正式的门厅。地下停车场位于庭院下，还有一个日间托儿中心，托儿中心内的景观规划与整个街区的景观规划相呼应。

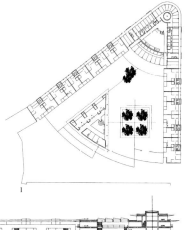

1 二层平面图
2 大厅剖面图
3 临阿尔萨斯街立面图
4 总平面图

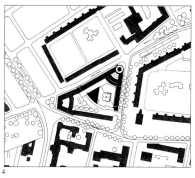

前动物市场，卢比克

竞赛: 1995
设计者: Meinhard v. Gerkan, Joachim Zais
合作者: Susanne Kreykenbohm, Vera Warnecke

该多样化的建筑群由三部分组成：一个居住圈，形成该区新的中心；一幢商业楼，在设计中着重强调临铁路的立面，内有停车场，并把外部的"卫星楼"融合到居住区域；一条绿化带，形成通道区、居住

1

2

3

区和商业区的媒介。居住区下面几层架空,这样,居住圈内院成为各种现有道路的分散处。该建筑三个层次：外廊(Laubengang)、核心,阳台和温室绿化区。

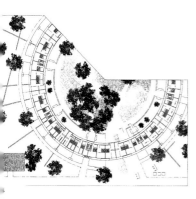

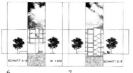

6　　　　7　　　　8

1 总平面图
2 街区楼型南立面
3 楼体模型
4 圆形建筑上层
5~8 圆形建筑立面图和剖面图
9 圆形建筑一层平面图

德日中心，柏林

竞赛：一等奖，1993
设计者：Meinhard v. Gerkan mit Klaus Lenz
业主：Hanseatica; Bank of Tokyo
建设进度：in Planung

整个建筑群被一条马路一分为二，两边建筑的形式均依循城市轨道的路线，沿北面和东面拱廊有人行道。一幢圆柱形塔楼成为设计的亮点，具有标志性特征。东部的建筑内造了一座日式花园，在邻近建筑有顶棚的院子里，形成走廊层，是繁忙都市环境的一方静默之地。立面设计中坚固封闭部分和精致开放部分交替，变化多样，活泼生动。设计避免刻意的多样，也同样避免重复一成不变的方格造型。多用途原则是该设计的基础，不同功能分区在设计中通过风格的多样化和对比表明。

1 总平面图
2 办公楼标准层平面图
3 底层商店、餐馆、走廊

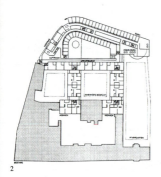
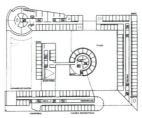
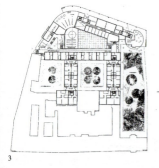

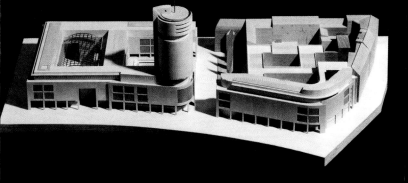
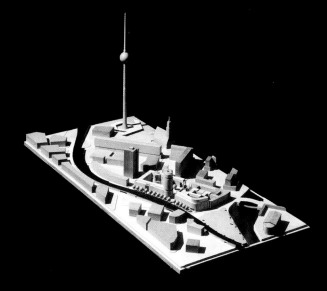

357

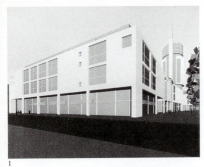

1

2

3

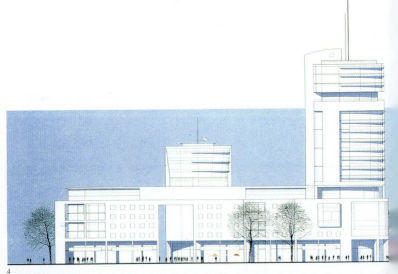

4

3-4 建筑形态和公共通道
鸟瞰照片及电脑模拟效果，背景是亚历山大广场和广播电视塔（Funkturm）

5

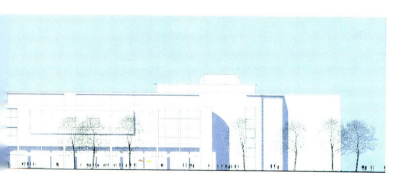

新广场(Neumarkt)，策勒

竞赛：一等奖，1995
设计者：Meinhard v. Gerkan
合作者：Doris Schäffler, Stephen Schütz, Gregor Hoheisel, Peter K. Madundo

设计建议的圆弧形建筑开向风景优美的阿勒尔河(Aller)支流交汇处，主要建筑是克莱斯银行(Kreissparkasse)，一幢新巴洛克风格的建筑，使用两弧形"侧翼"融入整体，保持屋檐高度。它界定了宽敞的前院。花园入口使用一条空间连通通道，感受从城市到风景的过渡，在河岸建筑的两边都有连通路。两翼围绕两幢立体建筑，立面简洁轻巧。它们同主要的已建建筑一起在风景优美的花园里形成一个宽松的整体，延续分离式建筑群。两面的建筑用作外科实验室，在日间实验室的小小入口可以感受到弧形双翼和该立体建筑的双重性。东面的建筑内有一电影院，三个投影室位于弯曲的大型凉廊前的立方建筑内。

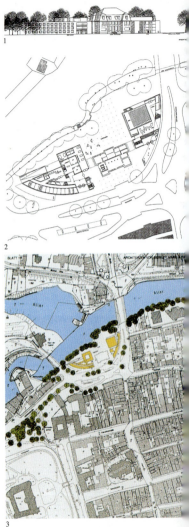

1 南立面图
2 一层平面图
3 总平面图

姆勒奔驰股份公司，波茨坦人广场，林

赛：1992
计者：Meinhard v. Gerkan
作者：Karen Schroeder, ke Eustrup, Clemens neider, Klaus Lenz

该城市框架的结构统一和建筑单体的多样性的处理，是利用新方法造这个欧洲城市形态的要条件。因此，该设计不用形式个性化的独立建筑。这使整个街区保持整体化、一体化，并保持各自主导性的设计风格。只有两座高耸的塔楼和电影院是例外。沿林克街的建筑计划用作住宅，即使是在正常的办公商业活动结束之后也很热闹。

1

区模型
期开发

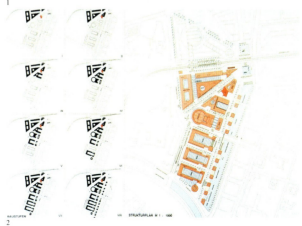

2

索尼,波茨坦人广场,柏林

竞赛: 1992
设计者: Meinhard v. Gerkan
合作者: Kai Voß, Jens Kalkbrenner, Georg Gessenbauer

三角形构造的索尼公司办公大楼就在波茨坦广场的最高点上,有三个面邻接不同性质的城区。在南面和东面是波茨坦街和波茨坦广场,容纳着商业活动场所、交通枢纽、商场餐馆、拱廊和办公室;在东北面是蒂尔加藤(Tiergarten)公园风景区;在西面是交响乐团(Philharmonie)的文化广场,国家图书馆和博物馆。三种不同的城市基调——商业购物、娱乐休闲、文化欣赏——在索尼办公园区空间和建筑中心的设计中达到高潮。圆形内院直径55m,是各种城市活动的大熔炉。商店、餐馆和咖啡馆在玻璃顶下的两层楼面上。就餐的桌椅有些摆放在外面院子里,一楼四周的走廊里。在一楼竹林下也有非就餐的凳子可以小憩。院子对着正西边的电影院和索尼世界的巨大玻璃厅,玻璃厅连接人行道通往文化广场,完全是公共空间。而一块宽80m、40m的巨型屏幕最引人注目,这个"荧屏"是世界最大的电视屏幕,不只构思为一层表面,而且是有实际厚度的建筑构可以进行操作和重新安在屏幕上也可以安装舞流行明星可以在此演四周是电影场景。在π外,巨型屏幕的直立墙院子的墙壁形成一个f的圆柱形空间。中心从个方向连接到周围的均空间。

1 建筑单元
2 总平面图
3 剖面立面图
4 一层平面图

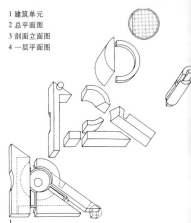

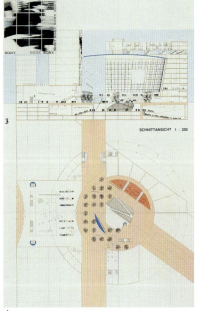

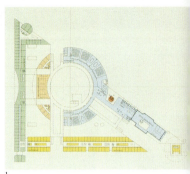

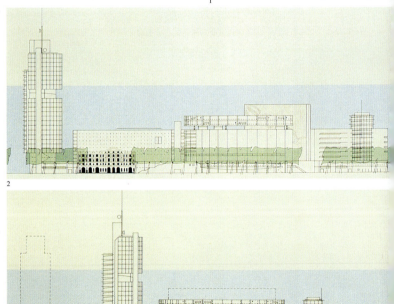

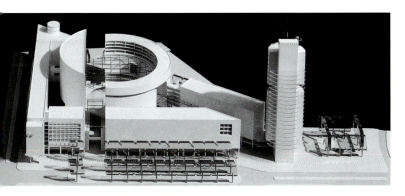

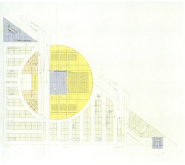

二层平面图
贝乐大街(Bellevuestraße)
立面图
茨坦广场东立面图
第二地下层平面图
第四地下层平面图

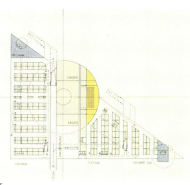

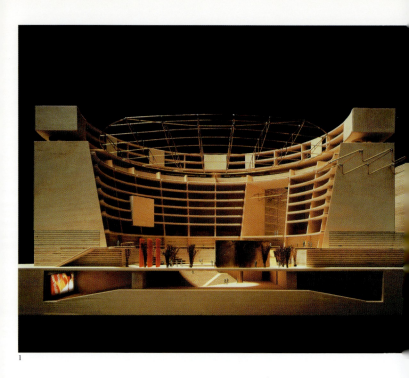

1

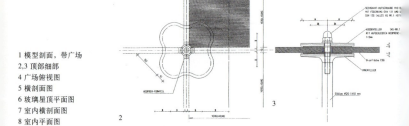

1 模型剖面，带广场
2,3 顶部细部
4 广场俯视图
5 横剖面图
6 玻璃屋顶平面图
7 室内横剖面图
8 室内平面图

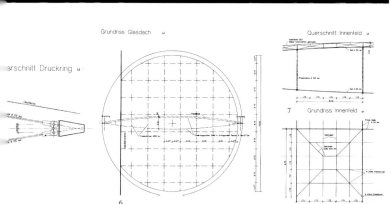

Querschnitt Druckring M

Grundriss Glasdach M

Querschnitt Innenfeld M

7 Grundriss Innenfeld M

6

8

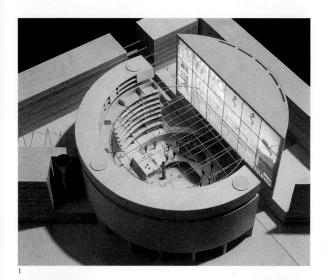

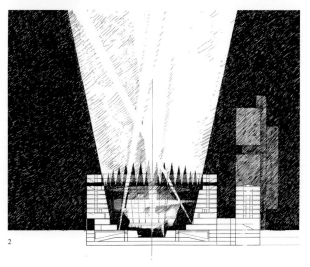

1 使用中的巨型屏幕
2 光影和镭射效果

工业建筑

米诺数据集团 (Miro Data Systems),不伦瑞克

设计时间: 1991
设计者: Meinhard v. Gerkan
项目负责人: Ulrich Hassels, Joachim Zais
合作者: Walter Gebhardt, Uwe Kittel, Hermann Timpe
业主: Miro Datensysteme GmbH
建造时间: 1990-1991
静力分析: Harden+Partner

米诺致力于计算机工业的发展、销售和服务。集团办公大楼建在工业区,毗邻公路。这个工业区内主要办公大楼是办公区配上一个预构造的前厅。近几年里,增建了不少富有挑战性的建筑构思,极具象征性和后现代主义或者说解构主义印象,试图大力宣扬新创的公司特征的理念。功能组织得当,便于将来改动;选材合适,细部处理醒目。这正是本项目的设计目标。中央大厅同时用于接待、展览和教学区有时用于庆典,围绕该大厅设有创意间,用于开发新的计算机芯片、销售产品和管理商业组织的需要。这些只用玻璃隔墙分割的房间都敞向共同的中央,这反映了该公司的特点和以年轻人为主的员工的工作风格。同时,这也产生了产品加服务在一处的建筑形象。在建筑后部有一工作间,有直接装载设备。办公创意间在楼上环绕这些制造区。走道设计成敞开的走廊。该建筑有三条通道,中间的通道覆盖有管形顶棚,同时遮盖突出的入口门厅,作为该建筑接待区的特色。所用材料——钢筋混凝土,波状金属饰面,铸钢结构——与该建筑的工业特性相符。设备没有做隐置处理,在更换时不会对实际产生影响。两位业主自信的商业风格使建筑师有可能以同样的风格设计,并实现一种自我满足。他们的工作间象一个筒形控制盒,在大厅主入口正上方分开。环形玻璃墙使内外通体透明。

有顶棚的入口
右页:
从室内看向室外。两位业主的办公室"盘旋"在入口上方,全用玻璃封闭。

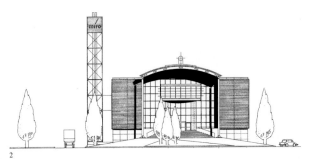

1 烟囱架同时用作广告，成为建筑的标志
2 西立面图
3 建筑后部，有传送、装道和卷帘门
4 东立面图

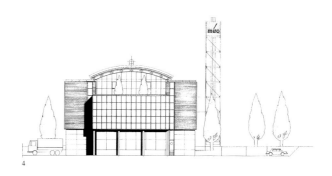
4

1

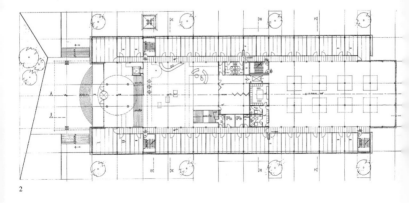

2

1 从公路对面看到的北立面
2 一层平面图
3 南立面图
4 *A-A* 纵剖面图
5 位于2层大厅中央中间轴线
 上的会议的角度
下面两页：
从入口大门到大厅看向灯光
明亮的室内。

层高的工作间与大厅的层
"呼应
大厅与入口门厅和贮藏区
错开半层
创意空间"通道为通向大
的开放走廊
了规范控制以外的界墙，
工作区域之间是透明的

高科技中心,巴本斯堡

竞赛: 1995
设计者: Meinhard v. Gerkan
合作者: Doris Schäffler, Stephan Schütz

空间封闭式的工作场所和小空间通透的工作区在室内外的设计中都对比鲜明。办公区朝南,前面有深深的阳台。木制可调节百叶窗,解构了传统意义上的办公室形象。狭窄的走廊构思成"小巷"一样,邻接制造区的封闭围墙。一条宽敞的单段楼梯通向上层门厅,内设后期制作、机构和管理处。

1

2

1 主入口
2 模型
3 二层平面图
4 顶层平面图
5 一层平面图
6 大厅纵剖面图
7 横剖面图
8,9 立面图

工业综合楼,不伦瑞克

项目可行性研究: 1991
设计者: Joachim Zais
合作者: Doris Schäffler,
Stephan Schütz
业主: Philipp Holzmann KG

底层是宽阔的贮藏和服务区,上面耸立着一座办公大楼、一幢横向延伸的行政楼和两幢圆柱形的酒店大楼。宽敞的大厅位于办公建筑的中间轴线上。大厅设有专用楼梯,通过天桥连接入口和"内部地带"。

1 立面图
2 剖面图

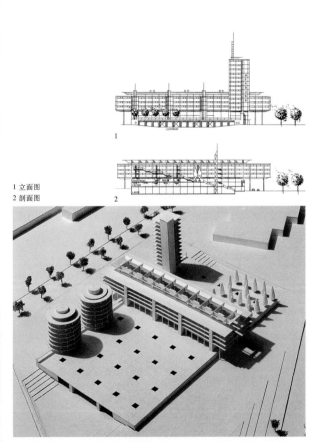

斯图加特机场服务区

竞赛: 1992
设计者: Meinhard v. Gerkan
合作者: Walter Gebhardt, Ralf Kunze, Henning Schlattmeier

建筑的基本框架是一幢长条形的服务空间,中央过道通向室内并用作连接通道,引导旅客从停车场到候机厅。一条弧线形建筑与候机厅在轴线上呼应,邻近区域通过内院自然采光。所有建筑都用柱子支撑。

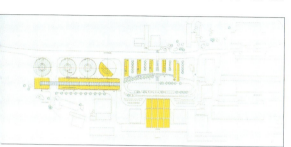

1 总平面图
2 建筑与机场相融合
3 人流规划
4 规划体系

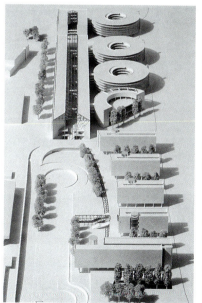

2

3

4

康柏股份公司(Körber AG)技术办公楼，汉堡

专家意见:1994
设计者: Meinhard v. Gerkan mit Nikolaus Goetze
合作者: Kai Ritzke
业主: Körber AG
建造时间: Baubeginn 1996

研究中心位于整个建筑综合体的中心，与原有商业大楼和行政楼形成一个内部体系。侧面的办公区由透明的大厅连接。所有办公室面向有绿化的玻璃大厅，视野清晰。通过各个部门横向和纵向的组合安置，达到最佳连通和内部交流。该建筑的外层最小化，自然通风的温室用于隔热隔声。

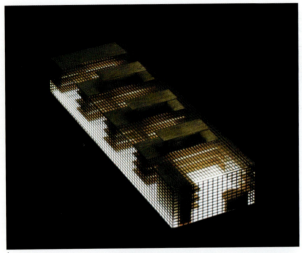

1 参考模型
2 规划总平面
3 重新组织的工期进度

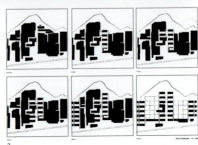

波德维茨(Podelwitz)工业区，莱比锡

竞赛:1994
设计者: Meinhard v. Gerkan mit Volkmar Sievers
合作者: Giorgio Gullotta

门廊环绕的内院成为一个"设计基层"。通往后街的建筑轴线，经抬高处理，营造出大尺度的氛围。客观性和工艺精确性是该风格化建筑单体的特色。

1 总平面图
2 一层平面图
3 二层平面图
4 立面图

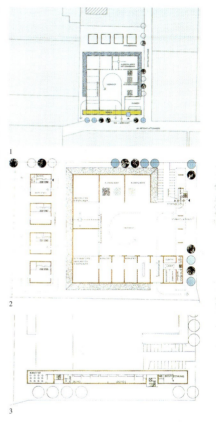

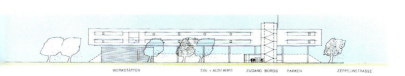

德国汉莎航空公司巨无霸大厅，汉堡

项目可行性研究:1986
设计者: Meinhard v. Gerkan mit Karsten Brauer
合伙人: Klaus Staratzke
项目负责人: Manfred Stanek, Reinhold Niehoff
合作者: Michael Engel, Claudius Schönherr, Dagmar Winter, Winfried Gust, Sabine Oehme, Gunter Maaß, Peter Klein
业主: Hamburger Gesell-schaft für Fluganlagen mbH
建造时间: 1989-1992
静力分析: Ing.-Büro Assmann

德国汉莎已经在汉堡安装了为波音747巨无霸喷气式飞机和空中客车服务的工程设备，扩建的场址新添了几幢新建筑。建筑南面的维修处不容忽略，飞机库150m长、81m深，操作净高26m，可以同时处理两架巨无霸和一架空中客车。为了提供一个无柱巨型大厅，主要结构用两条互相依靠的弓形梁，每条横剖面为2m×1.7m。整个顶部由开放式格架结

建造施工步骤

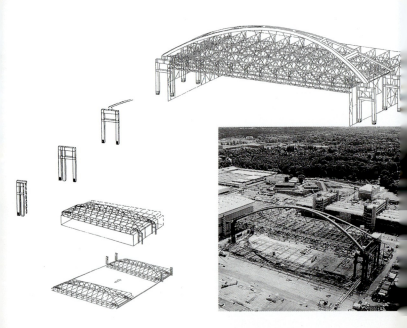

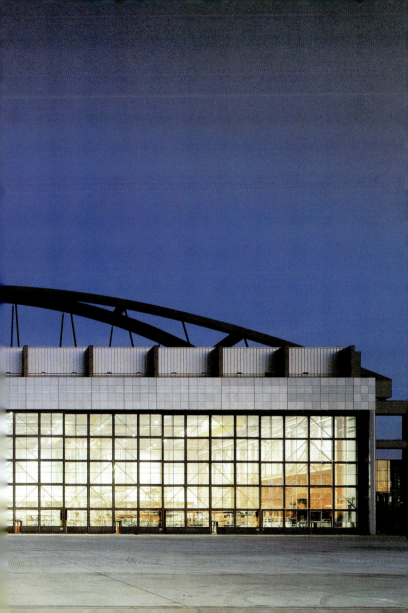

构组成,悬挂在这两条弓形梁上,主要荷载转嫁到飞机库侧面的两扶墙构造上。这种形式类似于悬索桥,塑造了新大厅的外观,远处就可以看到。正面覆盖银灰色金属饰面,其波状结构与早期飞机外壳相似。飞机库的门全长150m,高22m,都是玻璃,以4m×4m的光栅结构为基础。这扇巨型"窗户"使旅客可以在飞机中一览这个德国汉莎工场内的活动。固定的和移动的服务层、可移动的组装平台、连接天桥和液压能源设备使飞机库变成服务技术上的"百科全书"。以这种复杂的形式实现以前从未达到的水准,有些是全新的技术领域。

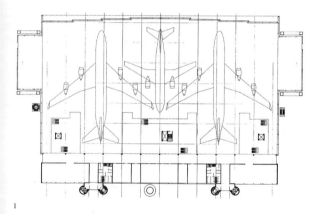

1

2

±0标高
南立面图
总平面图：巨无霸大厅（顶部），工场建筑（下面）

1 弓形梁在侧墩以门廊的形式进行支撑
2 墩基，凸状物在墩子网状结构中用作横向支撑
3 节点把持弓形梁底部的张力

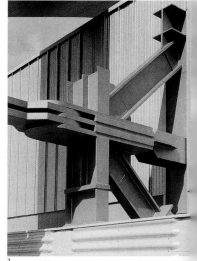

玻璃结构的23m高的滑动门
提供大厅自然采光。前立面
安提卡柱架是横梁。
右页：
多层服务区和实施安排在建
筑后部，阳台成为第二条消
防通道。

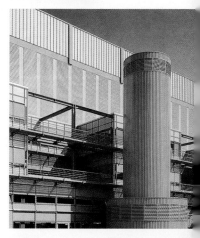

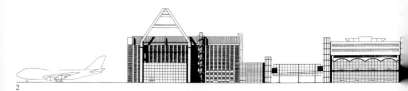

1 西面的梁支撑,其间有玻璃结构的贮藏区,存放材料和液压平台
2 西立面图

德国汉莎航空公司工场，汉堡

设计时间：1986
初步设计：Meinhard
Gerkan, Klaus Staratzke
设计与建造者：
vsall, Stahrenberg
Partner Krämer
项目负责人：Huhnholz
业主：Hamburger Gesell-
schaft für Fluganlagen mbH
建造时间：1989-1992

在维修大厅旁建造了一幢大型双层工场建筑，巨无霸大厅和工场建筑用天桥连接起来。拆散的飞机部件在大厅里服务维修。工场建筑各面都有良好的自然采光，设计得很宽绰，空间规划灵活性强。邻近的技术办公区位于工场上方的双层桥体内。筒体塔楼形成通往各区的连接线通道。该建筑总面积 000m²，170m 长，50m 宽，33m 高。

1 巨无霸大厅和工场建筑间的天桥连接，略微倾斜的坡道连接不同的楼层
2 飞机在大厅里拆卸，零部件由无人驾驶车自动运送到相应的工场进行服务
3 双层工场全以玻璃封闭，附属办公室以双层天桥的形式贯穿其间

下面两页：
每个工场都由一对圆柱形高楼提供竖向服务，封闭的高楼内有电梯，玻璃高楼内有公共楼梯。

1

2

3

1 固定的遮阳板保护东、西两边免受太阳辐射
2、右页：
通道塔楼服务于办公天桥
3 外部楼梯用于紧急逃生

罗伯特隆(Robotron)工业园,泽默达(Sömmerda)

设计时间: 1994
设计者: Meinhard v. Gerkan mit Joachim Zais
合作者: Stephan Schütz, Doris Schäffler in ARGE mit Landschaftsarchitekten Wehberg, Eppinger, Schmidtke

设计目的概括为:寻求对罗伯特隆工厂旧址这样一个城市街区相仿的地块规划开发框架。这样作为将来分期实施工业园区重建的总规划。南部已建建筑特色统一,北部建筑采用矩形结构。从水塔上看,两面建筑都特色鲜明。前办公器具厂有着从经济繁荣年代(1871~1873)(Gründerzeit)至今的工业发展历史性建筑特色,这些特色将会尽量保存,从而赋予该建筑综合体自身的特点和特征。新的基础设施计划从市中心到水塔为规划轴线,沿轴线开发功能性规划体系,其中一个大营业厅的商业区连接到北部。一排排连续不断的树木和各类建筑线条创造出该地城市结构。

1 总平面图
2 分期开发

1

2

交通运输设施

候机厅，汉堡机场

竞赛：一等奖, 1986
设计者：Meinhard v. Gerkan mit Karsten Brauer
合作者：Ahmet Alkuru, Thomas Bieling, Renata Dipper, Rüdiger Franke, Sabine v. Gerkan, Jürgen Hillmer, Klaus Hoyer, Berthold Kiel, Christian Kleine, Franz Merkel, Marion Mews, Christiane Pontow, Georg Ritschl, Thomas Rinne, Uwe Schümann, Christel Timm-Schwarz, Uwe Welp, Peter Autzen, Kerstin Bode, Karl-Heinz Follert, Tilman Fulda, Winfried Gust, Torsten Hinz, Eunice Jenye, Christian Kleiner, Hans-Hermann Krafft, Sabine Müller, Damir Perisic, Sabrina Pieper, Gisela Rhone-Venzke, Anette Seelemann, Gisbert v. Stülpnagel, Wolf Tegge, Evgenia Werner
业主：Flughafen Hamburg GmbH
项目管理：Drees+Sommer
建造时间：1990-1993
空间网格规划：ARGE Kockjoy-Schwarz+Dr. Weber
Technische Gebäudeausrüstung:Ridder-Meyn;Schmidt-Reuter; Heermann-Sadowsky+Partner
建筑面积 77.066qm
建筑体积：430.103cbm

1986年该项目设计参赛时规定的设计条款是设计的主要目的，并在建造过程中也有所体现。飞机停泊港成为这个建筑综合体的连接"脊柱"，并在北端偏向西边。这种设计意图：

——保护候机厅；

——为日后东部扩建另外三幢建筑预留空间；

——以"容纳"着陆侧不对称建筑条块。

穿进支柱的建筑体形成结构区间，使着陆侧筑元素各异的建筑框架同，赋予其城市构思，而预先决定它们未来的发展建筑构思新旧融合，虽是长期规划体系，但富扩建的充分弹性。新的机楼设计成宽敞自然、光充沛的大厅，巨大的形屋顶容纳了登机厅，良好的购物、会议以及餐和旅客活动空间，都同一空间单元内。屋顶形式和构造基于机翼设

概念模型：抽象概念

主题,这个形式动感的钢结构与大厅侧面坚固的边翼建筑形成明显的对比。屋顶覆盖面积为75m×101m,有7条三角形屋顶结构,屋顶荷载分散在斜向分开的一对对圆柱上,传到12根预应力混凝土柱上。屋顶跨度虽有62m,但构造轻巧经济。屋顶成一个整体,没有附属连接。顶灯提供必要的大厅采光,运用背景照明可以看清该结构的建筑品质。在地下层的到站厅也是候机厅明的空间体验的一部分通过大厅楼板上的半圆大开口(内有自动扶梯观光电梯)可以看到,成汉堡机场的主要特色。

1

2

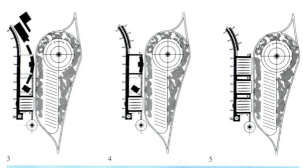

3
4
5

6

筑包括大厅部分的玻璃幕

赛模型显示了整体的综合
建筑
三种行为模式
机厅日景
机厅夜景

7

1

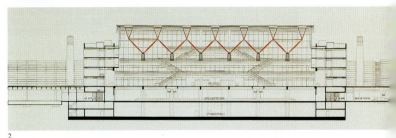

2

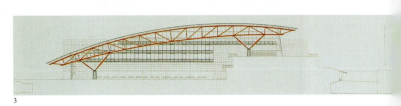

3

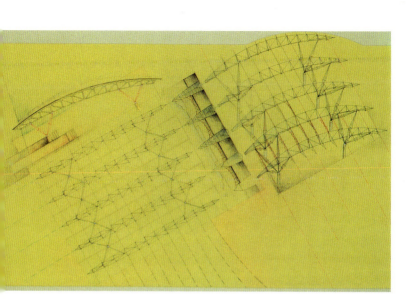

1 停机坪这边的屋顶工程
2 横剖面图
3 纵剖面图
4 参赛结构草图
5 屋顶结构细部

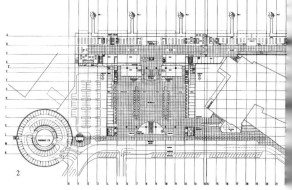

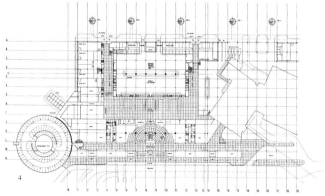

1 候机大厅
2 候机大厅平面图
3 到达大厅
4 到达大厅设计图

梁节点支撑到铸铁分柱上

点支撑到混凝土基础上

右页:
通风设备:独立造型的管

1 通向上层分散区的楼梯
2 候车区的主要设计特色是通透和采光充沛
3 通往各停机坪的楼梯

金属边框线和打孔的金属板
营造出通透的质感

梯井细部

1 500m 长的停机坪构成了汉堡——富尔斯图特尔(Fuhlstütte)机场的凝固形态
2 500m 长的停机坪正上面细部：宽阔伸出的遮阳板防止西晒
3 候机大厅位于停机坪上方
4 在停机坪侧面的悬臂厅屋顶
下两页：
在西端，停机坪偏向东部，机区。

1 办公楼前部的通风结构
2 南立面图
3 办公楼正立面细部
4 东立面图,着陆区一侧

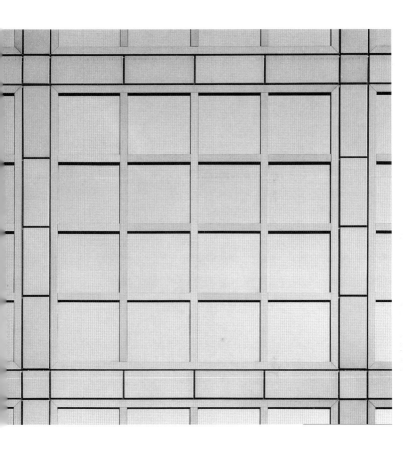
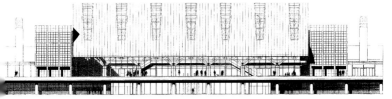

苏黎世机场

可行性研究: 1994
设计者: Meinhard v. Gerkan mit Klaus Lenz
合作者: Kai Ritzke
业主: FIG(Flughafen Immobilien-Gesellschaft)

苏黎世机场在逻辑结构、功能分区及规划位置方面都得以重新界定,扩建工程体现了高度的灵活性和和谐度。新建的候机厅位于原建筑的南边,成为新建综合体的中心。建筑位于原火车站铁轨及站台正上方,它与新候机大楼的视觉沟通通过宽敞的设计处理和直泻的天光,形成一种奇特的空间感受。在机场入口区一筒体停车场干净利落。机场侧边为扩建留有充分的余地,这样,"中间港"就是停机坪扩建的最后阶段。一个"人流"体系连接新旧候机厅。

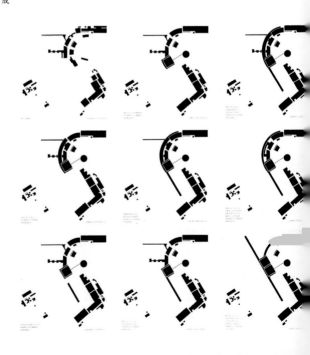

分期开发的可行性研究

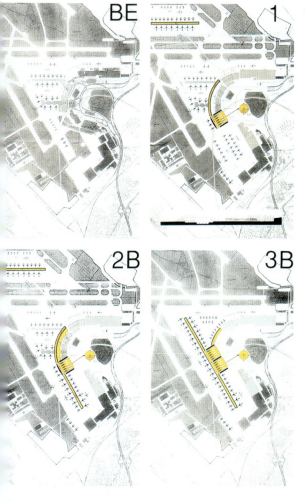

斯图加特机场，A中心，第二候机厅

设计时间: 1991
设计者: Meinhard v. Gerkan
项目合伙人: Klaus Staratzke
项目负责人: Bernhard Albers
合作者: Gunther Staack, Adam Szablowski, Jörg Steinwender, Edeltraut Grimmer, Hitoshi Ueda, Detlef Papendick
业主: Flughafen Stuttgart GmbH
建造时间: 1991-1993
建筑技术与静力分析:Weidle-Plan

原建筑面向停机坪，伸展很长，横剖面图呈堤坝状，将成为扩建中的第二候机厅新建筑的基本骨架。这个两层高的方形建筑与原建筑通过一条狭长的玻璃厅分隔。立面采用花岗岩的封闭式设计，直到内院，采用天光星顶结构，与第一候机厅的玻璃构造形成鲜明对比。花岗岩立面在体量上同壁柱和支柱协调，在二层形成石凉廊。

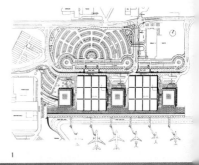

1

2

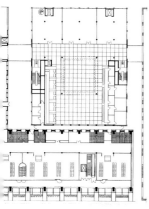

1 总平面图,显示扩建工程分期进行阶段
2 石头立面处理与三根支柱玻璃结构的主楼形成鲜明对比
3 有玻璃封闭的顶部
4 一层平面图显示该立方形建筑是如何依附在堤坝形横剖面建筑条块上的

1 两层大厅内的天光
2 横剖面图，显示背景中的主厅
左页：
原建筑条和扩建建筑之间的建筑群。

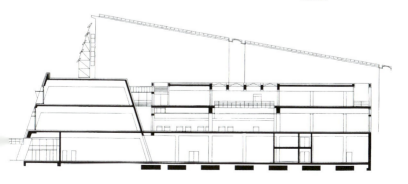

地铁车站，斯图加特机场

设计者: Klaus Staratzke
合作者: Berthold Kiel, Damir Perisic

业主: Deutsche Bahn AG
建造时间: 1991-1992
建筑技术: Deutsche Bahn AG
静力分析: Weidle-Plan

车站沿隧道管设计。通过照明设计强调管状形式，而轨道、墙面和屋顶则在黑暗中。中央的支柱强调了建筑的轴线特征。材料选用反光不锈钢和花岗岩。

1，2 地铁隧道纵剖面
不锈钢面板在有列车和无列车时的反射效果

站台以柱界定空间，照明设计营造出空间感。

前出口用圆形造型强化。

横滨港

竞赛: 1994
设计者: Meinhard v. Gerkan
合作者: Doris Schäffler, Stephan Schütz, Peter K. Madundo, Gregor Hoheisel

该设计是对色彩和风格夸张的高层建筑的注解，它刻意否认任何与此相关的联想和解释。渡口建筑轻、快、通，到站厅的横向灯光带连接，展现庞大的建筑形体，因此，它强调了与米拉托米鲁区(Miratomiria District)高楼设计的对比。该设计计划建造一个巨大的"架子单元"(shelving unit)，在这个单元里可以安排和交换各种不同的有吸引力的东西。架子可以按不同的娱乐要求任意改变或移动。外部甲板也是同样构思成环形区，激活了在坡道上的外部区域，通过半透明的立面可以欣赏其形式和色彩；内部的多样性随外部改变。该设计的例外之处是花园，其结构包括一座立体固定混凝土骨架，该骨架不仅把地形建筑因素糅合到景中，而且形状也与站厅相符。渡口站厅被大多互相独立、川流不息的交通分割成块，市民中心闲散的行人活动与系统的交通模式形成对比，后者基于站厅事务功能性运作。市民中心通过一条长长的坡道连接站厅，步行是从陆上和海上到达的最佳方式。这个大型"娱乐世界"有各种各样的通道，围绕有花园的核心区，也可以沿架子状的骨架进行"垂直探险游"。这个架子环绕大房间及花园。行人和车辆分开，车辆通过大型开口转入建筑内部。建筑内外部面貌取决于白天自然采光和晚上人工照明的运用。市民中心的立面包括双表层玻璃封闭，通过其半透明性传播阳光，置公共活动于明亮的背景中。在主楼层上，玻璃封闭与透明窗户交替使用，把横滨港展现成一幅"装帧画"。该楼半明，晚上通体闪亮，像一个巨大的整块。该新建筑的形象、灵活性和功能性显示其在横滨港的显著地位。

1

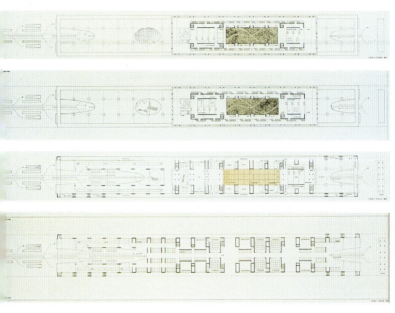

1 从港湾看的北立面
2~5 各楼层平面图

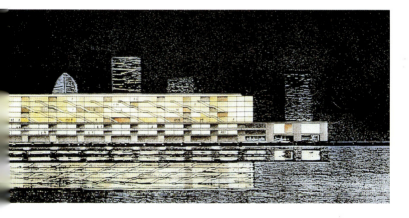

1,2 剖面图和立面图
3 横剖面图
4 总平面图
5 看到花园内院

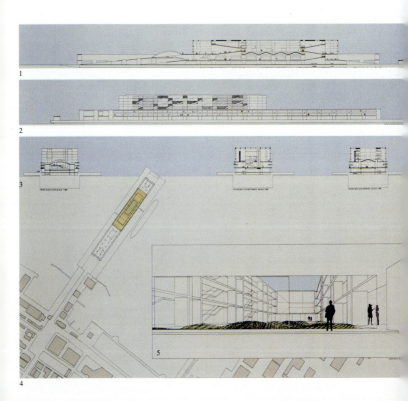

隔声屏,柏林-施潘道铁路

设计时间: 1994
设计者: Meinhard v. Gerkan
合作者: Sybille Zittlau-Kroos

业主: Deutsche Bahn AG;
Senat von Berlin

铁轨位于5m高的路基上,一条2m高的隔音带保护邻近的居住区,它在火车的轮轨区吸音效果佳,向上反射声音。轮廓钢框架、带玻璃砖通道的半透明的墙面形成建筑上部。框架线支柱位于钢筋混凝土护堤的垂直延伸处,这样,形成车站设计的一个完整部分。

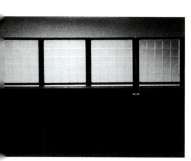

1 参考模型
2 构造细部

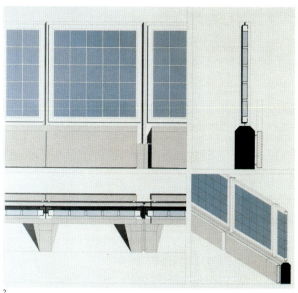

南易北河港口火车站

竞赛: 二等奖, 1991
设计者: Volkwin Marg
合作者: Reiner Schröder, Stephanie Jöbsch
业主: Strom+Hafenbau

信号房调度员塔楼和服务楼隔音墙合为一体，办公区都很安静，朝绿化带。附房置于东面隔音墙上。铁路管理综合楼现有设备和位置的轴线方向作为外部设计主题，也是界墙边成排的树木和绵延不断的建筑线的主题。

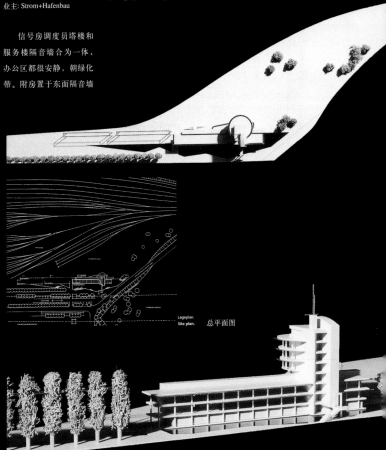

Lageplan.
Site plan. 总平面图

韦尔河（Havel），柏林-施潘道

时间: 1994
设计者: Jörg Schlaich mit
inhard v. Gerkan
主: Deutsche Bahn AG

这个铁路桥的设计由于其特殊的比例和对城市设计的解构，与正式的弧形桁架桥结构形成鲜明的对比，设计采用两端张拉的抛物线形式。

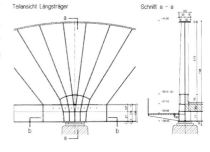

1 立面图
2 局部立面图
3 A-A 剖面图

霍尔斯登港人行桥，卢比克

专家意见:1993
设计者: Meinhard v. Gerkan mit Henning Schlattmeier

该桥连接新的国会音乐厅和历史悠久的卢比克旧城。制定了几个选择方案，在此说明其中两个。3A方案是箱形梁，有两侧翼调整。中间部分形式是双折叠装置，可以看到正面的转动机械。4B方案设计成不对称的拱形桥，有侧面折叠装置，可以让大型船只通过。

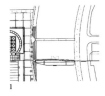

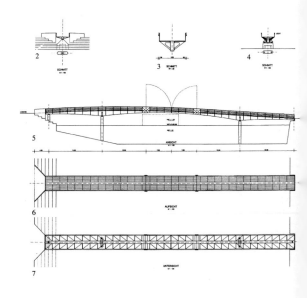

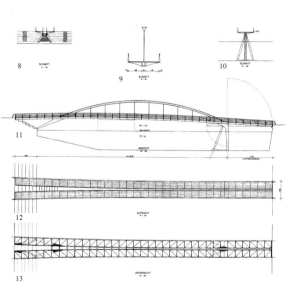

1 总平面图
3 A方案：
2 剖面图
3 剖面图
4 剖面图
5 立面图
6 俯视角度
7 仰视角度
4 B方案：
8 剖面图
9 剖面图
10 剖面图
11 立面图
12 俯视角度
13 仰视角度

基尔-霍恩(Kiel-Hörn)人行桥

专家意见: 1994
设计者: Volkwin Marg
合作者: Reiner Schröder, Jörg Baumeister, Dirk Vollrath, Cordia Momberg. Zusammenarbeit mit Schlaich, Bergermann+Partner, Jörg Schlaich
Mitarbeiter: Jan Knippers
业主: Stadt Kiel
建造时间:1995

志着自中世纪以来的建造方法的发展。不采用巨型塔状桥墩结构和昂贵的长跨度桥拱,该桥的魅力在于其静止和移动时清晰的结构和运动状态。三桥段可以"折叠在一起",每段都有滑轮;外段人行桥沿着柱顶移动;中间段沿最长的支柱坡面;最短的支柱向后倾斜,叠靠在第一段人行桥上。

1 模型
2 移动过程
3 展开的桥
4 60°角
5 30°角
6 关闭的桥
7 平面图

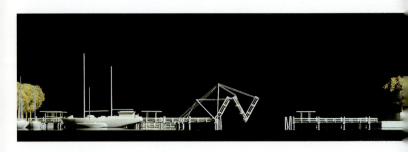

该桥的建造方便了霍恩之外地区的发展。霍恩桥是一个浮码头,因近水而极具吸引力,它也设计了停泊处,可以在这个交叉地点营造港口生活。桥和停泊处平台分为几段,符合航海要求。通过避免高处施工使建造量最小化,分三段张拉的折叠桥也标

3

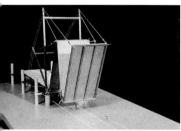
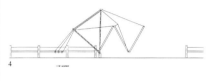
4

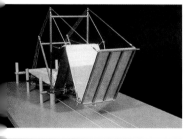

5

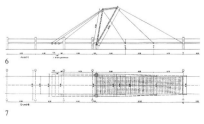
6

7

449

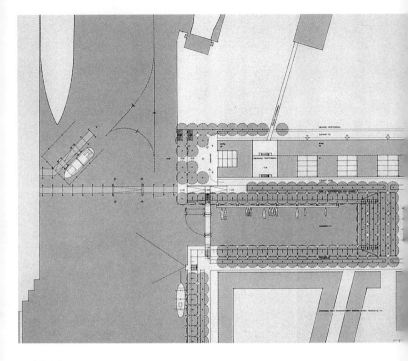

1 东停泊平面图
2 桥入口标准剖面图
3 折叠桥桅杆处剖面图
4 折叠桥剖面图
5 局部剖面图

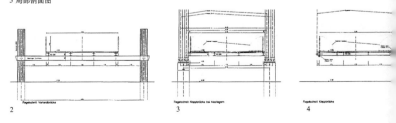

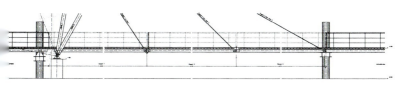

布兰肯火车站,汉堡

专家意见: 1993
设计者: Meinhard v. Gerkan mit Nikolaus Goetze
合作者: Thomas Haupt
业主: Stadtentwicklungs behörde Hamburg

该设计赋予这个具有历史意义的车站一个独立的结构,强调其帕拉第奥式(Palladio-like)的特点,一条玻璃走廊环绕四周。邻近的一个"橘色购物中心"(shopping orangery)和车站前院办公区及商业楼成为中央广场的特色,环境胜似温泉胜地。与铁轨平行的五层豪华办公楼计划建在后面的用地上,用车站桥连接。

两层高的基层建在该地坡度上,下面拟建一座公园和车行区。

1 总平面图
2 标准层平面图
3 别墅式办公楼

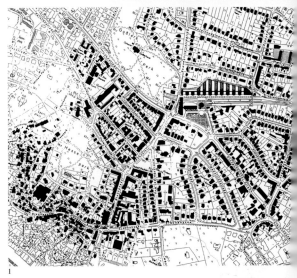

柏林-施潘道火车站

竞赛: 三等奖, 1993
设计者: Meinhard v. Gerkan
项目负责人: Sybille Zittlau-Kroos
合作初步设计: Walter Gebhardt, Britta Claasen
合作建造: Uwe Grahl, Manfred Stanek, Jens Kalkbrenner, Kerstin Struckmeyer, Peter Schuck, Birgit Keul, Roland Lauer, Burghardt Töpper
业主: Deutsche Bahn AG
建造时间: 1995
建筑技术: Schindler Ingenieurgesellschaft

静力分析: Schlaich, Bergermann +Partner

架高的站台入口处有两幢大楼。车站大厅16m宽,63m长,自动扶梯和楼梯由此通向站台。第二入口在临威廉港街立面的隧道处。铁轨下交通区内的波状顶部结构是最主要的设计部分。波峰为间接照明,波谷为直接照明带。顶部金属板饰面,墙面用于广告,带移动滑板。铁轨用玻璃顶结构全部封闭,主梁弯曲跨越各站台,中间相间18m,形成弧形悬臂侧面。在弧形梁之间安装精致的巨型钢框架,带对角钢缆。屋顶表面以玻璃封闭。

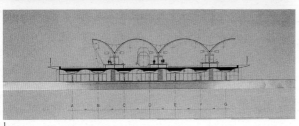

1 横剖面图
右页:
站台玻璃顶的构造。

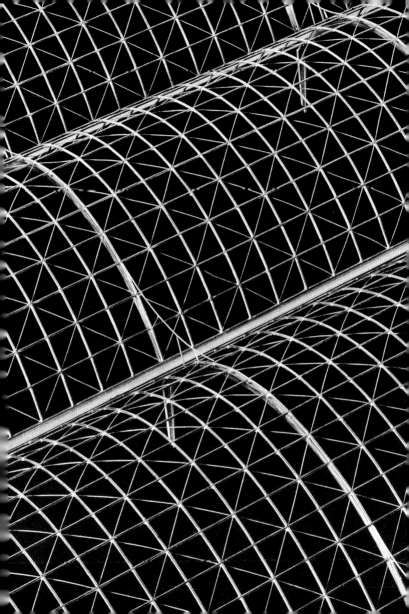

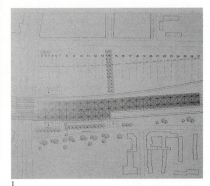

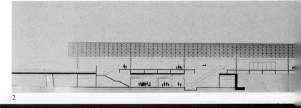

1 总平面图
2 纵剖面图
3 车站大厅入口

莱比锡主火车站

竞赛. 1994
设计者: Meinhard v. Gerkan in RGE mit Amorelli, Sembritzki, an Viet

这个被录入文物保护册的车站建筑现今保护完整,惟一的改动是交叉站台地板上5m宽的渠状开口,形成通到城市地下通道系统的连接线。中间层没有影响车站大厅空间面积。一幢243m长的办公楼设计在26号站台上,就其立面设计而言,很像一列火车,并不影响钢结构。

办公层剖面图
新办公楼立面图
西入口大厅纵剖面图

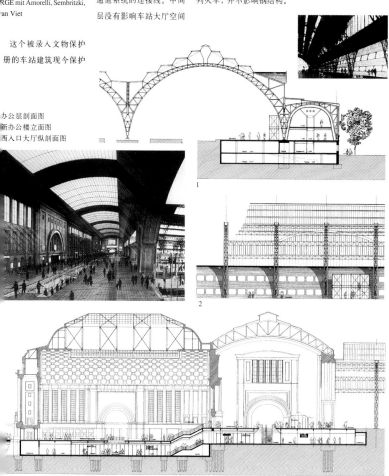

玫瑰石火车站,斯图加特

专家意见: 1993
设计者: Meinhard v. Gerkan
合作者: Charles de Picciotto
业主: Deutsche Bahn AG

A方案:
1 穿过楼体的横剖面图
2 穿过建筑连接处的横剖面图
3 二层平面图
4 纵剖面图

A 方案为大站特快(ICE)主站,提供了新的构想的同时也探讨了斯图加特城市结构新的发展潜力。该直通车站地下层东西轨道被紧凑的建筑群覆盖。在这个主要区域拟规划45000m²可用空间,大部分用于商业、饭店和零售。B方案构思为连接到主站上的斯图加特——玫瑰石大站特快站。另建一个M形铁轨连接作为往返穿梭系统。车站建筑有一个服务中心,位于一座圆柱状建筑内,由于连接不便,设计时减小了体量。

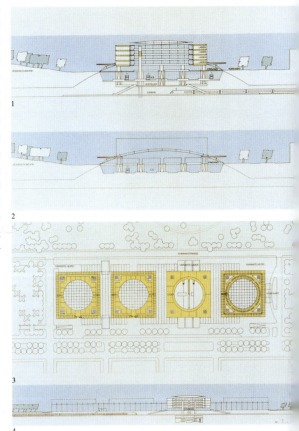

B方案:
1 横剖面图
2 总平面图
3 纵剖面图
4 城市规划图

夏洛特堡火车站站台顶

专家意见: 1994
设计者: Meinhard v. Gerkan, Jürgen Hillmer
合作者: Klaus Nolting, Christine Grewing
业主: Deutsche Bahn AG
Tragwerk: Schlaich, Bergermann+Partner

站台的屋顶结构就是一个照明设置，呈弯曲状轻钢玻璃结构，坐落在中间间距3m的两排柱子上。屋顶长度像脊柱一样，分隔成若干段，可以随意添加。屋顶宽度也可改变，通过缩短和延长悬臂可以覆盖不同的宽度。该结构也适用弧形站台，采用梯形玻璃板。

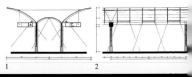

1　　　　　　　　2

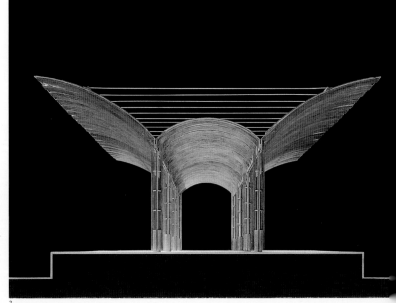

3

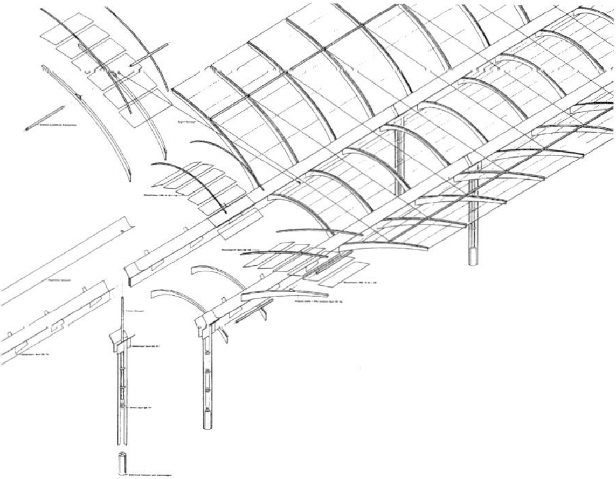

1 横剖面图
2 纵剖面图
3,8 工作模型
4 建筑部件系统
5 玻璃节点
6 固定张力缆索
7 玻璃固定方式
9 支柱张开方式
10,11 支柱布局和立面图

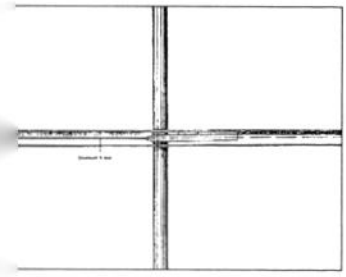

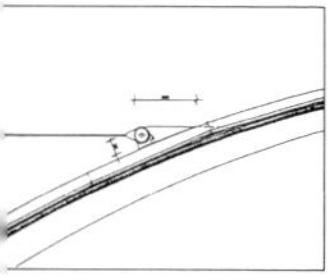

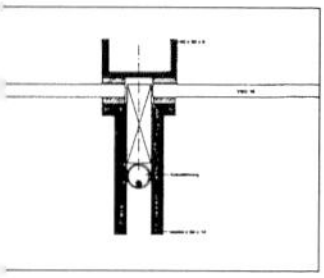

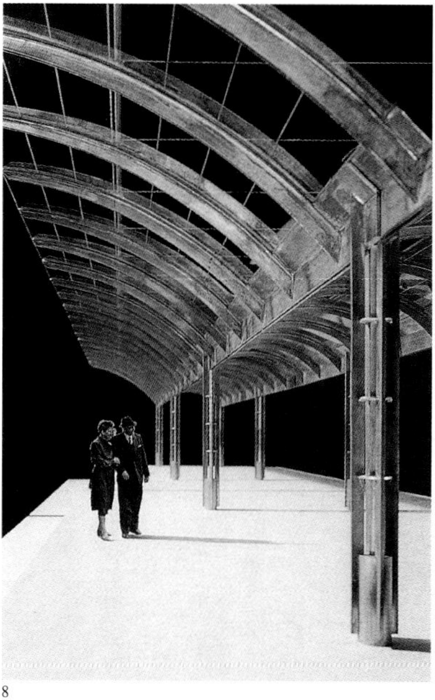

8

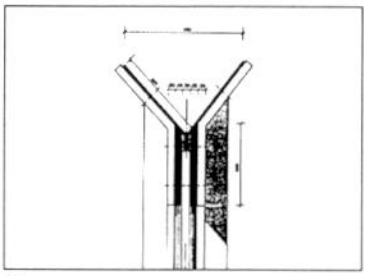

9

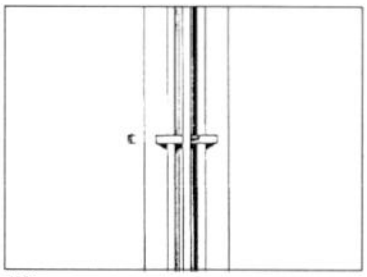

10

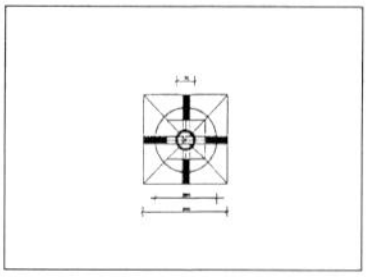

11

站台顶，泰本纳特乌尔夫(Typenentwurf)

方案模型:1994
设计者: Meinhard v. Gerkan
项目负责人: Jürgen Hillmer
合作者: Klaus Nolting,
Renata Dipper, Birgit Föllmer
静力分析: Schlaich, Bergermann
+Partner, Thomas Moschner
Lichtplanung: Peter Andres
+Conceptlicht Angerer
声学设计: Prof. Ahnert
业主: Deutsche Bahn AG
建造时间: Januar bis Mai 1995

站台顶部采用略微弯曲的轻钢、玻璃结构，坐落在两排间隔9m的支柱上。该结构的长度随脊柱状分割改变，顶部跨度通过缩短交叉梁与站台宽窄相配。该结构纵轴线每隔一段为弯曲线。

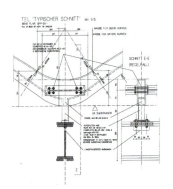

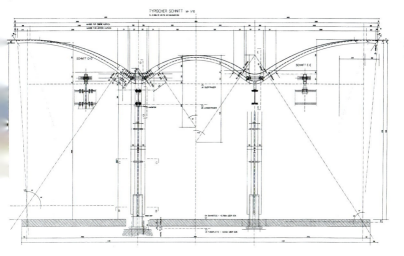

2000 次列车

色彩与材质概念: 1995
设计者: Meinhard v. Gerkan, Jürgen Hillmer
合作者: Arend Buchholz-Berger, Renata Dipper, Birgit Föllmer
委托人: Deutsche Bahn AG

· 天然材料的使用是设计的亮点所在。采用三夹板、金属板和源自不锈钢、皮革和自然产品的材料，避免使用塑料。色彩也同样受影响：多呈现金属色泽、自然木色和黑色皮革色泽。优质外观创造出和谐氛围，以免人为无知的破坏。室内布局采用横向平衡模式。使用各种不同质量等级的材料区分长途和区内交通以及豪华和普通车厢之间的区别。

1

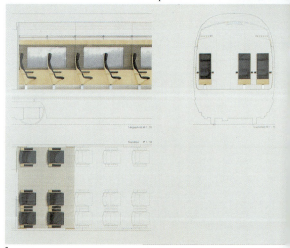

2

长途豪华车厢的色彩和材料
长途豪华车厢的纵剖面图、
横剖面图、设计图
本地豪华车厢的色彩和材料
本地豪华车厢的纵剖面图、
横剖面图、设计图

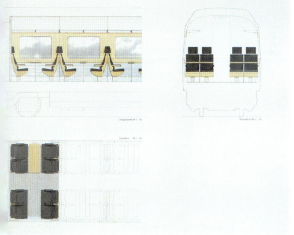

勒尔特（Lehrter）火车站，柏林，0.3方案

竞赛：1993
设计者：Meinhard v. Gerkan
合作者：Jens Kalkbrenner, Manfred Stanek

在决赛阶段，该设计规划了七幢建筑体，其场地区间各为80m×80m，建筑高度35m。方形场地的内部是一筒状空地，直径55m。这块空地既可以做内院也可以做玻璃厅。这些分开的建筑物相距20m，通过玻璃顶棚互相连接。建筑的结构形成一个"插入"体系，铁路上方建造和操作必须的垂直部分穿过站台"插入"，不影响站台的使用和功能。

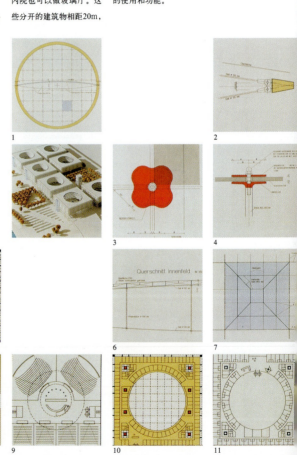

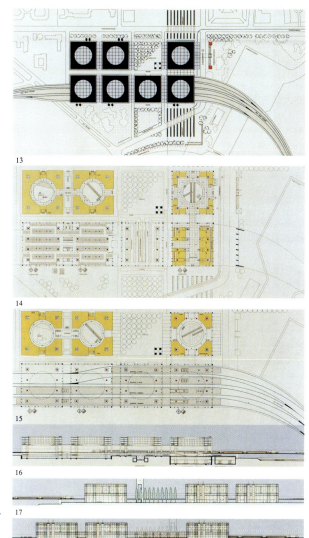

玻璃顶透镜
玉力圈横剖面图
玻璃固定节点
玻璃支撑结构
车站的不同用途
内部隔间横剖面图
内部隔间平面图
百货大楼平面图
电影院平面图
办公室平面图
饭店平面图
（从上到下）0~5期
总平面图
±0标高
标准层平面图
东西向剖面图
临因瓦林顿街(Invalidens-
traße)立面图
临施普雷河岸立面图

勒尔特火车站，柏林，建造方案

竞赛：一等奖，1993
设计者：Meinhard v. Gerkan
合作者：Jens Kalkbrenner, Manfred Stanek
业主：Deutsche Bahn AG
施工：Schlaich, Bergermann+partner
项目合伙人：Jürgen Hillmer
合作者：Susanne Winter, Prisca Bucher, Sabine Gressel, Brigitte Queck, Klaus Hoyer, Erkan Özen, Gisbert v. Stülpnagel, Ralf Blume, Sybille Zittlau-Kroos, Imke Quast

在汉勃德港(Humboldthafen)西面，原勒尔特(Lehrter)车站旧址上，正在设计建造最重要的铁路交叉站之一，此地，从西向东的大站特快(ICE)高速列车线穿越另一条由北向南的铁路线。另外，还有双向地区铁路线、城铁，以及南北地铁连接线。南北线穿过水平面下15m深的隧道，也穿过施普雷河和蒂尔加藤。东西线在街面上10m处，与现在的铁路线一样高。该铁路交换站预计年客流量约3000万人。

由于邻近施普雷湾南部的政府区，该站更显重要该站也服务于南部的柏林－莫比特(Moabit)地区。该交通楼的设计深受城市和交通规划重要性的影响。站台走道东西走向长430m，全部覆盖精致的玻璃顶。它穿过两幢标志南北地下车站的建筑带车站大厅在两个建筑之间宽50m，长170m，将用一样的玻璃顶覆盖。车站大厅充满欢迎氛围，门朝向莫比特区和南面的政府区这样，把车站的功能和邻接政府区和城区的功能合为一体。车站大厅地上的大型开口为地下深处的

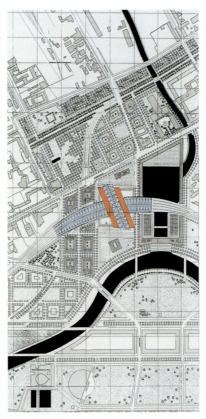

总平面图
城市环境：参照安格斯(M. Ungers)和杜德勒(Dudler)的设计

北向南车站综合楼的细部。平行建筑条块连接东西向火车站。建筑基层150 m × ?m,用作入口建筑,可通各处。

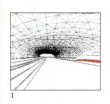

台提供充足的自然采光，确保空间感强，空间方向清楚。站台走道设计沿袭筒形穹顶。两幢斜向建筑条的最主要形体由高出街面4.4m的方形基层融入综合楼，形成开放的公共区。这强化了该车站建筑的独立外观，而服务区开设在上面。3条42m高的建筑带沿一条70m长的线路连接，可以容纳各种服务设施、办公室，还有一家饭店。条状建筑的钢状结构在外表面区清晰可见，在视觉上也融入桥结构的缆索中。该设计试图体现在建筑立面网状结构中，站台玻璃走道的钢和玻璃的精致。玻璃顶几乎呈1.2 m×1.2m方形网格，每格都有对角缆索支撑。使用弓形物、梁和对角缆索混合支撑，形成壳状结构体系。支撑框间隔20～30m，提供必须的支撑。这些都分散到预应力缆索梁上。

整个项目占地164000m²，75000m²用于商业，4300m²用于铁路设施，以及19500m²用于运输和发送。

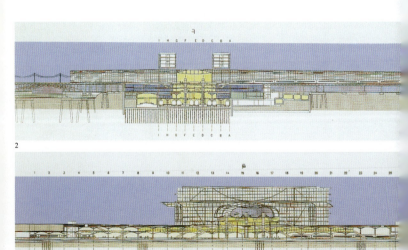

4

5

6

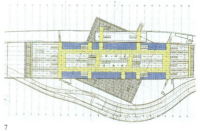

7

车站大厅
纵剖面图
横剖面图
模型草图
+5.0标高
一层平面图
-1.0标高

面两页：
座综合楼的横平面。南北
站位于街道下15m深处，主
使用拱形结构。东西车站
桥形结构，覆盖精致的玻
表层。两个平行建筑在视
上清楚地标明了地下铁轨
路。

1 东西立面图,前景为汉勃德港
2 南立面图,通往政府区的通道
3 从国会大厦看的效果图
4 车站内部效果图,国会大厦在背景中心线上

斯图加特21主火车站

专家意见: 1994
设计者: Meinhard v. Gerkan mit Charles de Picciotto
业主: Deutsche Bahn AG
静力分析: Schlaich, Bergermann +Parther
景观规划: Wehberg, Eppinger, Schmidtke

一个地面车站将被关闭,取而代之的是一个位于地下14m的地下车站,铁路线垂直穿过现有铁路线。现有车站的顶部也将拆除,取而代之的是完全开口到最低处的一个巨厅。巨大的玻璃顶高高在上,将其覆盖,玻璃顶的拱形钢柱改观了勃那兹楼的石拱。东站综合楼功能和重要性不仅仅是运输楼,因为在西面铁路废除后,将开发一个大型城市地块,形成斯图加特新的市中心。通过对已建建筑的改建和扩建,开发出35000m²的面积用于服务和零售。新旧市中心的行人连接线穿过车站综合楼,因此,新车站有"第二大门"的功能。通过这种重新开发,主站不再是康尼格斯街(Königs-traße)末端或内城边界,而成为新内城的中心,内容完全不同。

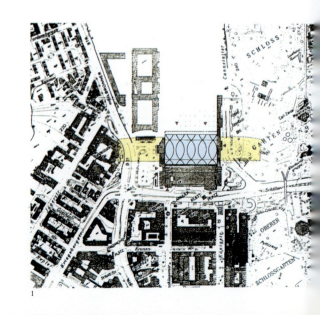

1

城市整体规划中的车站总平面图
3 横剖面图
穿过车站的纵剖面图
立于宫中花园(Schloßgarten)下面的站台大厅的纵剖面图

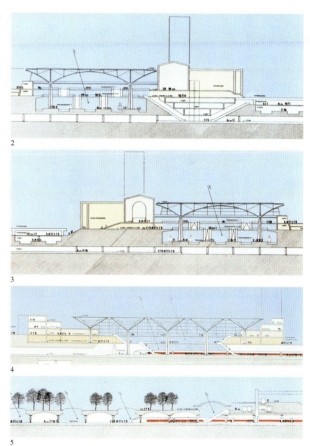

1 透明的顶部结构,能够看勃那兹车站引人注目的楼
2 模型横面,展现空间感
3,4 A方案和B方案模型:车站作为新旧城的连接
5 A方案总平面图
6 B方案总平面图

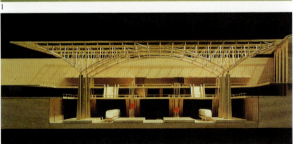

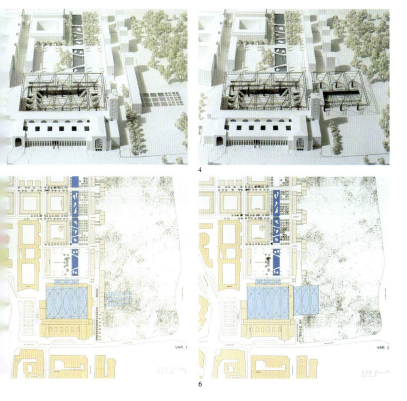

1 A方案：玻璃顶站台开向面宫中花园的人行道
2 B方案：站台大厅的轻玻璃构造向宫中花园延

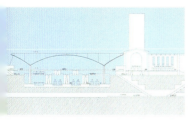

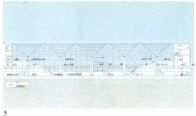

5

3 从纽尔富广场(Neuer Vorplatz)
看向站台大厅
4 横剖面图
5 穿过车站的纵剖面图
下面两页：
A 方案设计的整个综合楼

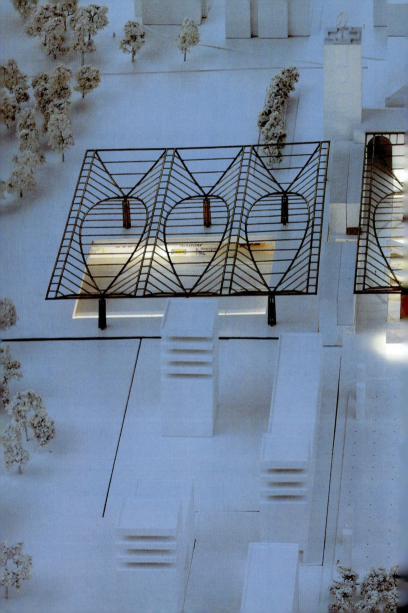

从开放的站台向上看的效果图

附 录

gmp Hamburg

Elbchaussee (von links nach rechts)
Klaus Staratzke, Petra Domnick, Winfried Gust, Jutta Bockelmann, Maren Lucht, Christa Schmidt, Gudrun v. Schau, Christian Kleiner, Gunter Maaß, Robert Wildegger, Annette Haupt, Henning Wulf, Jürgen Doll, Hans- Jürgen Grutschus, Dagmar Winter, Radmila Blagovcanin, Hans-Jürgen Buhrdorf, Uwe Schumann, Ralf Schmitz, Volkmar Sievers, Monica Sallowsky, Giorgio Gullotta, Kerstin Falke, Yasemin Erkan, Heiner Gietmann, Massoud Foudehi, Sybille Kramer, Christoph Berle, Anja Knobloch, Hauke Huussmann, Sabine Block, Ulrich Heiwolt, Philipp Noblé, Daniela Gaede, Michaela Koch, Maki Kato, Birgit Meyer, Wolfgang Höhl, Jan Esche, Christian Kreusler, Claudia Papanikolaou, Horst Rosin, Jeany Rieger, Margit Bornkessel, Maria Gonstol, Volkwin Marg, Nikolaus Goetze, Detlef Papendick, Christel Timm-Schwarz, Bernd Pastuschka, Dirk Heller, Ralph Preuß, Stephanie Jöbsch, Kai Ritzke, Tim Hupe, Cordula v. Graevenitz,
Karen Schröder, Martin Kussek, Jörg Steinwender, Walter Gebhardt, Jutta Kaufhold, Werner Schmidt, Martina Klostermann, Christine Grewing, Bettina Groß, Hakki Akyol, Heike Schöttler, Andreas Perlick, Karin Rohrmann, Kai Voß, Tanja Witwity, Ann-Katrin Rose, Hayriye Cakmak, Katja Beiß, Charles de Picciotto, Anja Bartkowiak, Henning Schlattmeier, Kirsten Bonk, Sigrid Müller, Bernd Scholl, Astrid Lapp, Ulrich Rösler, Karsten Huneck, Guido Gärtner, Evgenia Werner, Ian Pentland, Klaus Lenz, Daniel Koops, Peter Kropp, Frank Hülsmeier, Thomas Grotzeck, Carsten Plog, Saim Cakmak, Dirk Vollrath, Hito Ueda, Bernd Gronemeyer, Ralf Giesecke, Reiner Schröder.
Es fehlen: Meinhard v. Gerkan, Ahmet Alkuru, Bettina Ahrens, Klaus Dorn, Karen Heckel, Torsten Hinz, Heike Ladewig, Victoria v. Schön-Angerer, Mona Schroder, Helena Steinfeld, Marc Ziemons, Damir Perisic, Susan Krause, Daniela Hillmer, Christian Hermannsen.
Ehemalige Mitarbeiter seit 1991: Armin Wald, Sibylle Scharbau, Swantje Wedemann,
Clemens Zeis, Thomas Haupt, Uwe Gänsicke, Detlef Porsch, Lene Dammand-Jensen, Immanuel Petrelli, Birgit Meyer, Jan Krugmann, Aud Rosenthal, Marion Ebeling, Monika Stahnke-Reimold, Christopher Richa, Hans-Jörg Peter, Karl-Heinz Follert, Manfred Stanek, Berthold Kiel, Claudius Schönherr, Stephan Lohre, Eunice Jenye, Karl-Heinz Schneider-Kropp, Sylvie Regardin, Alfons Bauer, Heike Brüning, Sabine Oehme, Kersti Bode, Christine Mönnich, Andrea Vollstedt, Dirk Schuckar, Anja Boke, Jürgen Brandenburg, Jens Kalkbrenner, Berthold Staber, Heiko Lukas, Hannelore Busch, Reinhold Niehoff, Michael Engel, Sabine Müller, Kerstin Krause, Brigitte Sinnwell, Wolf Tegge, Andreas Leuschner, Anke Waltring, Dirk Rohwedder, Gisbert v. Stülpnagel, Clemens Schneider, Uwe Nienstedt, Thomas Rinne, Gregor Smakowski, Annette Seelemann, Hans Schröder, Bahram Seifouri, Günter Sievers, Sylvia Hoek, Dieter Tholotowsky, Britta Gulich, Kerstin Burmester.

Völckersstraße (von links nach rechts)
Hans Münchhalfen, Renata Dipper, Klaus Hoyer, Prisca Bucher, Ralf Blume, Catharina Schulz, Knut Maass, Klaus Nolting, Birgit Föllmer, Max Mittmann, Brigitte Queck, Claudius Staratzke, Susanne Winter, Axel Brenzinger, Gabi Nunnemann, Mathias Bauer, Sabine Gressel, Heidrun Reusch, Wolfgang Haux, Kerstin Steinfatt, Angelo Martella, Edeltraut Grimmer, Karl-Heinz Behrendt, Antje Lucks, Lajana Weinmann, Bernhard Albers, Marina Hoffmann, Majid Maydanchi.
Es fehlen: Jürgen Hillmer, Otto Dorn, Helma v. Szada-Borzyszkowski, Inga Iginla.

gmp Berlin (von links nach rechts)
Uwe Grahl, Kurth Sielisch, Bernhard Gale[..] Peter Krüger, Ruth Scheurer, Hans-Hein[..] Borgwardt, Marietta Rothe, José-Maria Poveda, Sonja Welzel, Henning Raske, h[..] Perkovic, Birgit Keul, Stefan Schutz, Agn[..] Preibisz, Manuela Zimmer, Olaf Timm, D[..] Schäffler, Solveig Altmann, Bärbel Janta, Kerstin Mahler, Roland Lauer, Thomas Schollain, Peter Autzen, Sybille Zittlau-K[..] Klaus Romberg, Karl Baumgarten, Andre[..] Ebner, Kurt Herzog, Maximilian Mittmar[..] Norbert Henze, Burghard Töpper, Hans Beneicke.
Es fehlen: Bernd Adolf, Diana Berve, Ste[..] Derendinger.
Ehemalige Mitarbeiter seit 1991: Eva Kühner, Maike Axmann, Jürgen Kant, Kli[..] Schimke, Andrea Hortig, Harald Werne[..] Mario Wegner, Andrea Dardin, Antje Da[..] Benedikt Dardin, Siegfried Droigk, Axel Schneidenbach v. Jascheroff, Peter Röm[..] Kuhl, Rolf Niedballa, Benno Laube, Fran[..] Bräutigam, Petra Reinstädtler, Christian Grazimek, Nico Preiß, Christian Jendro, Christian Walther.

gmp Leipzig (von links nach rechts)
1.Reihe: Wieland Freudiger, Klaus Schwalb, Aristide Hamann, Dieter Rösinger, Ursula Köper, Heike Breuler, Elisabeth Menne, Ines Buchin, Volkwin Marg. 2.Reihe: Myrna Bergfeld, Björn Bergfeld, Thomas Maczkiewicz, Beate Sturm, Fulvio Melle, Gisbert v. Stülpnagel, Hubert Nienhoff, Christina Harenberg, Fernanda Barbato, Dirk Kahlig, Claus Coumont, Jochen Köhn, Petra Kauschus, Angelika Juppien, Bernd Gossmann, Kerstin Mahler, Annett Kretzler, Henning Rambow.
3.Reihe: Hubert Hirsch, Roland Lauer, Uwe Friedrich, Almut Schlüter, Kemal Akay, Yasmin Balbach, Armin Wittershagen, Wolfgang Balbach, Kathleen Freiberg, Monika Scharrer, Marco Bartusch, Hubertus v. Dallwitz, Matthias Gunzel, Gabriele Köhn, Andreas Ebner, Annette Löber, Matthias Wiegelmann, Dagmar Chrobock.
Es fehlt: Susanne Bern.
Ehemalige Mitarbeiter: Ulrich Weigel, Verena von den Brindeen.

gmp Braunschweig (von links nach rechts)
Stefan Schwappach, Angelika Schneider, Gabriele Wysocki, Olaf Timm, Susanne Schröder, Thomas Böhm, Christina Dirk, Kathrin Michaelis, Vera Warnecke, Dagmar Engeler, Jürgen Köpke, Simon Mertens, Stephan Dürr, Andreas Reich, Horst-Werner Warias, Hans Bürvenich, Joachim Zais.
Es fehlen: Petra Staack, Denise Dih, Thomas Schreiber, Rainer Obermüller, Hilke Eustrup, Rolf Duerre.
Ehemalige Mitarbeiter seit 1991: Johannes Groth, Kathrin Pollex, Uwe Kittel, Ulrich Hassels, Hermann Timpe, Kurt Kowalzik, Sabine Trilling, Bettina Heimbach, Christoph Gondesen, Martina Heinrich, Gabriele Papenberg, Marita Skrabal.

gmp Aachen (von links nach rechts)
Christian Hoffmann, Volkwin Marg, Hubertus Pieper, Olaf Drehsen, Hanna Zywzok, Stefanie Driessen, Irmgard Hermes, Clemens Dost, Michael Pohl, Stefan Küppers, Efstratios Sianidis, Detlef Hartmann, Simone Ripp, Frederic Jaspert, Zoltan Djapjas, Marek Nowak, Brigitta Kortz, Frank Loddenkemper, FranzLensing, Ilona Philipps, Monika Kaesler, Thomas Behr, Sonja Visé-Kehren, Joachim Rind, Marion Hupperich, Jutta Hartmann-Pohl, Eyke Witzel, Sabine Djahanschah, Christiane Hasskamp, Diana Michael, Martin Bleckmann, Robert Stüer, Tom Naujack, Ben Dieckmann.
Ehemalige Mitarbeiter seit 1991: Susanne Rupprecht, Fabienne Garczarek, Bettina Lautz, Alexander Maul, Miriam Danke, Christiane Tibi.

Meinhard v. Gerkan
Prof. Dipl.-Ing. Architekt BDA

geboren am 3. Januar 1935 in Riga/Baltikum.
- 1939 Umsiedlung nach Posen/Polen.
- 1942 Vater im Krieg gefallen.
- 1945 Flucht nach Niedersachsen, Mutter gestorben.
- 1956 Architekturstudium in Berlin und Braunschweig.
- 1964 Diplom.

seit
- 1965 freiberuflicher Architekt, zusammen mit Volkwin Marg.
- 1972 Berufung in die Freie Akademie der Künste in Hamburg.
- 1974 Berufung an die Technische Universität Braunschweig als ordentlicher Professor/Lehrstuhl A für Entwerfen.
- 1982 Berufung in das Kuratorium der Jürgen-Ponto-Stiftung, Frankfurt.

1965–
- 1995 mehr als 250 Preise in nationalen und internationalen Wettbewerben, darunter mehr als 100 1. Preise. Zahlreiche Preise für vorbildliche Bauten. Zahlreiche Veröffentlichungen im In- und Ausland. Zahlreiche Preisrichter- und Gutachtertätigkeit.
- 1988 Gastprofessor an der Nihon Universität, Tokio/Japan.
- 1993 Gastprofessor an der University of Pretoria/Südafrika.
- 1995 American Institute of Architects, Honorary Fellow, USA.

born on 3 January 1935 in Riga/Baltic.
- 1939 Moved to Posen/Poland.
- 1942 Father killed in war.
- 1945 Fled to Lower Saxony, Mother dies.
- 1956 Architectural studies in Berlin and Braunschweig.
- 1964 Degree.

since
- 1965 Free lance architect together with Volkwin Marg.
- 1972 Appointment to the Freie Akademie der Künste in Hamburg.
- 1974 Appointment to the Technische Universität Braunschweig as professor/course A for design.
- 1982 Appointment to the Kuratorium of the Jürgen-Ponto-Stiftung, Frankfurt.

1965–
- 1995 More than 250 national and international competition prizes incl. more than 100 1st prizes. Many awards for outstanding buildings. Many publications at home and abroad. Considerable involvement with competition juries and reports.
- 1988 Guest professor at the Nihon University, Tokyo/Japan.
- 1993 Guest professor at the University of Pretoria/South Africa.
- 1995 American Institute of Architects, Honorary Fellow, USA.

Volkwin Marg
Prof. Dipl.-Ing. Architekt BDA

geboren am 15. Oktober 1936 in Königsberg/Ostpreußen, aufgewachsen in Danzig.
- 1945 Flucht nach Thüringen.
- 1955 1. Abitur in Mecklenburg/DDR.
- 1956 Flucht nach West-Berlin, 2. Abitur.
- 1958 Architekturstudium in Berlin und Braunschweig, Auslandsstipendium für Städtebau in Delft/Niederlande.
- 1964 Diplom-Examen an der TU Braunschweig.

seit
- 1965 freiberuflicher Architekt mit Meinhard v. Gerkan. Zahlreiche Wettbewerbserfolge und große Bauaufträge, Vorträge und Texte zu Fragen der Architektur, des Städtebaus und der Kulturpolitik.
- 1972 Berufung in die Freie Akademie der Künste in Hamburg.
- 1974 Berufung in die Deutsche Akademie für Städtebau und Landesplanung.

1975–
- 1979 Vizepräsident des Bundes Deutscher Architekten BDA.

1979–
- 1983 Präsident des BDA.
- 1986 Berufung an die RWTH Aachen, Lehrstuhl für Stadtbereichsplanung und Werklehre.

born on 15 October 1936 in Königsberg/Ostpreußen, childhood in Danzig.
- 1945 Fled to Thüringen.
- 1955 1st Abitur in Mecklenburg/GDR.
- 1956 Fled to West-Berlin, 2nd Abitur.
- 1958 Architectural studies in Berlin and Braunschweig. Foreign student grant for urban planning in Delft/Holland.
- 1964 Diploma examination at the TU Braunschweig.

since
- 1965 Free lance architect together with Meinhard von Gerkan. Many competition successes and large projects, lectures and manuscripts on architecture, urban planning and political culture.
- 1972 Appointment to Freie Akademie der Künste in Hamburg.
- 1974 Appointment to Deutsche Akademie für Städtebau und Landesplanung.

1975–
- 1979 Vice President of the Bund Deutscher Architekten BDA.

1979–
- 1983 President of the Bund Deutscher Architekten BDA.
- 1986 Appointment to the Chair of Town Planning and Tradesmanship.

Klaus Staratzke
Dipl.-Ing. Architekt

geboren am 12. Dezember 1937 in Königsberg/Ostpreußen.
- 1963 Diplom-Examen an der TU Berlin.

1963–
- 1966 Freier Mitarbeiter im Architekturbüro Hentrich + Petschnigg, Düsseldorf.
- 1968 Mitarbeit im Büro von Gerkan und Marg.
- 1972 Partner im Büro von Gerkan, Marg + Partner.

born on 12 December 1937 in Königsberg/Ostpreußen.
- 1963 Diploma examination at the TU Berlin.

1963–
- 1966 Free lance work by Architekturbüro Hentrich + Petschnigg, Düsseldorf.
- 1968 Work with von Gerkan and Marg.
- 1972 Partner of von Gerkan, Marg + Partners.

Uwe Grahl
Dipl.-Ing. (FH) Architekt AIV

geboren am 19. Oktober 1940 in Dresden.
1959 Maurerlehre, Gesellenbrief.
1963 Examen an der Staatlichen Ingenieurschule für Bauwesen Berlin-Hochbau.
1963 Mitarbeit im Büro Dipl.-Ing. Siegfried Fehr.
1969 Mitarbeit im Büro Dipl.-Ing. Rolf Niedballa.
seit
1974 Büro von Gerkan, Marg + Partner, Berlin.
seit
1990 Assoziierter Partner im Büro von Gerkan, Marg + Partner.
seit
1993 Partner im Büro von Gerkan, Marg + Partner.

born on 19 October 1940 in Dresden.
1959 Bricklayer apprentice, trade certificate.
1963 Examination at the Staatliche Ingenieurschule für Bauwesen Berlin-Hochbau.
1963 Work with Büro Dipl.-Ing. Siegfried Fehr.
1969 Work with Büro Dipl.-Ing. Rolf Niedballa.
since
1974 Office von Gerkan, Marg + Partners, Berlin.
since
1990 Associate partner of von Gerkan, Marg + Partners.
since
1993 Partner of von Gerkan, Marg + Partners.

Joachim Zais
Dipl.-Ing. Architekt BDA

geboren am 10. Dezember 1951 in Marburg/Lahn.
1969 Tischlerlehre in Hildesheim.
1975 Examen an der FH Hildesheim mit Abschluß Ing. grad.
1975 Architekturstudium an der TU Braunschweig. Tätigkeit während des Studiums in verschiedenen Architekturbüros und Wettbewerbstätigkeit.
1982 Diplom an der TU Braunschweig.
1982 Tätigkeit im Büro für Stadtplanung Dr. Schwerdt, Braunschweig.
1983–
1989 Assistententätigkeit am Institut für Baugestaltung A – Prof. M. v. Gerkan. Freier Mitarbeiter im Büro von Gerkan, Marg + Partner, Braunschweig, und eigene Tätigkeit als Architekt.
1989 Leitung des Büros von Gerkan, Marg + Partner, Braunschweig.
seit
1993 Partner im Büro von Gerkan, Marg + Partner.

born on 10 December 1951 in Marburg/Lahn.
1969 Carpenter apprentice in Hildesheim.
1975 Examination Ing. grad. at the FH Hildesheim.
1975 Architectural studies at the TU Braunschweig. Worked during studies for different architects and on various competitions.
1982 Diploma at the TU Braunschweig.
1982 Worked in Büro für Stadtplanung Dr. Schwerdt, Braunschweig.
1983–
1989 Lecturer at Institut für Baugestaltung A – Prof. M. v. Gerkan. Free lance architect with von Gerkan, Marg + Partners and as architect on own projects.
1989 Head of Office von Gerkan, Marg + Partners, Braunschweig.
since
1993 Partner of von Gerkan, Marg + Partners.

Hubert Nienhoff
Dipl.-Ing. Architekt

geboren am 4. August 1959 in Kirchhellen/Westfalen.
1985 Diplom-Examen an der RWTH Aachen.
1985–
1987 Mitarbeit im Büro für Architektur und Stadtbereichsplanung – Ch. Mäckler, Frankfurt/Main.
1987–
1988 Auslandsaufenthalt in den USA, städtebauliche Studien.
1988–
1991 Assistent an der RWTH Aachen, Lehrstuhl für Stadtbereichsplanung und Werklehre, Prof. Volkwin Marg.
1988 Mitarbeit im Büro von Gerkan, Marg + Partner, Aachen.
seit
1993 Partner im Büro von Gerkan, Marg + Partner.

born on 4 August 1959 in Kirchhellen/Westfalen.
1985 Diploma examination at the RWTH Aachen.
1985–
1987 Work with Büro für Architektur und Stadtplanung – Ch. Mäckler, Frankfurt/Main.
1987–
1988 Foreign visit to USA with urban studies.
1988–
1991 Lecturer at the RWTH Aachen Chair for Stadtbereichsplanung und Werklehre, Prof. Volkwin Marg.
1988 Work with von Gerkan, Marg + Partners.
since
1993 Partner von Gerkan, Marg + Partners.

Wolfgang Haux
Dipl.-Ing. Architekt BDA

geboren am 13. August 1947 in Hamburg.
1969 Architekturstudium an der
 Hochschule für Bildende Künste.
1973 Diplom-Examen.
1976 Mitarbeit im Architekturbüro
 Prof. Dieter Hoor, Steinhorst.
seit
1978 Mitarbeit im Büro
 von Gerkan, Marg + Partner, Hamburg.
seit
1994 Assoziierter Partner im Büro
 von Gerkan, Marg + Partner.

born on 13 August 1947 in Hamburg.
1969 Architectural Studies at
 Hochschule für Bildende Künste.
1975 Diploma Examination.
1976 Work with Architekturbüro
 Prof. Dieter Hoor, Steinhorst.
since
1978 Work with von Gerkan, Marg +
 Partners, Hamburg.
since
1994 Associate Partner with von Gerkan,
 Marg + Partners.

Nikolaus Goetze
Dipl.-Ing. Architekt

geboren am 25. September 1959 in Kempen.
1980 Architekturstudium an der RWTH
 Aachen.
1985–
1986 Meisterklasse Prof. W. Holzbauer,
 Hochschule für angewandte Kunst,
 Wien.
1987 Diplom an der RWTH Aachen.
seit
1987 Mitarbeit im Büro
 von Gerkan, Marg + Partner, Hamburg.
seit
1994 Assoziierter Partner im Büro
 von Gerkan, Marg + Partner.

born on 25 September 1959 in Kempen.
1980 Architectural studies at RWTH
 Aachen.
1985–
1986 Master Class Prof. W. Holzbauer
 Hochschule für angewandte Kunst,
 Wien.
1987 Diploma at the RWTH Aachen.
since
1987 Work with von Gerkan, Marg +
 Partners.
since
1994 Associate Partner with von Gerkan,
 Marg + Partners.

Jürgen Hillmer
Dipl.-Ing. Architekt

geboren am 26. Dezember 1959 in
Mönchengladbach.
1980 Architekturstudium an der
 Carolo-Wilhelmina in Braunschweig.
1988 Diplom.
1988–
1992 Mitarbeit im Büro
 von Gerkan, Marg + Partner, Hamburg.
1992–
1995 freiberuflicher Architekt in Haltern,
 Nordrhein-Westfalen.
seit
1994 Assoziierter Partner im Büro
 von Gerkan, Marg + Partner.

born on 26 December 1959 in
Mönchengladbach.
1980 Architectural studies at the Carolo-
 Wilhelmina in Braunschweig.
1988 Diploma.
1988–
1992 Work with von Gerkan, Marg +
 Partners, Hamburg.
1992–
1995 Free lance architect in Haltern,
 Nordrhein-Westfalen.
since
1994 Associate Partner with von Gerkan,
 Marg + Partners.

Erfolge bei Wettbewerben und Gutachten
Successful competition entries

1. Preis/Rang
1st prize/place:
- 1964 1. Sport- und Konferenzsaale, Hamburg
- 2. Hallenfreibad, Braunschweig[1]
- 1965 3. Hallenfreibad SPD[1]
- 4. Max-Planck-Institut, Lindau/Harz[1]
- 5. Finanzamt Oldenburg/Oldenburg
- 6. Sportzentrum Diekirch/Luxemburg[1]
- 7. Flughafen Berlin-Tegel
- 1966 8. Bezirkshallenbad, Köln
- 9. Hochschulsportforum Kiel[1]
- 1970 11. Hauptverwaltung Shell AG, Hamburg
- 1971 13. Europäisches Patentamt, München
- 14. Verfügungsgebäude III, Universität Hamburg
- 15. Wohnbebauung Gellertstraße, Hamburg[1]
- 16. Einkaufszentrum Alstertal, Hamburg[1]
- 1972 17. Hauptverwaltung ARAL AG, Bochum
- 18. Schulzentrum, Friedrichstadt
- 1974 19. Berufsschulzentrum Hamburg-Bergedorf
- 20. Verwaltung Provinzial Versicherung, Kiel[1]
- 1975 21. Deutscher Ring, Hamburg
- 22. Flughafen München II[1]
- 1976 23. Kreisverwaltung Recklinghausen
- 24. Flughafen Moskau
- 25. Gemeindezentrum, Laatzen
- 1977 26. Flughafen Algier
- 27. Hauptverwaltung Otto-Versand, Hamburg
- 28. Hauptverwaltung MAK, Kiel[1]
- 29. Polizeistation Panckstraße, Berlin
- 1978 30. National-Bibliothek, Teheran[1]
- 31. Joachimsthaler Platz, Berlin
- 32. Bundesministerium für Verkehr, Bonn
- 1979 33. Kombinentes Stadt- und Hallenbad, Berlin-Spandau
- 34. Sporthallenbad Mannheim-Herzogenried[1]
- 35. Biochemisches Institut, Braunschweig
- 36. Chemisches Institut, Braunschweig
- 1980 37. Vereinsbank, Hamburg[1,1]
- 38. Kreisverwaltung Meppen[1]
- 39. Hochschule für Bildende Künste, Hamburg
- 40. Römerberg Frankfurt/Main – Pflichtentwurf
- 41. Fleetinsel, Hamburg
- 42. Lazarus-Krankenhaus, Berlin[1,1,1]
- 43. Gewerbeschulzentrum, Flensburg[1]
- 44. Lufthansa-Werft, Hamburg-Fuhlsbüttel
- 45. Flughafen Stuttgart
- 46. Sporthalle Johanneum, Lübeck
- 1981 47. Stadthalle Bielefeld
- 48. Verwaltung Kravag, Hamburg[1]
- 49. Plaza-Hotel, Bremen
- 50. Bürozentrum DAL, Mainz[1]
- 51. Wohnbebauung, Bad Schwartau
- 52. Justizverwaltung Braunschweig
- 53. Umbau Kieler Schloß
- 1982 54. Rheumaklinik "Komplex Rose", Bad Meinberg
- 1983 55. Verlagshaus Gruner & Jahr, Hamburg
- 1984 56. Eckbebauung Quickborn
- 57. Amtsgericht Flensburg
- 1985 58. Museum und Bibliothek, Münster
- 1986 59. Rathaus Husum
- 60. Flughafen Hamburg-Fuhlsbüttel
- 61. Bäckerstraße, Halstenbek[1]
- 62. Amtsamt Oldenburg
- 1987 63. Neue Raumstruktur Bertelsmann, Gütersloh
- 1988 64. Zürich-Haus, Hamburg
- 65. Bundesministerium für Umwelt, Bonn
- 66. Salamander, Berlin
- 67. Störgang, Hamburg
- 68. EAM, Kassel
- 69. Bahnhofsvorplatz Koblenz
- 1989 70. Wohnpark Falkenstein
- 71. Bertelsmannstiftung, Gütersloh
- 1990 72. Musik- und Kongreßhalle, Lübeck
- 73. Deutsche Revision, Frankfurt/Main
- 74. VHS und Bibliothek Heilbronn
- 75. Wohnpark, Hamburg-Nienstedten
- 1991 76. Technologiezentrum, Münster
- 77. Deutsch-Japanisches Zentrum, Hamburg
- 78. Hanseler Bahrenfeld, Hamburg
- 79. EKZ Langehorn Markt, Hamburg
- 80. Bürozentrum Zeppelinstein, Bad Homburg
- 81. Bebauung Stadtmitte Frankfurt/Oder
- 82. Altmarkt Dresden 2. Stufe
- 1992 83. Neue Messe, Leipzig
- 84. Forum Neuköln, Berlin
- 85. Stadtzentrum Leipzig-Grünau
- 86. Mollstraße/Hans-Beimler-Straße – ECE, Berlin
- 87. Hörsaalzentrum Uni Oldenburg
- 88. Siemens Nixdorf, München
- 89. Amtsgericht Nord, Hamburg
- 90. Haus am Feenteich - Wünsche, Hamburg
- 91. Telecom, Suhl[1]
- 92. Mare Balticum, Hotel Bansin, Usedom[1]
- 1993 93. Lehrter Bahnhof, Berlin
- 94. Deutsch-Japanisches Zentrum, Berlin
- 95. Bürogebäude auf der Mieleheide, Essen
- 96. Ausbildungszentrum der Arbeitsverwaltung, Schwerin
- 1994 97. Messe Hannover, Halle 4
- 98. Forum Berlin-Köpenick
- 99. Gerling Konzern, Wohn- und Bürovillen, Leipzig
- 100. TU Chemnitz/Zwickau
- 101. Nordst. Metall-BGN, Hannover[1]
- 102. Neues Zentrum Berlin-Schönefeld[1]
- 1995 103. Neumarkt, Celle
- 104. Dresdner Bank, Pariser Platz, Berlin[1]

2. Preis/Rang
2nd prize/place:
- 1965 1. Kreisverwaltungsgebäude Niebull
- 1966 2. Jungfernstieg, Hamburg
- 1967 3. Olympiade-Bauten, München, Projekt B
- 1968 4. Kirchenzentrum Hamburg-Ohlsdorf
- 1970 5. Schulzentrum Heide
- 6. Oberpostdirektion, Bremen
- 1971 7. Oberfinanzdirektion City-Nord, Hamburg
- 8. Sportbereich, Universität Bremen
- 1972 9. Regierungspräsidium Lüneburg
- 1975 10. Stadtbau Billwerder-Allermöhe
- 11. Innenministerium Kiel
- 1976 12. Stadtbau Uni-Ost, Bremen
- 13. Betriebsbauten Flughafen München II
- 1977 14. Hamburg-Bau 78
- 1980 15. Gaswerke München
- 16. Verwaltung Volkswagenwerk Wolfsburg
- 17. Rathaus Oldenburg/Oldenburg
- 1981 18. FLB-Chemie Universität, Braunschweig
- 19. Arbeitsamt Kiel
- 20. Max-Planck-Institut Quantenoptik, München
- 21. Klinikum II, Nürnberg-Süd[1]
- 1982 22. Schloßpark "Orangerie", Fulda
- 1983 23. Daimler Benz AG, Stuttgart
- 1984 24. Deutsches Nationalmuseum, Nürnberg
- 25. Realschule und Sporthalle in Schleswig-Holstein
- 1985 26. Naturkundemuseum Balje
- 1986 27. Postämter, Hamburg
- 28. Kümmelleestraße, Hamburg
- 29. Technik III, Universität Kassel
- 30. Hafengestaltung, Heiligenhafen
- 1987 31. Virchow Institut, Berlin
- 1988 33. Stadthalle Celle
- 32. Parkhaus, Paderborn
- 33. Neue Orangerie, Herten
- 1989 36. Freizeitbad, Voß auf Föhr
- 37. Königsgaleie, Kassel
- 1990 38. Flughafen Köln-Wahn
- 39. Kehrwiederspitze, Hamburg
- 40. Neue Straße, Ulm
- 41. Akropolis-Museum, Athen
- 1991 42. Altmarkt Dresden
- 43. Krefeld Süd
- 44. Gewerbepark, Hafen Münster
- 45. Marina Herne
- 46. Hafenbahnhof Süderelbe, Hamburg
- 1992 47. Olympia 2000 – Radsport- und Schwimmhalle, Berlin
- 48. Schallschutzbebauung Burgerfeld-Markt Schwaben
- 49. Köln-Ehrenfeld
- 1993 50. Reichstag, Berlin
- 51. Spiegel-Verlag, Hamburg
- 52. Saalbau Festspielzentrum, Recklinghausen
- 53. Neugestaltung Hindenburgplatz, Köln
- 1994 54. Zentrumserweiterung Ost, Erfurt Max-Planck-Institut, Potsdam-Golm
- 1995 56. ehem. Werksgelände AEG-Kanis, Essen
- 1995 57. Kurbereich Lobenstein

3. Preis/Rang
3rd prize/place:
- 1964 1. Theater Wolfsburg[1]
- 1966 2. Sporthalle Bottrop
- 1969 3. Ingenieurakademie, Buxtehude
- 1970 4. Gemeindezentrum Steilshoop, Hamburg
- 5. Schul- und Bildungszentrum, Niebull
- 1971 6. Bebauung westliche Innenstadt, Hamburg
- 7. Verwaltung Colonia-Versicherung, Hamburg, City Nord
- 1977 8. Postsparkasse Hamburg, City Nord
- 1978 9. Erweiterung EKZ Alstertal, Hamburg
- 10. Rathaus Mannheim
- 1979 11. Sportzentrum Freie Universität, Berlin-Duppel Nord
- 1980 12. Hochschule für Musik, Münster
- 1985 13. Städtebaulicher Wettbewerb, Münster
- 14. Bundesmusikhalle, Bonn
- 1987 15. Polizeipräsidium, Bonn
- 1988 16. Bibliothek TU und HDK Berlin
- 1989 17. Konzerthalle, Dortmund
- 18. Internationales Seerechtsgerichtshof, Hamburg
- 1990 19. Fernsehmuseum, Mainz
- 20. Zementfabrik, Bonn
- 21. Münsterlandhalle, Münster
- 1991 22. Fernbahnhof Berlin-Spandau
- 23. Sparkasse Kaarst
- 24. Nürnberger Versicherung
- 1994 25. Wohn- u. Geschäftshaus Eppendorfer Landstraße, Hamburg
- 1995 26. Neues Bürgerhaus Scharbeutz

4. Preis/Rang
4th prize/place:
- 1963 1. Bürgerhaus Kassel
- 2. Kurzentrum Westerland/Sylt
- 3. Gesamtschule Steilshoop, Hamburg
- 1971 4. Bundeskanzleramt Bonn
- 1975 5. Rathaus-Erweiterung, Itzehoe
- 1979 6. FU-Sportzentrum, Berlin-Dahlem
- 7. Kirchenkanzlei, Hannover
- 8. Sporthalle Bielefeld
- 1981 9. Bundespostministerium, Bonn
- 1983 10. Krankenhaus Maria-Trost, Berlin
- 11. Haus der Geschichte, Bonn
- 1987 12. Arbeitsamt Flensburg
- 1988 13. Schering, Berlin
- 14. Deutsche Bundesbank, Frankfurt
- 15. documenta Ausstellungshalle, Kassel
- 16. Universitätsbibliothek, Kiel
- 1993 17. Rathaus Halle
- 1994 18. Hypo-Bank, Frankfurt
- 19. Mitteldeutscher Rundfunk, Leipzig
- 1995 20. Bürohaus an der Stadtmünze, Erfurt
- 21. Bundeskanzleramt, Berlin

5. Preis/Rang
5th prize/place:
- 1966 1. Schul- und Sportzentrum, Brake
- 1980 2. Bundesministerium für Arbeit und Soziales, Bonn
- 1983 3. Bibliothek, Göttingen
- 1987 4. Stadthalle Wieloch
- 1989 5. Kunstmuseum und Rathaus-erweiterung, Stuttgart
- 6. Städtebau, Universität Kiel
- 1990 7. Zürich-Haus, Hamburg
- 8. Ericusspitze, Hamburg
- 1995 9. Abgeordneten- und Ministerialdienstgebäude, Mainz

Ankäufe
Commended:
- 1963 1. Residenzplatz Würzburg
- 2. Löwenwall Braunschweig
- 1965 3. Städtebau, Hamburg-Niendorf[1]
- 4. Hallenfreibad SPD[1]
- 1966 5. Pinakothek München[1]
- 6. Stadtebau Kiel (Sonderankauf)[1]
- 1967 7. Olympiade-Bauten München, Projekt B
- 1968 8. Freibad, Bad Blankestedt
- 9. Gesamtschule Weinheim
- 10. Wohnbebauung Alsterufer, Hamburg
- 1969 11. Gesamtschule Mummelmannsberg, Hamburg
- 1970 12. Städtezentrum Aldeby, Flensburg
- 13. EPA München, 1. Stufe
- 14. Gymnasium, Bargteheide
- 1971 15. Einkaufszentrum Hamburg-Lokstedt
- 16. Städtebau Torresch[1]
- 17. Schwimmhalle, Bad Oldesloe
- 1972 18. Kurparkgelände Helgoland
- 1977 19. Bauer Verlag, Hamburg
- 20. Axel-Springer-Verlag, Hamburg (Sonderankauf)
- 1979 21. Rechenzentrum Deutsche Bank, Köln
- 1980 22. Stadthalle Mönchhof
- 23. Städtebau Valentinskamp, Hamburg
- 24. Römerberg Frankfurt/Main – Pflichtentwurf
- 25. "Wohnen im Tiergarten" – IBA Berlin
- 1981 26. Zentrale Briefämter, München
- 1982 27. Deutsche Bibliothek, Frankfurt/Main
- 28. Daimler-Benz AG, Stuttgart
- 29. Hamburger Sparkasse, Hamburg
- 1983 30. Technikerakrankasse, Hamburg
- 1987 31. Stadtbücheren, Mainz – 2. Stufe
- 32. Pfalzteater Kaiserslautern
- 1991 33. "Rosenstein" und "Nordbahnhof" Stuttgart
- 34. Museum des 20. Jahrhunderts, Nürnberg
- 1992 35. Sony Berlin GmbH, Potsdamer Platz, Berlin
- 1993 36. Trabrennbahn Farmsen, Hamburg
- 37. Festspielhalle Recklinghausen
- 38. Hoffmannstraße, Berlin-Treptow
- 39. Städtebau Meiningen
- 1994 40. Neubau Theater der Stadt Gütersloh
- 41. Universität Leipzig Chemie
- 42. Kleist-Theater, Frankfurt/Oder
- 1995 42. Ehem. Nutz- und Zuchtviehmarkt Lübeck
- 43. Universitätsbibliothek Erfurt
- 44. Museum "Alte Kraftpost", Pirmasens (1. Ankauf)
- 46. Messe Bremen
- 47. Bahnhof Erfurt

---

[1] Projekte, die in Partnerschaft mit anderen Architekten bearbeitet wurden
Projects completed in cooperation with other architects

[2] Wettbewerbe, bei denen kein 1. Preis vergeben wurde, das Projekt jedoch auf den 1. Rang plaziert wurde
Competitions in which a 1st prize was not awarded

[3] Wettbewerbe, bei denen mehrere gleichrangige Plazierungen zuerkannt wurden
Competitions in which several equal prizes were awarded

Fertiggestellte Bauvorhaben
Completed projects

1967
- Stormarnhalle, Bad Oldesloe
1969
- Max-Planck-Institut, Lindau/Harz
- Wohnhaus Köhnemann, Hamburg
1970
- Wohnbebauung An der Alster, Hamburg
- Sportzentrum Diekirch/Luxemburg
1972
- Apartmenthaus Alstertal, Hamburg
1974
- Hauptverwaltung Shell AG, Hamburg
- Flughafen Berlin-Tegel
1975
- Hauptverwaltung ARAL AG, Bochum
- Schulzentrum, Friedrichstadt
- Energiezentrale und Betriebstechnische Anlagen, Berlin-Tegel
- Lärmschutzhalle, Berlin-Tegel
- Fahrzeughangar, Berlin-Tegel
- Streugutlager, Berlin-Tegel
- Finanzamt Oldenburg, Oldenburg
- Kreisberufsschule, Bad Oldesloe
- Hochschulsportforum Kiel
1977
- Psychiatrische Anstalten, Rickling
1978
- Stadthäuser, Hamburg Bau 78
- Kettenhäuser, Hamburg Bau 78
- Taxi-Vorfahrt, Flughafen Berlin-Tegel
- Gewerbeschule Hamburg-Bergedorf
1979
- Wiederaufbau der "Fabrik", Hamburg
- Wohnpavillon Kulibüros, Hamburg
1980
- Hanse Viertel, Hamburg
- Europäisches Patentamt, München
- Taima u. Sulayyil, 2 neue Siedlungen in der Wüste, Saudi Arabien
- Bürogebäude der MAK, Kiel-Friedrichsort
- Versorgungswerkstätten und Heizzentrale - Psychiatrische Anstalten, Rickling
- Chemisches Institut, Universität Braunschweig
1981
- Renaissance-Hotel Ramada, Hamburg
- Haus "G", Hamburg-Blankenese
- Wohnanlage Psychiatrische Anstalten, Rickling
1982
- Erweiterungsbau der Hauptverwaltung Otto-Versand, Hamburg
- Gemeindehaus Ritterstraße, Stade
- "Black-Box"-Schaulandt, Verkaufshalle für Unterhaltungselektronik, Hamburg
1983
- Innenministerium, Kiel
- Behindertenwohnheim am Südring, Hamburg
- Kontorhaus Hohe Bleichen, Hamburg
- Parkhaus Poststraße, Hamburg
- Bürozentrum DAL, Mainz
1984
- Verwaltungsgebäude der Deutschen Lufthansa, Hamburg
- Hillmann-Garage, Bremen
- Wohn- u. Geschäftshaus Marktarkaden, Bad Schwartau
- Energiesparhaus, IBA/Berlin
- 6 Stadthäuser, IBA/Berlin
- Tennishallen, Bad Schwartau
- Polizeidienststelle Panckstraße, Berlin
1985
- Plaza Hotel, Bremen
- COCOLOCO, Bar und Boutique, Hanse Viertel, Hamburg
- Psychiatrische Krankenhäuser Thetmarhof und Falkenhorst, Rickling
1986
- Parkhaus der OPD, Braunschweig
- Wiederaufbau Landhaus Michaelsen als Puppenmuseum, Hamburg
- Gewerbliches Berufsschulzentrum Flensburg
- Hamburg-Vertretung, Bonn
1987
- Wohn- u. Geschäftshaus Grindelallee 100, Hamburg
1988
- Wohnbebauung am Fischmarkt, Hamburg
- Rheumaklinik, Bad Meinberg
- Umbau EKZ Hamburger Straße, Hamburg
- Wohnhaus Saalgasse, Frankfurt/Main
1989
- Justizgebäude Flensburg
1990
- OPD Braunschweig
- Elbterrassen, Hamburg
- Ausbildungszentrum der Hamburgischen Electricitätswerke, Hamburg
- Moorbek-Rondeel, Norderstedt
- Parkhaus Flughafen Hamburg-Fuhlsbüttel
- Kackenheim Bernauer Straße, 1. BA, Berlin
- Stadthalle Bielefeld
- Borddienst, Flughafen Berlin-Tegel
- Passagierterminal, Flughafen Stuttgart
- Sporthallen Flensburg
- Cafe Andersen, Hamburg
- Verwaltungsgebäude der Deutschen Lufthansa 2. BA, Hamburg
- Stadtbahnhof Bielefeld
- Sheraton Hotel, Ankara
- Einkaufszentrum, Ankara
- Saar-Galerie Saarbrücken
- Büro- und Geschäftshaus Matzen, Buchholz
- Stadtzentrum Schenefeld
- Hillmannhaus, Bremen
- Miro Datensysteme, Braunschweig
1992
- Wohnhaus vG, Elbchaussee, Hamburg
- Überholungshalle 7 der Deutschen Lufthansa, Hamburg
- Salamander, Berlin
- DAL Erweiterung, Mainz
- Lazarus-Krankenheim, Sanierung Altbau, Berlin
- S-Bahnhof, Flughafen Stuttgart
1993
- Zürich-Haus, Hamburg
- Fleetinsel, Steigenberger Hotel, Hamburg
- Arbeitsamt Oldenburg
- Fernmeldeamt 2, Hannover
- EAM, Kassel
- Parkhaus P2, Flughafen Berlin-Tegel
- Passagierterminal 4 Flughafen Hamburg-Fuhlsbüttel
- Gallagium Augartenum -, ehem. Union-Kühlhaus, Hamburg
- Flughafen Stuttgart 2. BA
- 2. BA Berufsschulen Flensburg
1994
- Hillmanneck, Bremen
- Graskeller "Hypobank", Hamburg
- Musik- und Kongreßhalle, Lübeck
- Galeria Duisburg
- Amtsgericht Braunschweig
- Deutsche Revision, Frankfurt/Main
- Brodschrangen, Hamburg
- Schaarmarkt, Hamburg
- Gewerbl. Schulen des Landes Schleswig-Holstein, Flensburg
- Umbau Amtsgericht Flensburg
- Rehaklinik Trassenheide, Usedom
- Neubauten zur Filmfest "Premiere", Studio Hamburg
1995
- Deutsch-Japanisches Zentrum, Hamburg
- Stadthaus Dr. Braasch, Eberswalde

Im Bau befindliche Projekte – Stand 1995
Projects under construction – up until 1995

- Flughafen Algier
- Neue Messe, Leipzig
- Bürohaus Haußy Duyu, Hof, Hamburg
- Sternhäuser, Norderstedt
- EKZ Wilhelmshaven
- Kehrwiederspitze HTC, Hamburg
- Komplex Friedrichshain, Berlin
- Telekom, Berlin
- Quartier 203, Berlin
- Leipzig-Grünau
- Neuer Wall, Hamburg
- Bahnsteigüberdachung Bahn AG
- Messe-Halle 4, Hannover
- Forum Berlin-Köpenick
- Telekom Suhl
- Bahnsteigüberdachung-div. Bahnhöfe

In Planung befindliche Projekte – Stand 1995
Projects at the planning stage – up until 1995

- Kinocentrum Harburg-Carré, Hamburg
- Harburger Hof, Hamburg
- Volksbücherei und Stadtbücherei, Heilbronn
- Bahnhofsvorplatz Koblenz
- Volkshochschule, Koblenz
- Platz der Republik, Frankfurt/Main
- Hotel Ku'damm-Eck, Berlin
- Fernbahnhof Spandau, Berlin
- Lehrter Bahnhof, Berlin
- Hotel Bansin
- Bei St. Annen, Holländischer Brook, Hamburg
- Calenberger Neustadt – Hastra Nileg, Hannover
- Bad Homberg, Am Zeppelinstein
- Hörsaalzentrum Uni Oldenburg
- Fischhalle 3 – Umbau, Hamburg
- Stadtvillen Kanzleistraße, Hamburg-Nienstedten
- Amtsgericht Hamburg-Nord
- Mielesheide Essen, Karstadt AG
- EBL-Leipzig, Wohnbebauung
- Tivoli Berlin-Pankow
- Nordst. Metall BGN, Hannover
- Gerling-Konzern, Leipzig
- Bahnhof Berlin-Charlottenburg
- Am Lowentor, Gerling, Stuttgart
- Bahnhof Stuttgart
- Dorotheenblöcke Berlin
- Dresdner Bank, Pariser Platz, Berlin
- Tiergartentunnel, Berlin
- Bahnhof München 21
- Fachhochschule Schwerin
- Hörsaalzentrum TU Chemnitz
- Gewerbepark Areal Robotron, Sommerda
- Korber AG, Hamburg
- Bahnhof 2000
- ICE 22, Innengestaltung

Auszeichnungen
Awards

* Deutscher Architekturpreis 1977 Lobende Erwähnung Betriebsgebäude + Energiezentrale Flughafen Berlin-Tegel
* Goldplakette im Bundeswettbewerb Industrie im Städtebau 1978 Flughafen Berlin-Tegel
* Auszeichnung vorbildlicher Bauten Wohnanlage Köhnhöfen, Hamburg
* Auszeichnung vorbildlicher Bauten Berufsschulzentrum G 13, Hamb.-Bergedorf
* Bauwerk des Jahres 1979 (AIV) Berufsschulzentrum G 13, Hamb.-Bergedorf
* BDA-Preis Schleswig-Holstein 1979 Hochschulsportforum Kiel
* Architekturpreis Beton 1979, Lob. Erwähn. Hochschulsportforum Kiel
* Auszeichnung vorbildlicher Bauten Stadthäuser, Hamburg – Bau 78
* Poroton-Architekten-Wettbewerb, 1. Preis Stadthäuser, Hamburg – Bau 78
* Auszeichnung vorbildlicher Bauten Kettenhäuser, Hamburg – Bau 78
* Poroton-Architekten-Wettbew., Sonderpreis Kettenhäuser, Hamburg – Bau 78
* BDA-Preis Niedersachsen 1980 Max-Planck-Institut, Lindau/Harz
* BDA-Preis Bayern 1981, Anerkennung Europäisches Patentamt, München
* Internationaler Farbdesign-Preis 1980/81 – Auszeichnung Flughafen Berlin-Tegel
* Bauwerk des Jahres 1983 (AIV) Parkhaus Poststrasse, Hamburg
* Bauwerk des Jahres 1981 (AIV) Hanse Viertel, Hamburg
* Mies-van-der-Rohe-Preis 1984 Hanse Viertel, Hamburg
* Norddeutscher Holzbaupreis 1984 Haus "G", Hamburg-Blankenese
* BDA-Preis Schleswig-Holstein 1985 Marktarkaden, Bad Schwartau
* BDA-Preis Schleswig-Holstein 1985 Innenministerium Kiel
* Auszeichnung vorbildl. Bauten 1989, Anerk. Grindelallee 100, Hamburg
* Mies-van-der-Rohe-Preis 1990 Glasdach, Museum für Hamburgische Geschichte, Hamburg
* Bauwerk des Jahres 1990 (AIV) Elbchaussee 139, Hamburg
* BDA-Preis Bremen 1990 Hillmann-Garage, Bremen
* BDA-Preis Niedersachsen 1991 Oberpostdirektion Braunschweig
* Natursteinpreis 1991 Oberpostdirektion Braunschweig
* Deutscher Architekturpreis 1991 Parkhaus Hamburg-Fuhlsbüttel
* BDA-Preis Nordrhein-Westfalen 1992 "Bauen für die öffentliche Hand", Anerk. Stadthalle Celle
* BDA-Preis Nordrhein-Westfalen 1992 "Bauen für die öffentliche Hand", Anerk. Stadtbahnhaltestelle Bielefeld
* BDA-Preis Bremen 1992, Anerk. Salamanderhaus, Berlin
* Deutscher Stahlbaupreis 1992 Flughafen Stuttgart
* Deutscher Natursteinpreis 1993, Anerk. Flughafen Stuttgart
* Deutscher Verzinkerpreis, Feuerverzinken 1993, Anerk., Zürich-Haus, Hamburg
* Dt. Verzinkerpreis, Feuerverzinken 1993, Anerk., Brücke "Le Canard", Hamburg
* Bauwerk des Jahres 1993 (AIV) Jumbohalle, Hamburg
* Dt. Verzinkerpreis, Feuerverzinken 1993 Parkhaus Hamburg-Fuhlsbüttel
* Balthasar Neumann Preis 1993 Flughafen Hamburg-Fuhlsbüttel
* Bauwerk des Jahres 1994 (AIV) Flughafen Hamburg-Fuhlsbüttel
* Prix d'Excellence 1994 – Finaliste Categorie Immobilie d'Enterprise Jumbohalle Hamburg
* BDA-Preis Niedersachsen 1994, Anerk. Arbeitsamt Oldenburg
* Peter-Joseph-Krahe Preis 1994 Oberpostdirektion Braunschweig
* Peter-Joseph-Krahe Preis 1994 Miro Datensysteme, Braunschweig
* BDA-Preis Niedersachsen 1994 Miro Datensysteme, Braunschweig
* Constructec-Preis 1994, Anerk. Miro Datensysteme, Braunschweig
* Deutscher Natursteinpreis 1995, Anerk. Amtsgericht Braunschweig

Werkverzeichnis 1959–1995
List of projects 1959–1995

1 1959, Wettbewerb, 2. Preis
Kreisverwaltungsgebäude, Niebüll
Ent.: V. Marg mit H. Grünberg

2 1963, Wettbewerb, 4. Preis
Bürgerhaus, Kassel
Ent.: M. v. Gerkan mit D. Kreiss

3 1963, Wettbewerb, 4. Preis
Residenzplatz, Würzburg
Ent.: M. v. Gerkan, V. Marg

4 1963, Wettbewerb, Ankauf
Löwenwall, Braunschweig
Ent.: M. v. Gerkan, V. Marg

5 1964, Diplomarbeit
Flughafen Hannover-Langenhagen
Ent.: M. v. Gerkan, V. Marg
- gmp 1, Karl-Krämer-Verlag Stuttgart 1978¹
- Idee und Modell, Ernst + Sohn Berlin 1994¹

6 1964, Wettbewerb, 1. Preis
Hallenbad, Braunschweig-Gliesmarode
Ent.: M. v. Gerkan, V. Marg
Arge: W. Westermann
- Sport- und Bäderbauten 4/1965
- DBZ 2/1966

7 1964, Wettbewerb, 1. Preis
Sport- und Konferenzhalle, Hamburg
Ent.: R. Henschker
Mit.: V. Marg

8 1965, Wettbewerb, 2. Preis
Jungfernstieg, Hamburg
Ent.: Bauwelt 25/1965

9 1965, Wettbewerb, 3. Preis
Theater Wolfsburg
Ent.: V. Marg
Arge: Teschner, Gerdes
- Bauwelt 19/22/1966
- gmp 1, Karl-Krämer-Verlag Stuttgart 1978¹

10 1965, Wettbewerb, 1. Preis, fertiggestellt 1975
Flughafen Berlin-Tegel
Ent.: M. v. Gerkan, V. Nickels
Pa.: K. Staratzke, K. Brauer, R. Niedballa
Mit.: W. Hertel, H. Herzlieb, W. Hönnicke, M. Illig, D. Perisic, P. Römer, G. Seule, H. Pitz, W. Zimmer, S. Droigk, H. Nüske, H.-J. Roeske
- db - deutsche bauzeitung 7/1966, 5/1972, 11/1980
- DBZ 8/1966
- Bauwelt 22/50/1966, 14/1969, 19/1970, 34/40/1972, 47/1973, 45/1974, 46/1991
- Baumeister 11/1975
- RIBA Library bulletin 3/1968
- Deutsche Architekten + Ingenieur-Zeitschriften 3/1971
- airport forum 4/1971, 4/1974
- L'Architecture d'Aujourd'hui 156/1971
- Berliner Bauwirtschaft 17/1972
- airports, Olivetti UK branches 4/1973
- architectural design CL III 4/1973
- e+p - Entwurf und Planung 25/1974
- DLW-Nachrichten 58/1974, 19/1971
- Deutsches Architektenblatt 21/1974
- Bundesverband der Deutschen Zementindustrie e.V. 1975
- airports international, Januar 1975
- Allgemeine Bauzeitung 4/14/1975
- TAB - Technik am Bau 27/1975
- ac - Internationale Asbestzement
- Revue 10/1975
- Architecture 9/1976
- Bauen + Wohnen 2/3/1976
- Deutsche Kunst seit 1960, Architektur 7/9 Nestler/Bode
- Architecture/Monsieur Vago Paris 9/1976
- Domus 8/1977
- Glasforum 11/1978
- gmp 1, Karl-Krämer-Verlag Stuttgart 1978¹
- Verantwortung, DVA Stuttgart 1982²
- Jahrbuch für Architektur 1989, Dt. Architekturmuseum, Frankfurt
- a+u - Architecture and Urbanism 10/1982
- Saison 4/1990
- Environmental Design 1990
- Transparentes Bauen mit Stahl 1990
- VfA Profil Febr. 1992
- Die Zeit 29.11.1991
- FAZ 31.1.1991
- Idee und Modell, Ernst + Sohn Berlin 1994¹
- Axis - World Design Journal 55/1995
* Goldplakette im Bundeswettbewerb Industrie im Städtebau 1978
* Internationaler Farb-Design-Preis 1980/81, Auszeichnung

11 1971, fertiggestellt 1975
Flughafen Berlin-Tegel, Flugzeugwartungshalle
Ent.: M. v. Gerkan

Pa.: K. Staratzke, K. Brauer, R. Niedballa
Mit.: R. Henning
- gmp 1, Karl-Krämer-Verlag Stuttgart 1978¹

12 -, fertiggestellt 1975
Flughafen Berlin-Tegel, Lärmschutzkabine
Ent.: M. v. Gerkan
Pa.: K. Staratzke
- Architektur + Wohnen 3/1978
- gmp 1, Karl-Krämer-Verlag Stuttgart 1978¹

13 -, fertiggestellt 1975
Flughafen Berlin-Tegel, Energiezentrale und betriebstechn. Anlagen
Ent.: M. v. Gerkan
Pa.: K. Staratzke
Mit.: W. Hönicke, L. Gerhardt, M. Auder, C. Grzimek, R. Henning
- gmp 1, Karl-Krämer-Verlag Stuttgart 1978¹
- TAB - Technik am Bau 6/1979
* Deutscher Architekturpreis 1977 Lobende Erwähnung

14 -, fertiggestellt 1975
Flughafen Berlin-Tegel, Tankstation
Ent.: M. v. Gerkan, K. Staratzke
Pa.: K. Staratzke
Mit.: W. Hönnecke
- gmp 1, Karl-Krämer-Verlag Stuttgart 1978¹

15 -, fertiggestellt 1975
Flughafen Berlin-Tegel, Frachtanlage
Ent.: M. v. Gerkan
Pa.: K. Staratzke
Mit.: W. Hönnecke
- gmp 1, Karl-Krämer-Verlag Stuttgart 1978¹

16 -, fertiggestellt 1975
Flughafen Berlin-Tegel, Streugutlager
Ent.: M. v. Gerkan, K. Staratzke
Pa.: K. Staratzke
- gmp 1, Karl-Krämer-Verlag Stuttgart 1978¹

17 -, fertiggestellt 1978
Flughafen Berlin-Tegel, Überdachung Taxi-Vorfahrt
Ent.: M. v. Gerkan
Pa.: K. Brauer
Mit.: M. Auder, P. Römer
- Merkblatt Stahl 123 6/1980
- gmp 2, DVA Stuttgart 1984¹

18 -, fertiggestellt 1975
Flughafen Berlin-Tegel, Borddienst
Ent.: M. v. Gerkan
Pa.: R. Niedballa
Mit.: P. Römer

19 -, fertiggestellt 1993
Flughafen Berlin-Tegel, Parkhaus P2
Ent.: M. v. Gerkan
Pa.: R. Niedballa
Mit.: P. Römer

20 1965, Ideenwettbewerb, Ankauf
Städtebau Altstadt Kiel
Ent.: O. Schnuttger und H. V. Bassewitz mit V. Marg
- Bauwelt 25/1965

21 1965, Wettbewerb, 1. Preis
Hallenreibad SPD
Ent.: M. v. Gerkan mit K. Nickels
- Bauwelt 3/1966
- gmp 1, Karl-Krämer-Verlag Stuttgart 1978¹

22 1965, Wettbewerb, 1. Preis, fertiggestellt 1976
Stormarnhalle, Bad Oldesloe
Ent.: M. v. Gerkan
Mit.: H. Schmengle, K. Nickels
- Sport- und Bäderbauten 6/1966
- e+p – Entwurf und Planung 24/1971
- db – deutsche bauzeitung 5/1972
- gmp 1, Karl-Krämer-Verlag Stuttgart 1978¹

23 1965, Wettbewerb, 1. Preis, fertiggestellt 1. BA 1970, 2. BA 1975
Sportzentrum Diekirch/Luxemburg
Ent.: M. v. Gerkan
Arge: W. Störmer
Mit.: C. Brockstedt, C. Claudius, S. Müllerstedt
- Bauwelt 3/1966
- Sport- und Bäderbauten 1/1966, 5/1970
- Architektur + Wohnform 6/1966
- Sportstättenbau + Bäderanlagen 5/1967
- Der Architekt 5/1971
- e+p – Entwurf und Planung 9/1971
- db – deutsche bauzeitung 5/1972
- Baumeister 4/1976
- Deutsches Architektenblatt 5/1976
- Deutsche Kunst seit 1960 Architektur 1976, Nestler/Bode
- Acier – Stahl – Steel 1/1977
- Internationale Akademie für Bäder-, Sport- und Freizeitbauten 1/1977
- DBZ 7/1978
- gmp 1, Karl-Krämer-Verlag Stuttgart 1978¹
- Idee und Modell, Ernst + Sohn Berlin 1994¹

24 1965, Wettbewerb, 1. Preis, fertiggestellt 1975
Finanzamt Oldenburg
Ent.: M. v. Gerkan

Mit.: C. Mrozek
Arge: D. Patschan
- Bauwelt 11/1966, 26/1977
- Bauen und Wohnen 11/1966
- db – deutsche bauzeitung 5/1972
- Betonprisma 38/1979
- Betonatlas 1984
- gmp 1, Karl-Krämer-Verlag Stuttgart 1978¹

25 1965, Wettbewerb, Ankauf
Städtebau, Hamburg-Niendorf
Ent.: K.-H. Knupp mit V. Marg

26 1966, Wettbewerb, 1. Preis
Schul- und Sportzentrum, Brake
Ent.: M. v. Gerkan

27 1966, Wettbewerb, 1. Preis, fertiggestellt 1969
Max-Planck-Institut für Aeronomie in Lindau/Harz
Ent.: M. v. Gerkan
Mit.: C. Claudius, G. Fleher
Arge: B. Störmer
- Bauwelt 1/2/1966
- Baumeister 8/1971
- db – deutsche bauzeitung 5/1972
- gmp 1, Karl-Krämer-Verlag Stuttgart 1978¹
* BDA-Preis Niedersachsen 1980

28 1966, Wettbewerb, 1. Preis
Heizkraftwerk in Lindau/Harz
Ent.: V. Marg
- gmp 1, Karl-Krämer-Verlag Stuttgart 1978¹

29 1966, Wettbewerb, 1. Preis
Bezirkshallenbad, Köln
Ent.: V. Marg mit R. Störmer, K. Nickels
- DBZ 4/1967
- gmp 1, Karl-Krämer-Verlag Stuttgart 1978¹

30 1966, Wettbewerb, 3. Preis
Sporthalle, Bottrop
Ent.: M. v. Gerkan
- gmp 1, Karl-Krämer-Verlag Stuttgart 1978¹

31 1966, Wettbewerb, Ankauf
Neue Pinakothek, München
Ent.: V. Marg mit K. Nickels
- Bauwelt 24/1967
- db – deutsche bauzeitung 6/1967
- Baumeister 7/1967

32 1966, Wettbewerb, 1. Preis, fertiggestellt 1976
Sportforum der Universität Kiel
Ent.: V. Marg mit K. Nickels
Mit.: V. Kruppa, G. Welm, V. Rudolph, K. Frohne
- architektur + wettbewerbe 56/1968
- e+p – Entwurf und Planung 9/1971
- db – deutsche bauzeitung 5/1972, 10/1977
- deutsche Kunst seit 1960 Architektur 1976, Nestler/Bode
- Die Bauverwaltung 8/1976
- Architektur + Wohnen 2/1977
- The Architects' Journal 38/1977
- Bauen + Wohnen 9/1977
- Domus 1,2/1977
- DBZ 1/1978
- Glasforum 3/1978
- gmp 1, Karl-Krämer-Verlag Stuttgart 1978¹
- Summarios Buenos Aires 7/1981
- Idee und Modell, Ernst + Sohn Berlin 1994¹
* BDA-Preis Schleswig-Holstein 1979
* Architekturpreis Beton 1979, Lobende Erwähnung

33 1967, Wettbewerb, 5. Preis
Freibad, Bad Bramstedt
Ent.: M. v. Gerkan
Mit.: C. Claudius, C. Brockstedt
- gmp 1, Karl-Krämer-Verlag Stuttgart 1978¹

34 1967, Wettbewerb,
Projekt A: Ankauf, Projekt B: 2. Preis
Bauten für die XX. Olympischen Spiele, München
Ent.: M. v. Gerkan
Mit.: C. Brockstedt, A. Werner, U. Frohwein
Ent. B: V. Marg
Mit.: A. Marg
- Baumeister 4,5/1967
- Sportstätten + Bäderanlagen 1967
- Bauverwaltung 12/1967
- Baumeister 11/1967, 2/1968
- architektur + wettbewerbe, Bauten der Olympischen Spiele 1972 in München
- db – deutsche bauzeitung 5/1972
- gmp 1, Karl-Krämer-Verlag Stuttgart 1978¹
- Idee und Modell, Ernst + Sohn Berlin 1994¹

35 1967, Wettbewerb
Universität Bremen
Ent.: V. Marg
Mit.: R. Bürhaus, C. Claudius
- Bauen + Wohnen 9/1967
- Bauwelt 41-43/1967
- Idee und Modell, Ernst + Sohn Berlin 1994¹

36 1968, Wettbewerb, Ankauf
Schulzentrum Weinheim
Ent.: M. v. Gerkan
Mit.: V. Marg, K. Staratzke, E. Wiehe
- e+p – Entwurf und Planung 3/1969
- architektur + wettbewerbe 60/1969
- db – deutsche bauzeitung 5/1972
- gmp 1, Karl-Krämer-Verlag Stuttgart 1978¹

37 1968, Gutachten
Flughafen Hamburg-Kaltenkirchen
Ent.: M. v. Gerkan
Mit.: K. Brauer, K. Kurzweg, E. Wiehe, W. Wuttke
- Bauwelt 11/1970
- db – deutsche bauzeitung 5/1972
- Bauen + Wohnen 2-3/1976
- Architecture 9/1976
- architektur + wettbewerbe 90/1977
- gmp 1, Karl-Krämer-Verlag Stuttgart 1978¹

38 1968, Gutachterwettbewerb, 1. Rang
Verwaltungsgebäude Hamburgische Landesbank, Hamburg
Ent.: V. Marg
Mit.: C. Mrozek, E. Wiehe, H. Stetten, M. Stroh
Arge: J. Elingius
- Baumeister 3/1971
- db – deutsche bauzeitung 5/1972
- gmp 1, Karl-Krämer-Verlag Stuttgart 1978¹
- Verantwortung, DVA Stuttgart 1982²

39 1968, Wettbewerb
Gymnasium Adolfinum Bückeburg
Ent.: M. v. Gerkan, V. Marg
- e+p – Entwurf und Planung 2/1969

40 1968, Wettbewerb, 2. Preis
Kirchenzentrum Hamburg-Ohlsdorf
Ent.: M. v. Gerkan, V. Marg

41 1968, Wettbewerb, Ankauf, fertiggestellt 1970
Wohngebäude an der Alster, Hamburg
Ent.: V. Marg
Mit.: C. Mrozek, P. Fischer
- architektur + wohnen 57/1969
- Baumeister 11/1974
- gmp 1, Karl-Krämer-Verlag Stuttgart 1978¹

42 1968, fertiggestellt 1969
Wohnhaus W. Köhnemann, Hamburg
Ent.: V. Marg
- Stern 30/1970
- architektur und kultiviertes Wohnen, Winterhalbjahr 1970/71
- Bauwelt 14/1971
- Baumeister 3/1972, 2/1974
- e+p – Entwurf und Planung 28/1975
- Detail 4/1977
- Schöner Wohnen 5/1977
- Deutsche Kunst seit 1960 Architektur 1976 Nestler/Bode
- gmp 1, Karl-Krämer-Verlag Stuttgart 1978¹
- Idee und Modell, Ernst + Sohn Berlin 1994¹

43 1968, Wettbewerb, 2. Preis
Gemeindezentrum und Kirche, Osdorfer Born
Ent.: V. Marg
Mit.: A. Marg
- Baumeister 7/1978
- e + p – Entwurf und Planung 24/1974
- gmp 1, Karl-Krämer-Verlag Stuttgart 1978¹

44 1969, Wettbewerb, Ankauf
Einkaufszentrum Hamburg-Altona
Ent.: M. v. Gerkan
Mit.: K. Staratzke, K. Brauer, L. Fontaine, G. Bickenbach, C. Claudius
- Bauwelt 3/1970
- db – deutsche bauzeitung 5/1972

45 1969
Wohnhaus Dr. Hess, Hamburg-Nienstedten
Ent.: V. Marg
Mit.: A. Marg
- e+p – Entwurf und Planung 28/1975
- gmp 1, Karl-Krämer-Verlag Stuttgart 1978¹

46 1969, Wettbewerb, 2. Rang
Staatliche Ingenieurakademie für Bauwesen, Buxtehude
Ent.: V. Marg
Mit.: R. Wuttke, C. Claudius

47 1969, Wettbewerb, 1. Preis
Kurzentrum Westerland/Sylt
Ent.: V. Marg

48 1969, Wettbewerb, 4. Preis
Gesamtschule Stellshoop
Ent.: V. Marg

49 1969, Wettbewerb, Ankauf
Gesamtschule Mümmelmannsberg, Hamburg

50 1969, engerer Wahl
Gemeindezentrum Hamburg-Bergen

51 **1970, Wettbewerb, 1. Preis**
fertiggestellt 1974
Verwaltungsgebäude der Shell AG
Hamburg
Ent.: V. Marg
Pa.: E. Wiehe
Pl.: B. Albers
Mit.: J. Lupp, H.-P. Harm, K. Maass,
U. Rückel, H. Stetten
- Baumeister 5/1970
- architektur + wettbewerbe 66/1971
- db - deutsche bauzeitung 5/1972, 10/1975
- Stadtbauwelt 24/1973
- gmp 1, Karl-Krämer-Verlag Stuttgart 1978¹

52 **1970, Wettbewerb**
Verwaltungsgebäude der Mobil Oil AG,
Hamburg
Ent.: M. v. Gerkan
Mit.: A. Sack
- db - deutsche bauzeitung 5/1972
- gmp 1, Karl-Krämer-Verlag Stuttgart 1978¹
- Idee und Modell, Ernst + Sohn Berlin 1994¹

53 **1970, Wettbewerb, 1. Preis**
fertiggestellt 1977
Kreisberufsschule Bad Oldesloe
Ent.: V. Marg
Pa.: E. Wiehe
Mit.: U. Ferdinand, E. Schäfer, D. Wingsch
- db - deutsche bauzeitung 5/1972
- architektur + wettbewerbe 76/1973
- gmp 1, Karl-Krämer-Verlag Stuttgart 1978¹
- Idee und Modell, Ernst + Sohn Berlin 1994¹

54 **1970, Wettbewerb, 2. Preis**
Schulzentrum Heide-Ost
Ent.: M. v. Gerkan
Mit.: A. Sack
- db - deutsche bauzeitung 5/1972
- gmp 1, Karl-Krämer-Verlag Stuttgart 1978¹

55 **1970, Wettbewerb, 1. Preis**
Verwaltungsgebäude der
Oberpostdirektion, Bremen
Ent.: M. v. Gerkan
Mit.: J. Lupp, W. Schäfer, U. Ferdinand
- gmp 1, Karl-Krämer-Verlag Stuttgart 1978¹

56 **1970, Wettbewerb, 3. Preis**
Gemeindezentrum Steilshoop, Hamburg

57 **1970, Wettbewerb, 1. Preis**
Schul- und Bildungszentrum, Niebüll
Ent.: M. v. Gerkan
Mit.: J. Lupp, H.-P. Harm
- db - deutsche bauzeitung 5/1972
- gmp 1, Karl-Krämer-Verlag Stuttgart 1978¹

58 **1970, Gutachten**
Neugestaltung Gerhard-Hauptmann-Platz,
Hamburg
Ent.: V. Marg
- Baumeister 3/1971

59 **1970, Wettbewerb, Ankauf**
Schulzentrum Adelby, Flensburg
Ent.: M. v. Gerkan

60 **1970, Wettbewerb, Ankauf**
Gymnasium Bargteheide
Ent.: M. v. Gerkan
Pa.: E. Wiehe

61 **1970, Gutachten**
Baderegionalen Berlin
Ent.: M. v. Gerkan
Pl.: F. Fischer, C. Pütz

62 **1971, Wettbewerb, Ankauf**
EKZ Hamburg-Lohbrügge
Ent.: M. v. Gerkan
Mit.: A. Sack, U. Ferdinand
- gmp 1, Karl-Krämer-Verlag Stuttgart 1978¹
- Idee und Modell, Ernst + Sohn Berlin 1994¹

63 **1971, Städtebauliches Gutachten**
Hamburg-Poppenbüttel
Ent.: V. Marg
- db - deutsche bauzeitung 5/1972

4 **1971, Wettbewerb, 1. Preis**
Bebauung westliche Innenstadt, Hamburg
Ent.: V. Marg

5 **1971, Städtebau. Ideenwettbewerb,
Ankauf**
Tornesch
Arge: J. Elingius
- Wettbewerbe aktuell 11/1971

6 **1971, Wettbewerb, 1. Preis**
Verfügungsgebäude III, Universität
Hamburg
Ent.: V. Marg
Mit.: W. Schäfer, C. Mrozek
- db - deutsche bauzeitung 5/1972
- wettbewerbe aktuell 0/1977
- gmp 1, Karl-Krämer-Verlag Stuttgart 1978¹

67 **1971, Wettbewerb, 4. Preis**
Bundeskanzleramt, Bonn
Ent.: M. v. Gerkan
Arge: J. Elingius
Mit.: C. Mrozek, W. Schäfer
- architektur + wettbewerbe 68/1971
- db - deutsche bauzeitung 5/1972
- Bauverwaltung 9/1971
- Verantwortung, DVA Stuttgart 1982¹

68 **1971, Wettbewerb, 2. Preis**
Kulturzentrum München-Gasteig
Ent.: M. Gerkan
Mit.: A. Sack, W. Schäfer
- gmp 1, Karl-Krämer-Verlag Stuttgart 1978¹

69 **1971, Wettbewerb, 2. Preis**
Verwaltungsgebäude Oberfinanzdirektion,
Hamburg
Ent.: V. Marg mit E. Wiehe
- db - deutsche bauzeitung 6/1972
- gmp 1, Karl-Krämer-Verlag Stuttgart 1978¹

70 **1971, Wettbewerb, 1. Preis,
fertiggestellt 1980**
Europäisches Patentamt, München
Ent.: V. Marg mit A. Sack
Pa.: R. Niedballa
Mit.: H. Tomhave, H. Müller-Rowekamp,
C. Korus, F. Kessler, K. Bachmann,
H.J. Roeske, H. Springhorn
- Bauen + Wohnen 4/1972
- db - deutsche bauzeitung 5/1972
- gmp 1, Karl-Krämer-Verlag Stuttgart 1978¹
- Baumeister 11/1972, 10/1980
- Gebäude für die öffentliche Verwaltung,
A. u. H. Deilmann, Stuttgart 1979
- Architektur in Deutschland, Stuttgart 1979
- Deutsche Architektenblatt 2/1979, 9/1982
- Der Architekt 4/1979
- TAB - Technik am Bau 4/1980
- Süddeutsche Zeitung 19.9.1980
- SD - Space Design 2/1980
- Bauwelt 37/1980, 2/1981
- Architectural Review 6/1981
- a+u - Architecture and Urbanism 10/1982
- Technique + Architecture 346/1983
- gmp 2, DVA Stuttgart 1984¹
- Idee und Modell, Ernst + Sohn Berlin 1994¹
- BDA-Preis Bayern 1981, Anerkennung

71 **1971, Wettbewerb, Ankauf**
Schwimmhalle, Bad Oldesloe
Ent.: V. Marg
Mit.: A. Sack, A. Sack,
U. Ferdinand, C. Claudius
- Wettbewerbe aktuell 6/1971
- gmp 1, Karl-Krämer-Verlag Stuttgart 1978¹

72 **1971, Wettbewerb, 2. Preis**
Sportforum Universität Bremen
Ent.: M. v. Gerkan
Mit.: C. Mrozek, W. Schäfer, H. Stetten,
M. Stroh
- Sport- und Bäderbauten 3/1971
- architektur + wettbewerbe, Sport-,
Spiel- und Erholungsstätten 68/1971
- db - deutsche bauzeitung 5/1972
- Verantwortung, DVA Stuttgart 1982¹

73 **1971, Wettbewerb, 1. Rang**
Wohnbebauung Gellertstraße/
Bellevue, Hamburg
Ent.: M. v. Gerkan
Pa.: A. Sack
- db - deutsche bauzeitung 5/1972
- gmp 1, Karl-Krämer-Verlag Stuttgart 1978¹

74 **1971, Wettbewerb, 2. Preis**
Regierungsdienstgebäude, Lüneburg
Ent.: M. v. Gerkan
Mit.: A. Sack, W. Schäfer
- Wettbewerbe aktuell 10/1971
- gmp 1, Karl-Krämer-Verlag Stuttgart 1978¹
- Verantwortung, DVA Stuttgart 1982¹

75 **1971, Städtebauliches Gutachten**
Siedlung Neuwiedenthal-Nord,
Hamburg-Harburg
Ent.: V. Marg
Mit.: W. Schmitz-Mohr

76 **1971, Wettbewerb, 1. Preis**
Einkaufszentrum Alstertal, Hamburg
Ent.: V. Marg
Pa.: D. Patschan, A. Werner, B. Winking

77 **1972, Städtebauliches Gutachten**
fertiggestellt 1972
Apartmenthaus am EKZ Alstertal, Hamburg
Ent.: V. Marg
Mit.: U. Ferdinand
- db - deutsche bauzeitung 5/1972
- gmp 1, Karl-Krämer-Verlag Stuttgart 1978¹

78 **1972, Wettbewerb, Ankauf**
Kurparkgelände Helgoland
Ent.: V. Marg

79 **1972**
Verwaltungsgebäude Oberpostdirektion,
Hamburg
Ent.: V. Marg
- db - deutsche bauzeitung 3/1972

80 **1972, Wettbewerb, 1. Preis
fertiggestellt 1975**
Schulzentrum Friedrichstadt
Ent.: V. Marg
Mit.: R. Wilkens, H. Wolf, A. Marg,
C. Mrozeck, U. Rückel
- gmp 1, Karl-Krämer-Verlag Stuttgart 1978¹

81 **1972, Wettbewerb, 1. Preis,
fertiggestellt 1975**
Hauptverwaltung ARAL AG, Bochum
Ent.: M. v. Gerkan
Pa.: A. Sack, R. Niedballa
- gmp 1, Karl-Krämer-Verlag Stuttgart 1978¹
- Wettbewerbe aktuell 7/1972
- gmp 1, Karl-Krämer-Verlag Stuttgart 1978¹

82 **1972**
Gartenhallenbad Rebstockpark, Frankfurt
Ent.: V. Marg
Mit.: H.-E. Bock
- gmp 1, Karl-Krämer-Verlag Stuttgart 1978¹
- Idee und Modell, Ernst + Sohn Berlin 1994¹

83 **1972**
Wohnhaus B, Hamburg-Reinbek
Ent.: V. Marg
Mit.: W. Schäfer
- gmp 1, Karl-Krämer-Verlag Stuttgart 1978¹

84 **1973, Wettbewerb, 3. Preis**
Colonia AG, Hamburg
Ent.: V. Marg
Mit.: C.-D. Höner, G. Kornmacher,
K.-M. Wabnitz
- Wettbewerbe aktuell 3/1974
- Bauen + Wohnen 10/1974
- gmp 1, Karl-Krämer-Verlag Stuttgart 1978¹

85 **1973, Wettbewerb**
Wilhelm-Hack-Museum, Ludwigshafen
Ent.: V. Marg
- gmp 1, Karl-Krämer-Verlag Stuttgart 1978¹

86 **1973, Städtebaulicher Ideenwettbewerb**
Tegeler Hafen, Berlin
Ent.: V. Marg mit K. Brauer
- gmp 1, Karl-Krämer-Verlag Stuttgart 1978¹

87 **1973, fertiggestellt 1977**
Psychiatrische Anstalten, Rickling
Ent.: V. Marg, A. Staratzke
Mit.: C. Mrozek, U. Rückel, D. Wingsch
- gmp 1, Karl-Krämer-Verlag Stuttgart 1978¹

88 **1976, fertiggestellt 1980**
Psychiatrische Anstalten, Rickling
Versorgungswerkstätten/Heizzentrale
Ent.: V. Marg, K. Staratzke
Mit.: S. Avé, M. Ebeling, E. Hamer,
C. Mrozek, U. Rückel
- gmp 2, DVA Stuttgart 1984¹

89 **1977, fertiggestellt 1981**
Psychiatrische Anstalten, Rickling
Wohnanlage als halboffene Station
Ent.: V. Marg, K. Staratzke
Mit.: K. Ehlert, E. Hamer, R. Henning,
C. Mrozek, C. Timm-Schwarz
- gmp 2, DVA Stuttgart 1984¹

90 **1979, fertiggestellt 1985**
Psychiatrische Anstalten, Rickling
Thetmarshof und Falkenhorst
Ent.: V. Marg, K. Staratzke
Mit.: K. Ehlert, E. Hamer, R. Henning
- gmp 2, DVA Stuttgart 1984¹

91 **1974, Wettbewerb, 1. Preis,
fertiggestellt 1978**
Berufsschulzentrum G 13, Hamburg-
Bergedorf
Ent.: M. v. Gerkan
Pl.: B. Albers
Mit.: H.-E. Bock, W. Schäfer, J. Busack,
M. Stroh, M. Ebeling, G. Gob,
K. Maass
- Baumeister 1/1980
- gmp 2, DVA Stuttgart 1984¹
- Vorbildliche Bauten 1978
- Bauwerk des Jahres 1979 (AIV)

92 **1974, fertiggestellt 1980**
Hanse Viertel, Hamburg
Ent.: V. Marg
Pa.: K. Staratzke
Mit.: B. Albers, R. Born, A. Buchholz-Berger,
O. Dorn, H.-J. Dörr, W. Edler,
M. Eggers, U. Ferdinand, R. Henning,
B. Gronemeyer, J. Krautberger,
A. Lucks, K. Maass, H. Müller-
Rowekamp, D. Perisic, R. Seifert,
P. Sembnitzki
- Baumeister 2/1979, 9/1981
- Architektur in Deutschland, Stuttgart 1979
- Neue Heimat Monatshefte 9/1979

- Die Zeit 28.11.1980
- Architectural Review 6/1981
- Glasforum 6/1981
- Sonderausgabe 12/1985
- Bauwelt 40-41/1981
- Europäische Hefte 1/1982
- a+u - Architecture and Urbanism 10/1982
- DBZ 10/1982
- SD - Space Design, Sonderauflage 11/1982
- Verantwortung, DVA Stuttgart 1982¹
- db - deutsche bauzeitung 4/1983
- Aktuelles Bauen 6/1983
- gmp 2, DVA Stuttgart 1984¹
- Summarios, Buenos Aires 7/1986
- Transparentes Bauen mit Stahl 1990
- Public Design Jahrbuch 1990
- Hamburger Morgenpost 12.9.1989
- gmp 3, DVA Stuttgart 1988¹
- Costruire in Laterizio 40/1994
- Bauwerk des Jahres 1981 (AIV)
- Mies-van-der-Rohe-Preis 1984

93 **–, fertiggestellt 1985**
Cocoloco, Bar und Boutique - Hanse
Viertel, Hamburg
Ent.: K. Staratzke, O. Dorn
- gmp 3, DVA Stuttgart 1988¹

94 **1974, Gutachten, 1. Rang**
Verwaltungsgebäude der Provinzial
Versicherung, Kiel
Ent.: M. v. Gerkan
Arge: Brockstedt + Discher
- gmp 1, Karl-Krämer-Verlag Stuttgart 1978¹

95 **1974, Gutachten**
Trabantenstadt Billwerder-Allermöhe,
Hamburg
Ent.: V. Marg
Pa.: Nickels + Ohrt, Wolske + Erler
Mit.: J. Busack, V. Sonnenschein
- gmp 1, Karl-Krämer-Verlag Stuttgart 1978¹

96 **1975, Städtebaulicher Wettbewerb, 2. Preis**
Wohnquartier Billwerder-Allermöhe,
Hamburg
Ent.: V. Marg
Mit.: J. Werner, H.-E. Bock, H. Huusmann
- Bauwelt/Stadtbauwelt 42/1974
- Wettbewerbe aktuell 3/1975
- Garten und Landschaft 7/1976
- gmp 1, Karl-Krämer-Verlag Stuttgart 1978¹

97 **1975, Wettbewerb, 2. Preis
fertiggestellt 1978**
Innenministerium, Kiel
Ent.: V. Marg
Pl.: B. Albers
Mit.: G. Göb, W. Tegge, D. Winter
- Wettbewerbe aktuell 8/1972
- Verantwortung, DVA Stuttgart 1982¹
- gmp 2, DVA Stuttgart 1984¹
- Baumeister 8/1975, 10/1985
- BDA-Preis Schleswig-Holstein 1985

98 **1975, Wettbewerb, 4. Preis**
Rathaus Itzehoe
Ent.: M. v. Gerkan
Mit.: H.-E. Bock, D. Meyer, M. Hakkala
- gmp 1, Karl-Krämer-Verlag Stuttgart 1978¹

99 **1975, fertiggestellt 1979**
Wohnquartier Kohlhöfen, Hamburg
Ent.: V. Marg
Mit.: J. Werner, G. Werner, H. Huusmann,
B. Albers, B. Gronemeyer
- FHH, Baudehörde 1979
- DLW-Nachrichten 10/1982
- gmp 2, DVA Stuttgart 1984¹
- Auszeichnung vorbildlicher Bauten 1979

100 **1975**
Wohnbebauung Oevelgönne, Hamburg
Ent.: V. Marg
Mit.: C. Pütz
- gmp 1, Karl-Krämer-Verlag Stuttgart 1978¹

101 **1975, Wettbewerb**
Regierungsdienstgebäude, Braunschweig
Ent.: M. v. Gerkan
Mit.: H.-E. Bock

102 **1975, Wettbewerb, 1. Preis**
Deutscher Ring, Hamburg
Ent.: M. v. Gerkan
Mit.: H.-E. Bock, G. Hasenberg, W. Schäfer
- Wettbewerbe aktuell 10/1975
- Deutsches Architektenblatt 6/1976
- Bauen + Wohnen 11/1976
- DBZ 9/1991
- gmp 2, DVA Stuttgart 1984¹
- Verantwortung, DVA Stuttgart 1982¹
- Idee und Modell, Ernst + Sohn Berlin 1994¹

103 **1975, Wettbewerb**
Bundesgesundheitsamt, Berlin-Marienfelde
Ent.: V. Marg
Mit.: H.-E. Bock, A. Marg
- gmp 1, Karl-Krämer-Verlag Stuttgart 1978¹

104 **1975, Wettbewerb, 1. Rang**

Flughafen München II
Ent.: M. v. Gerkan
Pa.: K. Brauer
Mit.: M. Auder, R. Henning, D. Perisic, P. Römer
- Bauwelt 5/42/1975
- Wettbewerbe aktuell 10-12/1975, 1/1977
- Baumeister 12/1975
- Bauen + Wohnen 2-3/1976, 1/1977
- Deutsches Architekblatt 5/1976
- db – deutsche bauzeitung 8/1976
- gmp 1, Karl-Krämer-Verlag Stuttgart 1978¹

105 1975
Sanierung Große Bleichen, Hamburg
Ent.: V. Marg
Mit.: J. Werner
- gmp 1, Karl-Krämer-Verlag Stuttgart 1978¹

106 1976, Wettbewerb, 2. Preis
Verwaltungsgebäude auf dem Betriebsgelände Flughafen München II
Ent.: V. Marg
Mit.: C. Korus, H. Tomhave, K. Höner
- gmp 1, Karl-Krämer-Verlag Stuttgart 1978¹

107 1976, Gutachten
Riyadh – Faculty of Inner Security
Ent.: V. Marg
Mit.: J. Werner, H. Huusmann
- gmp 1, Karl-Krämer-Verlag Stuttgart 1978¹
- Idee und Modell, Ernst + Sohn Berlin 1994¹

108 1976, Wettbewerb, 1. Preis
Flughafen Moskau
Ent.: M. v. Gerkan
Pa.: K. Brauer, K. Staratzke
Mit.: P. Römer, R. Henning
- Bauwelt 42/1977
- architektur + wettbewerbe 90/1977
- gmp 1, Karl-Krämer-Verlag Stuttgart 1978¹
- Hamburger Abendblatt 82/1983

109 1976, Wettbewerb, Version A, 1. Preis, im Bau, Version B
Flughafen Algier, Passagier-Terminal und Frachtanlage
Ent. A: M. v. Gerkan
Pa.: K. Brauer
Mit.: M. Auder, R. Henning, D. Perisic, P. Römer
- gmp 1, Karl-Krämer-Verlag Stuttgart 1978¹
- Architektur in Deutschland, Stuttgart 1979
- Neue Heimat Monatshefte 9/1979
- Baumeister 2/1979, 9/1981
- Hamburger Wirtschaft 12/1980
- Architectural Review 6/1981
- Glasforum 6/1981
- Bauwelt 10/1981
- Europäische Hefte 1/1982
- DBZ 10/1982
- SD – Space Design 11/1982, 7/1986
- Verantwortung, DVA Stuttgart 1982²
- db – deutsche bauzeitung 10/1982
- Aktuelles Bauen 6/1983
- gmp 2, DVA Stuttgart 1984¹
- Jahrbuch für Architektur 1989, Dt. Architekturmuseum, Frankfurt
- Idee und Modell, Ernst + Sohn Berlin 1994¹

110 1976, Wettbewerb, Ankauf
Verwaltungsgebäude Bauer-Verlag, Hamburg
Ent.: M. v. Gerkan
Mit.: H.-E. Bock, J. Werner, H. Huusmann
- gmp 1, Karl-Krämer-Verlag Stuttgart 1978¹

111 1976, Wettbewerb, 1. Preis
Kreishausneubau, Recklinghausen
Ent.: M. v. Gerkan
Mit.: H.-E. Bock
- Deutsches Architekblatt 7/1976
- architektur + wettbewerbe 89/1977
- gmp 1, Karl-Krämer-Verlag Stuttgart 1978¹
- Idee und Modell, Ernst + Sohn Berlin 1994¹

112 1976, Studie
Gestaltung eines Kraftwerkes
Ent.: V. Marg
Mit.: D. Meier, H. Hoppe, W. Pustolla
- gmp 1, Karl-Krämer-Verlag Stuttgart 1978¹

113 1976, Wettbewerb, 3. Preis
Postsparkassenamt, Hamburg
Ent.: V. Marg
Mit.: H.-E. Bock, H. Huusmann
- Wettbewerbe aktuell 4/1977
- Verantwortung, DVA Stuttgart 1982²
- gmp 1, Karl-Krämer-Verlag Stuttgart 1978¹

114 1976, Wettbewerb, 2. Preis
Universität Ost, Bremen
Ent.: V. Marg
Mit.: J. Werner
- Wettbewerbe aktuell 7/1976

- gmp 1, Karl-Krämer-Verlag Stuttgart 1978¹

115 1976, Wettbewerb, engere Wahl
Bildungszentrum der Bundesfinanzverwaltung, Münster
Ent.: M. v. Gerkan
Mit.: M. v. Bock
- gmp 1, Karl-Krämer-Verlag Stuttgart 1978¹

116 1976, Wettbewerb
Holstentorplatz, Lübeck
Ent.: V. Marg
Mit.: H. Huusmann
- Bauwelt 4/1977
- gmp 1, Karl-Krämer-Verlag Stuttgart 1978¹
- Idee und Modell, Ernst + Sohn Berlin 1994¹

117 1976, Wettbewerb
Kommunikationszentrum, Wiesbaden
Ent.: V. Marg
Mit.: H. Huusmann
- gmp 1, Karl-Krämer-Verlag Stuttgart 1978¹

118 1977, Gutachten, 1. Rang, fertiggestellt 1980
Bürogebäude der MAK, Kiel-Friedrichsort
Ent.: M. v. Gerkan
Pa.: K. Staratzke
Arge: Brockstedt + Discher
- gmp 2, DVA Stuttgart 1984²

119 1977, Wettbewerb, 1. Preis, fertiggestellt 1978
Gemeindehaus Ritterstraße, Stade
Ent.: V. Marg
Mit.: E. Hamer, A. Marg, U. Ruckel
- Deutsches Architekblatt 4/1977
- architektur + wettbewerbe 11/1977
- gmp 1, Karl-Krämer-Verlag Stuttgart 1978¹

120 1977, Gutachterwettbewerb, 1. Rang, fertiggestellt 1984
Polizeidienststelle Panckstraße, Berlin
Ent.: M. v. Gerkan
Mit.: M. Auder, P. Römer

121 1977, fertiggestellt 1979
Wiederaufbau der "Fabrik", Hamburg
Ent.: V. Marg
Mit.: J. Busack, M. Ebeling, G. Göb, C. Mrozek, G. Sievers
- Architektur in Deutschland, Stuttgart 1979
- Hamburger Abendblatt 23.9.1979
- Neue Heimat Monatshefte 9/1979
- Der Spiegel 17.9.1979
- Die Zeit 5.10.1979
- Bauwelt 1/2/1980, 11/1980
- Baumeister 7/1980
- DLW-Nachrichten, 10/1982
- ac – Asbestzentrum-Revue 3/1982
- Verantwortung, DVA Stuttgart 1982²
- gmp 2, DVA Stuttgart 1984²
- Summarios, Buenos Aires 7/1986
- Idee und Modell, Ernst + Sohn Berlin 1994¹

122 1977, Wettbewerb, 1. Preis, fertiggestellt 1982
Erweiterungsbau der Hauptverwaltung Otto-Versand, Hamburg
Ent.: V. Marg
Mit.: M. Ebeling, B. Gronemeyer, J. Kleiberg, R. Seifert, J. Sefl, C. Timm-Schwarz
- Deutsches Architekblatt 4/1978
- architektur + wettbewerbe 98/1979
- gmp 2, DVA Stuttgart 1984²

123 1977
HYATT-Hotel, Abu Dhabi
Ent.: M. v. Gerkan
- gmp 1, Karl-Krämer-Verlag Stuttgart 1978¹
- Idee und Modell, Ernst + Sohn Berlin 1994¹

124 1977, Wettbewerb, Sonderankauf
Verlagsgebäude Axel Springer
Ent.: M. v. Gerkan, K. Staratzke
Mit.: R. Seifert, H. Tomhave
- architektur + wettbewerbe 89/1977
- gmp 1, Karl-Krämer-Verlag Stuttgart 1978¹

125 1977, Wettbewerb, 2. Preis, fertiggestellt 1978
Kettenhäuser, Hamburg Bau 78
Ent.: K. Staratzke
- Wettbewerbe aktuell 6/1977
- Der Architekt 10/1977
- Detail 6/1978
- Deutsches Architekblatt 11/1978
- FAZ 15.12.1978
- Bauen + Wohnen 7/8/1979
- SD – Space Design 7904/1979
- Toshi-jutaku 3/1980
- Spiegel 6.7.1981
- Architecture and Urbanism 10/1982
- Verantwortung, DVA Stuttgart 1982²
- gmp 2, DVA Stuttgart 1984²
- Summarios, Buenos Aires 7/1986
- * Auszeichnung vorbildlicher Bauten

* Poroton-Architekten-Wettbew., Sonderpreis

126 1977, Wettbewerb, 2. Preis, fertiggestellt 1978
Stadthäuser, Hamburg Bau 78
Ent.: M. v. Gerkan
Pa.: H-E. Bock
- Die Zeit 18.8.1978
- Das Haus 9/1978
- Neue Heimat Monatshefte 10/1978
- Zuhause 10/1978
- Hör Zu 41/1978
- Detail 6/1978
- Deutsches Architekblatt 11/1978
- FAZ 15.12.1978
- db – deutsche bauzeitung 1/1979
- Baumeister 1/1979
- Bauen + Wohnen 7/8/1979
- Hamburger Abendblatt 27.3.1979
- Stern 21.9.1979
- e+p – Entwurf und Planung 34/1979
- SD – Space Design 7904/1979
- Die Welt 15.11.1979
- Architektur in Deutschland, Stuttgart 1979
- Toshi-jutaku 3/1980
- Verantwortung, DVA Stuttgart 1982²
- gmp 2, DVA Stuttgart 1984²
- Summarios, Buenos Aires 7/1986
- * Auszeichnung vorbildlicher Bauten
- * Poroton-Architekten-Wettbewerb, 1. Preis

127 1977, fertiggestellt 1978
Haus "G", Hamburg-Blankenese
Ent.: M. v. Gerkan
Mit.: M. Ebeling, U. Rückel, M. Stroh
- gmp 1, Karl-Krämer-Verlag Stuttgart 1978¹
- architektur + wohnen 12/1981
- e+p – Architecture und Urbanism 10/1982
- Die Kunst 2/1983
- db – deutsche bauzeitung 6/1983
- Verantwortung, DVA Stuttgart 1982²
- gmp 2, DVA Stuttgart 1984²
- Detail 1-2/1985
- Bauen mit Holz 1/1985
- Deutsches Architekblatt 4/1985
- Technique + Architecture 365/1986
- Summarios, Buenos Aires 7/1986
- Die Welt 26.9.1986
- Holzbausiedlungen, DVA Stuttgart
- Idee und Modell, Ernst + Sohn Berlin 1994¹
- * Norddeutscher Holzbaupreis 1984

128 1977, fertiggestellt 1980
Taima und Sulayyil, Saudi Arabien
Zwei neue Siedlungen in der Wüste
Ent.: M. v. Gerkan
Pa.: K. Brauer, K. Staratzke
Mit.: A. Buchholz-Berger, W. Haux, M. Ebeling, P. Sembritzki, C. Timm-Schwarz
- Bauwelt 28-30/1981
- Verantwortung, DVA Stuttgart 1982²
- Technique + Architecture 346/1983
- gmp 2, DVA Stuttgart 1984²

129 1977
Freizeitsportzentrum, Berlin
Ent.: M. v. Gerkan
Mit.: P. Römer, H. Tomhave
- gmp 1, Karl-Krämer-Verlag Stuttgart 1978¹

130 1977, Ideenwettbewerb
Quartierbebauung Uhlandstraße, Berlin
Ent.: M. v. Gerkan
Mit.: P. Römer

131 1978, Wettbewerb, 2. Preis
Alstertal Einkaufszentrum
Ent.: V. Marg
- architektur + wettbewerbe 7/1979

132 1978, Wettbewerb
Hotel Augsburger Platz, Berlin
Ent.: M. v. Gerkan, K. Staratzke
- gmp 1, Karl-Krämer-Verlag Stuttgart 1978¹

133 1978, Entwurf
Ausflugsrestaurant auf Müllberg, Lübars
Ent.: M. v. Gerkan
Mit.: P. Römer
- gmp 1, Karl-Krämer-Verlag Stuttgart 1978¹
- Idee und Modell, Ernst + Sohn Berlin 1994¹

134 1978, Wettbewerb, 1. Preis
Bundesministerium für Verkehr, Bonn
Ent.: V. Marg
Mit.: K. Bachmann, M. Bergmann
- Wettbewerbe aktuell 5/1979
- gmp 1, Karl-Krämer-Verlag Stuttgart 1978¹

135 1978, Gutachterentwurf
Sozial- und Ernährungsministerium in Stuttgart, Wulle-Gelände
Ent.: M. v. Gerkan
Mit.: S. Peters, U. Rückel, M. Ebeling, C. Timm-Schwarz

136 1978, Wettbewerb, 1. Rang
Chemie-Institut, Universität Braunschweig
Ent.: M. v. Gerkan
Mit.: H.-E. Bock, M. Stanek
- gmp 2, DVA Stuttgart 1984²

137 1978, Gutachten, 1. Rang, fertiggestellt 1980
Biochemisches Institut, Universität Braunschweig
Ent.: M. v. Gerkan mit H.-E. Bock, M. Stanek

138 1978, Wettbewerb, 3. Preis
Rathaus Mannheim
Ent.: M. v. Gerkan
Mit.: T. Tran-Viet
- Architektur in Deutschland, Stuttgart 1979
- Wettbewerbe aktuell 4/1979
- Bauwelt 16/1979, 28/1979
- architektur + wettbewerbe 1979
- a+u – Architecture and Urbanism 10/1982
- Verantwortung, DVA Stuttgart 1982²
- gmp 2, DVA Stuttgart 1984²

139 1978, Wettbewerb
Kammergericht, Berlin
Ent.: M. v. Gerkan
Mit.: P. Römer, T. Tran-Viet
- Architektur in Deutschland, Stuttgart 1979

140 1978, fertiggestellt 1983
Parkhaus Poststrasse, Hamburg
Ent.: V. Marg
Pa.: K. Staratzke
Mit.: M. Born, R. Henning, R. Seifert, P. Sembritzki
- gmp 2, DVA Stuttgart 1984²
- Bauwelt 35/1984
- L'Architecture d'Aujourd'hui 240/1985
- Summarios, Buenos Aires 7/1986
- * Bauwerk des Jahres 1983 (AIV)

141 1978, Gestaltungswettbewerb – 1. Stufe
Joachimsthaler Platz, Berlin – Der Stadtpavillon
Ent.: M. v. Gerkan
Mit.: H.-E. Bock, M. Stanek
- Architektur in Deutschland, Stuttgart 1979

142 1978, Gestaltungswettbewerb – 1. Stufe, zur Weiterarbeit empfohlen
Joachimsthaler Platz, Berlin – Das Kunstwäldchen
Ent.: M. v. Gerkan
Mit.: H.-E. Bock, M. Stanek
- gmp 2, DVA Stuttgart 1984²

143 1979, Gestaltungswettbewerb – 2. Stufe, ausgewählte Lösung
Joachimsthaler Platz, Berlin – Lichtsäule
Ent.: M. v. Gerkan
Mit.: H.-E. Bock, M. Stanek
- Verantwortung, DVA Stuttgart 1982²
- gmp 2, DVA Stuttgart 1984²

144 1978, Weltoffener Wettbewerb, 1. Preis
Pahlavi National Library, Teheran
Ent.: M. v. Gerkan mit H.-E. Bock, M. Stanek
- Baumeister 4/1978
- Bauwelt 15/1978, 45/1979
- Schweizerische Bauzeitung 20/1978
- Stern 18.5.1978
- Detail 3/1978
- Wettbewerbe aktuell 6/1978
- architektur + wettbewerbe 9/1978
- neuf 75-7/8 1978
- db – deutsche bauzeitung 11/1978, 2-3/1979
- Der Architekt 11/1978
- Domus 8/1978
- Architects 5/1978
- gmp 1, Karl-Krämer-Verlag Stuttgart 1978¹
- Verantwortung, DVA Stuttgart 1982²
- Public Design 1990
- Idee und Modell, Ernst + Sohn Berlin 1994¹

145 1978, Gutachterentwurf
Hochbahnhaus, Hamburg
Ent.: V. Marg
Mit.: M. Ebeling, S. Peters, R. Seifert

146 1979, Konkurrierendes Verfahren
Universität Oldenburg, Zentralbibliothek Hauptmensa und Sportstätten
Ent.: M. v. Gerkan
Mit.: M. Ebeling, G. Göb, B. Gronemeyer, R. Henning, S. Peters, R. Seifert, C. Timm-Schwarz
- Architektur in Deutschland, Stuttgart 1979

147 1979, Wettbewerb, ausgewählt, fertiggestellt 1984
6 Stadthäuser, IBA Berlin
Ent.: M. v. Gerkan
Mit.: M. Auder, P. Römer
- gmp 1, Karl-Krämer-Verlag Stuttgart 1978¹
- gmp 3, DVA Stuttgart 1988¹

148 1979, Wettbewerb
Museum Aachen

498

Mit.: M. Ebeling, C. Timm-Schwarz,
T. Tran-Viet
- SD - Space Design 7/1986
- Idee und Modell, Ernst + Sohn Berlin 1994¹

149 **1979, fertiggestellt 1983**
Behindertenwohnheim am Südring, Hamburg
Ent.: M. v. Gerkan
Pa.: K. Brauer
Mit.: F. Brandt, M. Mews
- gmp 2, DVA Stuttgart 1984¹

150 **1979, Internationaler Wettbewerb**
Islamisches Kulturzentrum, Madrid
Ent.: M. v. Gerkan
Mit.: H.-E. Bock, M. Stanek
- Verantwortung, DVA Stuttgart 1982²
- gmp 2, DVA Stuttgart 1984¹
- Idee und Modell, Ernst + Sohn Berlin 1994¹

151 **1979, Wettbewerb, 1. Preis**
Sportzentrum der freien Universität Berlin-Düppel-Nord
Ent.: M. v. Gerkan
Mit.: P. Römer

152 **1979, Wettbewerb, 4. Preis**
Sportzentrum der Freien Universität Berlin-Dahlem
Ent.: M. v. Gerkan
Mit.: P. Römer
- Wettbewerbe aktuell 10/1979
- gmp 2, DVA Stuttgart 1984¹

153 **1979, Wettbewerb, 4. Preis**
Kanzleigebäude an der Kirche, Hannover
Ent.: V. Marg
Mit.: M. Ebeling, V. Schindel

154 **1979, Wettbewerb**
Landeszentralbank Hessen, Frankfurt/Main
Ent.: V. Marg
Mit.: F. Brandt, M. Ebeling, T. Tran-Viet

155 **1979, Wettbewerb, Ankauf**
Valentinskamp, Hamburg
Ent.: V. Marg
Mit.: W. Haux, R. Seifert,
C. Timm-Schwarz
- Wettbewerbe aktuell 4/1980

156 **1979, Wettbewerb, 1. Preis**
Sporthallenbad, Mannheim-Herzogenried
Ent.: V. Marg
Mit.: T. Tran-Viet
- Wettbewerbe aktuell 10/1979
- db - deutsche bauzeitung 10/1979
- gmp 2, DVA Stuttgart 1984¹
- Idee und Modell, Ernst + Sohn Berlin 1994¹

157 **1979, Wettbewerb, 1. Preis**
Großsporthalle, Bielefeld
Ent.: V. Marg
Mit.: H.-H. Möller
- Wettbewerbe aktuell 3/1980

158 **1979, Wettbewerb, 1. Preis**
Gorlitzer Bad, Berlin-Kreuzberg
Ent.: V. Marg
Mit.: M. Auder, P. Römer
- Verantwortung, DVA Stuttgart 1982²
- gmp 2, DVA Stuttgart 1984¹

159 **1979, Wettbewerb, 1. Preis**
Stadt- und Sommerbad, Berlin-Spandau
Ent.: V. Marg
Mit.: M. Auder, P. Römer
- gmp 2, DVA Stuttgart 1984¹
- Verantwortung, DVA Stuttgart 1982²
- Idee und Modell, Ernst + Sohn Berlin 1994¹

160 **1979, Wettbewerb, Ankauf**
Rechenzentrum Deutsche Bank, Hamburg
Ent.: M. v. Gerkan
Mit.: M. Dittmer, S. Peters

161 **1979, Wettbewerb, Ankauf**
Stadthalle Neumünster
Ent.: M. v. Gerkan
Mit.: H.-E. Bock, M. Stanek
- gmp 2, DVA Stuttgart 1984¹

162 **1979, Wettbewerb, engere Wahl**
Landtag Nordrhein-Westfalen, Düsseldorf
Ent.: V. Marg
Mit.: H.-H. Möller

163 **1979, Wettbewerb, 1. Rang**
Vereins- und Westbank Ost-West-Straße, Hamburg
Ent.: M. v. Gerkan
Mit.: M. Dittmer, T. Tran-Viet

164 **1979, Wettbewerb, 1. Preis**
Kreisverwaltung Emsland, Meppen
Ent.: V. Marg
Mit.: E. Aksel
- gmp 2, DVA Stuttgart 1984¹

165 **1980, Wettbewerb, 2. Preis**
Gasunie, München
Ent.: V. Marg

166 **1980, Wettbewerb, 2. Preis**
Rathaus am Pferdemarkt, Oldenburg
Ent.: V. Marg
Mit.: W. Haux, M. Mews, H. Nolden, J. Sefi
- Wettbewerbe aktuell 1/1981

167 **1980, fertiggestellt 1983**
Kontorhaus Hohe Bleichen, Hamburg
Ent.: V. Marg, K. Staratzke
Pa.: K. Staratzke
Mit.: E. Braunsburger, L. Flores, W. Haux,
B. Gronemeyer, K. Maass, A. Wolter,
A. Wriedt
- gmp 2, DVA Stuttgart 1984¹

168 **1980, Wettbewerb, 5. Preis**
Bundesministerium für Arbeit und Sozialordnung, Bonn
Ent.: V. Marg
Mit.: K. Bachmann, J. Dorr
- Wettbewerbe aktuell 8/1981

169 **1980, Wettbewerb, 2. Preis**
Verwaltungsgebäude Volkswagenwerk, Wolfsburg
Ent.: V. Marg
Mit.: M. Mews, H.-H. Möller, C. Timm-Schwarz, T. Tran-Viet
- Baumeister 9/1980
- db - deutsche bauzeitung 10/1980
- architekt + wettbewerbe 107/1981
- Verantwortung, DVA Stuttgart 1982²
- gmp 2, DVA Stuttgart 1984¹

170 **1980, fertiggestellt 1981**
Renaissance-Hotel Ramada, Hamburg
Ent.: V. Marg
Pa.: K. Staratzke
Mit.: A. Buchholz-Berger, O. Dorn,
B. Kiel, H. Nolden, H. Ueda
- gmp 2, DVA Stuttgart 1984¹

171 **1980, Wettbewerb**
Colonia Hauptverwaltung, Köln-Holweide
Ent.: V. Marg
Mit.: M. Ebeling, M. Mews, T. Tran-Viet

172 **1980, BA-Wettbewerb, Ankauf**
Sternvillen, Rauchstraße, Berlin-Tiergarten
Ent.: V. Marg
Mit.: M. Ebeling, M. Mews, H.-H. Möller,
C. Timm-Schwarz, T. Tran-Viet
- gmp 2, DVA Stuttgart 1984¹
- Idee und Modell, Ernst + Sohn Berlin 1994¹

173 **1980, Wettbewerb, 1. Preis**
Stadthalle Bielefeld
Ent.: V. Marg
PI.: M. Zimmermann
Mit.: M. Ebeling, P. Kropp, S. Rimpf,
T. Rinne, P. Sembritzki
Bl.: D. Tholostowsky, H. Schröder
- gmp 2, DVA Stuttgart 1984¹
- Wettbewerbe aktuell 1/1981
- Detail 3/1981
- Deutscher Architektenblatt 9/1981,
6/1991, 9/1991
- gmp 3, DVA Stuttgart 1988¹
- Die Zeit 17.8.1990
- Schönberg Verlag, Dokumentation
Hamburg 1990
- Leonardo 1/1991
- Frankfurter Allgemeine 17.4.91
- Architecture Today 6/1991
- DBZ 9/1991
- Der Architekt 11/1991
- Architektur in Hamburg, Jahrbuch 1991
- Baumeister 4/1992
- md - Mobel interior design 9/1992
- gmp 4, DVA Stuttgart 1992²
- L'industria delle costruzioni 8/1993
- gmp, Academy Editions, London/
Ernst + Sohn Berlin 1993¹
- Bauen mit Aluminium Jahrbuch 94/95
- Baukultur 1/1994
- Idee und Modell, Ernst + Sohn Berlin 1994¹
- BDA-Preis Nordrhein-Westfalen 1992
"Bauen für die Öffentliche Hand", Anerk.

174 **1983, fertiggestellt 1991**
Stadtbahnhaltestelle Bielefeld
Ent.: M. v. Gerkan mit H.-H. Möller
- gmp 3, DVA Stuttgart 1988¹
- VTA-Profil Aug. 1991
- DBZ 9/1991
- gmp 4, DVA Stuttgart 1992²
- md - Mobel interior design 9/1992
- Arbitare 12/1992
- AD - Architectural Design 7-8/1993
- Detail 5/1993
- gmp, Academy Editions, London/
Ernst + Sohn Berlin 1993¹
- Idee und Modell, Ernst + Sohn Berlin 1994¹
- BDA-Preis Nordrhein-Westfalen 1992
"Bauen für die Öffentliche Hand", Anerk.

175 **1980, Wettbewerb, 3. Preis**
Hochschule Bremerhaven
Ent.: M. v. Gerkan

Mit.: H.-E. Bock, M. Stanek
- architektur + wettbewerbe 104/1980
- gmp 2, DVA Stuttgart 1984¹

176 **1980, Wettbewerb, 1. Preis**
Hochschule für bildende Künste, Hamburg
Ent.: C. Timm-Schwarz, T. Tran-Viet
- Wettbewerbe aktuell 8/1980
- Architektur, Stuttgart 1982
- Verantwortung, DVA Stuttgart 1982²
- gmp 2, DVA Stuttgart 1984¹
- Idee und Modell, Ernst + Sohn Berlin 1994¹

177 **1980, Wettbewerb**
Wohnen in der Friedrichstadt, Berlin
Ent.: M. v. Gerkan
Mit.: J. Friedemann, H.-H. Möller,
T. Tran-Viet

178 **1980, Wettbewerb, 1. Preis, fertiggestellt 1986, 2.BA 1993, 3. BA 1994**
Gewerbliches Berufsschulzentrum, Flensburg
Ent.: V. Marg
Pa.: K. Staratzke
Mit.: H.-E. Bock, M. Stanek, K. Krause
- Wettbewerbe aktuell 9/1980
- gmp 2, DVA Stuttgart 1984¹

179 **1980, Wettbewerb, 1. Preis, fertiggestellt 1990**
Lazarus-Krankenheim, Berlin
Ent.: V. Marg
Mit.: P. Römer
Mit.: J. Zais
- gmp 2, DVA Stuttgart 1984¹
- db - deutsche bauzeitung 5/1991
- gmp 4, DVA Stuttgart 1992²

180 **..., fertiggestellt 1992**
Lazarus-Krankenheim, Berlin Sanierung Altbau
Ent.: M. v. Gerkan
Mit.: P. Römer, J. Zais
- gmp, Academy Editions, London/
Ernst + Sohn Berlin 1993¹

181 **1980, Wettbewerb, 1. Preis, fertiggestellt 1990**
Flughafen Stuttgart
Ent.: M. v. Gerkan, K. Brauer
Pa.: K. Staratzke
Mit.: A. Buchholz-Berger, M. Dittmer,
O. Dorn, M. Ebeling, E. Grimmer,
G. Hagemeister, R. Henning, B. Kiel,
A. Lucks, M. Mews, H.-H. Möller,
D. Perisic, K.-H. Petersen, U. Porksen,
S. Rimpf, H. Thimian, C. Timm-Schwarz, T. Tran-Viet, H. Ueda,
P. Vermeulen
- Wirtschafts-Correspondent 11/1980
- architektur + wettbewerbe 104/1980
- wettbewerbe aktuell 2/1981, 9/1991
- Bauwelt 18/1981, 45/1990
- Verantwortung, DVA Stuttgart 1982²
- gmp 2, DVA Stuttgart 1984¹
- SD – Space Design 7/1986, 11/1994
- Baumeister 9/11/1986
- L'Architecture d'Aujourd'hui 4/1987,
Okt./1991
- gmp 3, DVA Stuttgart 1988¹
- Jahrbuch für Architektur 1990
Dr. Architekturmuseum, Frankfurt
- Transparentes Bauen Stahl 1990
- db - deutsche bauzeitung 11/1990
- Detail 1/1991
- SZ – Süddt. Zeitung 14.1.1991, 64/1991,
27.3.1991
- Stuttgarter Nachrichten 2.4.1991
- Public Design 1991
- Architectural Review 5/1991
- Architektenblatt 6/1991, 8/1991, 2/1992
- AIT 7/1991
- Naturstein 7/1991
- AIT 7/1991
- Glasforum 3/1991
- Stein Juli/Aug. 1991
- Lufthansa Bordbuch 4/1991
- MD – Mobel Design 8/1991
- DBZ 9/1991
- Techniques + Architecture Okt. 1991
- Merian "Stuttgart" 12/1991
- Bauen mit Stahl 68/1992
- VtA Profil 3/1992, 10/1992
- Allgemeine Bauzeitung 22.5.1992
- Leonardo 2/1992
- Report – Information. f. Architektur
und Bauwesen 11/1992
- gmp 4, DVA Stuttgart 1992²
- Architektur in Hamburg, Jahrbuch 1992
- Arquitectura Viva 29/1993
- Tidningen bygg inustri 22.1.1993
- AD – Architectural Design 63/1993
- L'industria delle costruzioni 8/1993
- Airport forum 3/1993
- Kineo 1/1993
- gmp, Academy Editions, London/

Ernst + Sohn Berlin 1993¹
- Aprire 1/1994
- Idee und Modell, Ernst + Sohn Berlin 1994¹
- Axis – World Design Journal 55/1995
- Teräsrakenne 1/1995
- Deutscher Stahlbaupreis 1992
- Deutscher Naturstein Preis 1993, Anerk.

182 **1980, Wettbewerb, Kürentwurf: 1. Preis, Pflichtentwurf: Ankauf**
Gestaltung des Römerberg-Bereichs, Frankfurt a. M.
Ent.: M. v. Gerkan
Mit.: J. Friedemann, H.-H. Möller,
T. Tran-Viet
- architektur + wettbewerbe 103/1980
- wettbewerbe aktuell 9/11/1980
- Schriftreihe des Hochbauamtes zu
Bauaufgaben d. Stadt Frankfurt 1981
- Verantwortung, DVA Stuttgart 1982²
- gmp 2, DVA Stuttgart 1984¹

183 **1980, Wettbewerb, 1. Preis**
Fleetinsel, Hamburg
Ent.: V. Marg
Mit.: W. Haux, M. Mews, J. Sefi
Mit.: A. Wohner 11/1980
- Deutsches Architektenblatt 2/1981
- wettbewerbe aktuell Juli/1981
- gmp 2, DVA Stuttgart 1984¹
- Hamburger Abendblatt 11/11/1984
- Idee und Modell, Ernst + Sohn Berlin 1994¹

184 **1980, Wettbewerb, 1. Preis, fertiggestellt 1993**
Fleetinsel - Steigenberger Hotel, Hamburg
Ent.: V. Marg mit W. Haux
Mit.: A. Boke, J. Krugmann, H. Ladewig,
R. Preuss, B. Sinnwell
- Bauwelt 2/1993
- Architektur + Wohnen 2/1993
- Idee und Modell, Ernst + Sohn Berlin 1994¹
- Architektur in Hamburg, Jahrbuch 1994
- VtA-Profil 2/1993

185 **1980, Wettbewerb, 1. Preis, fertiggestellt 1991**
Großsporthalle, Flensburg
Ent.: V. Marg mit M. Stanek
Pa.: K. Staratzke
Mit.: K. Krause
- Flensburger Nachrichten 29.8.1990
- gmp 4, DVA Stuttgart 1992²

186 **1980, Wettbewerb, 1. Preis, fertiggestellt: 1. BA 1984, 2. BA 1991**
Verwaltungsgebäude der Deutschen Lufthansa, Hamburg
Ent.: M. v. Gerkan, K. Brauer
Pa.: K. Staratzke
Mit.: M. Ebeling, B. Gronemeyer,
K. Maass, M. Mews, H.-H. Möller
- a+u - Architecture and Urbanism 11/1987
- gmp 2, DVA Stuttgart 1984¹
- gmp 3, DVA Stuttgart 1988¹

187 **1980, Wettbewerb**
Freizeithallenbad, Kiel
Ent.: M. v. Gerkan
Mit.: T. Tran-Viet

188 **1980, Wettbewerb, 1. Preis**
Max-Planck-Institut für Quantenoptik, München
Ent.: M. v. Gerkan
Mit.: M. Ebeling, T. Tran-Viet
- gmp 2, DVA Stuttgart 1984¹

189 **1980, fertiggestellt 1984**
Sportanlage Bad Schwartau
Ent.: M. v. Gerkan, K. Brauer
Mit.: M. Ebeling, W. Haux,
H.-H. Möller, T. Tran-Viet
- gmp 2, DVA Stuttgart 1984¹

190 **1980, Wettbewerb**
Rathaus Norderstedt
Ent.: M. v. Gerkan
Mit.: C. Timm-Schwarz, T. Tran-Viet

191 **1980, Wettbewerb, 1. Preis**
Sporthalle Johanneum I, Lübeck
Ent.: V. Marg
Mit.: P. Römer
- Idee und Modell, Ernst + Sohn Berlin 1994¹
- gmp 2, DVA Stuttgart 1984¹

192 **1981, Gutachten**
Sporthalle Johanneum, Lübeck
Ent.: M. v. Gerkan
Mit.: P. Römer

193 **1981, Wettbewerb, 2. Preis**
Verwaltung Kravag, Hamburg
Ent.: V. Marg
Mit.: W. Haux, H. Schmees

194 **1981, Wettbewerb, 2. Preis**
Arbeitsamt Kiel-Horn
Ent.: V. Marg
Mit.: B. Fleckenstein, W. Haux

195 **1981, Städtebauliches Gutachten**

499

196 1981, Gutachten
Fontenay, Hamburg
Ent.: V. Marg
Mit.: W. Haux, H.-H. Möller
- gmp 2, DVA Stuttgart 1984¹

197 1981, Gutachterentwurf
Hotel Lissabon
Ent.: K. Brauer
Mit.: A. Buchholz-Berger, W. Haux,
H. Möller, H. Ueda

198 1981, Planungsstudie
Housing Projekt, Abudja/Nigeria
Ent.: M. v. Gerkan
Mit.: In Zusammenarbeit mit 16 Studenten

199 1981, Vorentwurf
Nigerian Bank of Commerce and
Industry, Headquarter Abudja
Ent.: M. v. Gerkan, K. Staratzke
Mit.: S. Abbas-Hosseini, O. Dorn, L. Flores,
R. Henning, K. Maass, P. Sembritzki,
T. Tran-Viet, H. Ueda, D. Winter
- gmp 2, DVA Stuttgart 1984¹

200 1981, Wettbewerb
Stadtbibliothek, Gütersloh
Ent.: M. v. Gerkan
Mit.: J. Friedemann, G. Tjarks
- gmp 2, DVA Stuttgart 1984¹

201 1981, Wettbewerb, 1. Rang
Umbau Kieler Schloß
Ent.: V. Marg
Mit.: O. Dorn
- gmp 2, DVA Stuttgart 1984¹

**202 1981, Wettbewerb, 1. Rang,
fertiggestellt 1994**
Amtsgericht Braunschweig
Ent.: M. v. Gerkan mit H.-E. Bock,
M. Stanek, A. Buchholz-Berger
Pa.: J. Zais
Mit.: B. Breykenbushen, H.-W. Warias,
M. Skrabal, G. Wysocki
- gmp 2, DVA Stuttgart 1984¹
- Architekten- und Ingenieurverein BS
Stadt im Wandel 3/1985
- Deine Stadt - Kunst, Kultur und
Leben in BS 9/1987
- gmp 3, DVA Stuttgart 1988¹
- DBZ 9/1991
- gmp, Academy Editions, London;
Ernst + Sohn Berlin 1993¹
* Deutscher Natursteinpreis 1995, Anerk.

**203 1981, Wettbewerb, 1. Rang,
fertiggestellt 1987/1992**
Bürozentrum DAL Mainz
Ent.: M. v. Gerkan mit
J. Friedemann, G. Tjarks
Pl.: A. Sack
Mit.: R. Henning, U. Rückel
- Verantwortung, DVA Stuttgart 1982²
- db - deutsche bauzeitung 9/1983
- gmp 2, DVA Stuttgart 1984¹
- gmp 3, DVA Stuttgart 1988¹
- a+u - Architecture and Urbanism 7/1987
- Summarios, Buenos Aires 7/1986
- gmp 3, DVA Stuttgart 1988¹
- Architecture Interieure C.ée 238/1990

204 1981, Wettbewerb, 1. Preis
Wohnbebauung, Bad Schwartau
Ent.: M. v. Gerkan
Mit.: B. Fleckenstein

205 1981, fertiggestellt 1988
Wohn- und Geschäftshaus
Marktarkaden, Bad Schwartau
Ent.: M. v. Gerkan mit
J. Friedemann, G. Tjarks
- db - deutsche bauzeitung 2/1985
- a+u - Architecture and Urbanism 7/1987
- Verantwortung, DVA Stuttgart 1982²
- gmp 2, DVA Stuttgart 1984¹
- gmp 3, DVA Stuttgart 1988¹

206 1981, Wettbewerb, 1. Preis
"Black Box" – Verkaufshalle Schaulandt,
Hamburg
Ent.: V. Marg, K. Staratzke
Mit.: Otto Dorn
- Aktuelles Bauen 4/1983
- gmp 2, DVA Stuttgart 1984¹
- Idee und Modell, Ernst + Sohn Berlin 1994¹

**207 1981, Wettbewerb, ausgewählt,
fertiggestellt 1984**
Energiesparhaus, IBA Berlin
Ent.: M. v. Gerkan
Mit.: W. Auder, P. Römer
- Verantwortung, DVA Stuttgart 1982²
- IBA-Katalog 1983
- gmp 2, DVA Stuttgart 1984¹
- Bauwelt 4/1985

- Detail 5-6/1985
- Der Architekt 6/1985
- db - deutsche bauzeitung 11/1985
- Baumeister 10/1986, 5/1987
- Deutsches Architektenblatt 10/1987
- gmp 3, DVA Stuttgart 1988¹

208 1981, fertiggestellt 1988
Wohnhaus Saalgasse, Frankfurt
Ent.: M. v. Gerkan mit J. Friedemann
- gmp 3, DVA Stuttgart 1988¹
- Idee und Modell, Ernst + Sohn Berlin 1994¹

**209 1981, Wettbewerb, 1. Preis,
fertiggestellt 1985**
Hotel Plaza am Hillmannplatz, Bremen
Ent.: M. v. Gerkan
Pa.: K. Brauer, K. Staratzke
Mit.: A. Buchholz-Berger, H. Nolden,
H. Schmees, T. Tran-Viet
- Verantwortung, DVA Stuttgart 1982²
- gmp 2, DVA Stuttgart 1984¹
- Weser Kurier 22.3.1985
- Die Welt 28.3.1985, 26.9.1986
- Technique + Architecture 365/1986
- architektur + wettbewerbe 12/1987
- Public Design Jahrbuch 1990
- Hotels · Planen · Gestalten; J. Knirsch
- Idee und Modell, Ernst + Sohn Berlin 1994¹

210 1981, Wettbewerb, 2. Preis
Klinikum II, Nürnberg-Süd
Ent.: V. Marg
Mit.: M. Auder, L. Fürchtenicht,
K. Haag, P. Römer
Pa.: Tönies, Schroeter + Partner,
H. Schmees
- Wettbewerbe aktuell 8/1983

211 1981
Rama Tower Hotel, Bangkok
Ent.: M. v. Gerkan, K. Brauer
- gmp 2, DVA Stuttgart 1984¹

212 1981, Gutachten
Freizeitpark Heiligenhafen
Ent.: M. v. Gerkan
Mit.: B. Fleckenstein
- gmp 2, DVA Stuttgart 1984¹

213 1981, Wettbewerb, 2. Rang
Chemisches Institut, Universität
Braunschweig
Ent.: M. v. Gerkan
Mit.: M. Ebeling, R. Henning
- gmp 2, DVA Stuttgart 1984¹

214 1981, Projektstudie
Verbindungsbrücke für gegenüber-
liegende Reihenhäuser
Ent.: V. Marg
Mit.: W. Haux

215 1981, Wettbewerb, 4. Preis
Bundesumweltministerium, Bonn
Ent.: V. Marg
Mit.: B. Fleckenstein

**216 1981, Wettbewerb, 1. Preis,
fertiggestellt 1988**
Komplex Rose, Rheumaklinik,
Bad Meinberg
Ent.: K. Brauer
Pp.: K. Brauer
Mit.: P. Römer, H.-R. Franke, H. Ritzki,
B. Dziewonska, M. Timm
- gmp 3, DVA Stuttgart 1988¹
- AIT 11/1992
- gmp 4, DVA Stuttgart 1992¹
- gmp, Academy Editions, London;
Ernst + Sohn Berlin 1993¹

217 1981, Wettbewerb, Ankauf
Zentrale Briefamter, München
Ent.: M. v. Gerkan

218 1981
Sheraton Hotel, Berlin
Ent.: V. Marg
Mit.: M. Auder, C. Boesen,
B. Fleckenstein, P. Römer
Arge.: J. Sawade

219 1982, Projektstudie
Internationales Seerechtsgerichtshof,
Hamburg
Ent.: M. v. Gerkan
Mit.: C. Boesen, B. Fleckenstein, T. Tran-
Viet, T. Bieling, W. Haux, K. Petersen
- gmp 2, DVA Stuttgart 1984¹
- a+u - Architecture and Urbanism 1/1985,
7/1987
- gmp 3, DVA Stuttgart 1988¹
- L'Architecture d'Aujourd'hui 4/1985
- Idee und Modell, Ernst + Sohn Berlin 1994¹

220 1982, Projektstudie
Stadtmarkt Fulda
Ent.: M. v. Gerkan
Mit.: C. Boesen
- Public Design Jahrbuch 1990

- gmp 2, DVA Stuttgart 1984¹

221 1982, Entwurfsgutachten
Stollwerck-Passage, Köln
Ent.: V. Marg
Mit.: C. Boesen, M. Ebeling, H. Schmees
- gmp 2, DVA Stuttgart 1984¹

222 1982, Wettbewerb, 2. Preis
Schloßparkhotel "Orangerie", Fulda
Ent.: M. v. Gerkan
Mit.: H.-E. Bock, M. Stanek
- gmp 2, DVA Stuttgart 1984¹

223 1982, fertiggestellt 1985
Wohn- und Geschäftshaus
Grindelallee 100, Hamburg
Ent.: M. v. Gerkan, K. Staratzke
Mit.: B. Fleckenstein, P. Sembritzki,
H. Sylvester
- gmp 2, DVA Stuttgart 1984¹
- Bauwelt 42/1987
- Hamburger Abendblatt 18.7.1987
- Frankfurter Allgemeine Zeitung 3.11.1987
- Deutsches Architektenblatt 10/1987
- Werk, Bauen + Wohnen 1-2/1988
- Architectural Review 1101/1989
- L'Industria delle costruzioni 210/April 1989
- Hamburger Morgenpost 12.9.1987
- Leonardo 3/1990
- db - deutsche bauzeitung 4/1990
- Transparentes Bauen mit Stahl 1990
- Environmental Design 1990
- DBZ 9/1991
- gmp, Academy Editions, London;
Ernst + Sohn Berlin 1993¹
* Auszeichnung vorbildl. Bauten 1989, Anerk.

224 1982, fertiggestellt 1988
Fernmeldeamt, Postamt 1 und
Oberpostdirektion Braunschweig
Ent.: V. Marg, K. Staratzke
Pl.: B. Albers
Mit.: K. Maass, A. Lucks, M. Ebeling,
K. Lübbert, M. Mews, S. Pieper,
G. Tjarks, J. Friedemann
- gmp 2, DVA Stuttgart 1984¹
- Braunschweiger Zeitung 21.6.1990,
28.8.1990
- Die Bauverwaltung 9/1991
- Dr. Architektenblatt 10/1991
- DBZ 9/1991
- L'Arca 55/1991
- Stein, Bauen, Gestalten, Erhalten 10/1992
- AIT 12/1992
- L'Industria delle costruzioni 8/1993
- Granit 3/1994
- Naturstein und Architektur 1992
- gmp 4, DVA Stuttgart 1992¹
- gmp, Academy Editions, London;
Ernst + Sohn Berlin 1993¹
* BDA-Preis Niedersachsen 1991
* Natursteinpreis 1991
* Peter-Joseph-Krahe Preis 1994

225 1982, Wettbewerb, Ankauf
Deutsche Bibliothek, Frankfurt/Main
Ent.: M. v. Gerkan
Mit.: F. Friedemann, G. Tjarks
- Wettbewerbe aktuell 10/1982
- gmp 2, DVA Stuttgart 1984¹

226 1982, Wettbewerb, 1. Preis
Staats- und Universitätsbibliothek
Göttingen
Ent.: M. v. Gerkan
Mit.: M. Stanek
- gmp 2, DVA Stuttgart 1984¹
- Idee und Modell, Ernst + Sohn Berlin 1994¹

227 1982, Gutachterentwurf
Altstadtsanierung "Niederes Tor", Villingen
Ent.: W. Haux

228 1982
Abholgroßmarkt Heimann
Ent.: M. v. Gerkan
Mit.: O. Dorn

229 1982, Gutachten
Parkkonzept, Celle
Ent.: M. v. Gerkan
Mit.: W. Haux

230 1982, Städtebaulicher Gutachterentwurf
Neumarkt in Celle
Ent.: M. v. Gerkan
Mit.: B. Fleckenstein

231 1982
Victoria Versicherung AG, Berlin
Ent.: B. Fleckenstein, P. Römer

232 1982, Wettbewerb, Belobigung
Erweiterungsbau der Hamburger
Sparkasse, Hamburg
Ent.: M. v. Gerkan
Mit.: C. Boesen, A. Buchholz-Berger,
M. Ebeling, T. Tran-Viet

**233 1982, Wettbewerb 1. Stufe, qualifiziert,
Wettbewerb 2. Stufe, 2. Preis**
Verwaltungsgebäude Daimler Benz AG,
Stuttgart
Ent.: V. Marg
Mit.: M. Ebeling, M. Dittmer, W. Haux,
B. Fleckenstein, G. Kuck, S. Hedayat-Zadeh
- Wettbewerbe aktuell 6/1983
- gmp 2, DVA Stuttgart 1984¹

234 1982
Hillmannquartier, Bremen
Ent.: V. Marg
Mit.: H.-H. Möller, P. Sembritzki,
T. Tran-Viet
- gmp 2, DVA Stuttgart 1984¹

235 1983, fertiggestellt 1984
Hillmann-Garage, Bremen
Ent.: M. v. Gerkan
Pa.: K. Staratzke
Mit.: P. Sembritzki, K. Lübbert, T. Tran-Viet
- L'Architecture d'Aujourd'hui 240/1985
- architektur + wettbewerbe 10/1985
- Detail 11-12/1985
- Baumeister 12/1985
- db - deutsche bauzeitung 9/11/1986
- Domus 2/1987
- a+u - Architecture and Urbanism 7/1987
- gmp 3, DVA Stuttgart 1988¹
- Environmental Design 1990
- Weser Kurier 23.7.1991
- Deutsches Architektenblatt 3/1992
- gmp, Academy Editions, London;
Ernst + Sohn Berlin 1993¹
* BDA-Preis Bremen 1992

236 1983, Gutachten, fertiggestellt 1988
Umbau EKZ Hamburger Straße, Hamburg
Ent.: M. v. Gerkan, K. Staratzke
Mit.: B. Fleckenstein, B. Gronemeyer,
P. Sembritzki, A. Lucks, H. Sylvester

237 1983, Wettbewerb, 4. Preis
Krankenhaus Maria-Trost, Berlin
Ent.: V. Marg
Mit.: P. Römer
- gmp 2, DVA Stuttgart 1984¹

238 1983, Wettbewerb, Ankauf
Techniker Krankenkasse, Hamburg
Ent.: M. v. Gerkan
Mit.: M. Stanek
- Idee und Modell, Ernst + Sohn Berlin 1994¹

239 1983, Wettbewerb, 1. Preis
Verlagshaus Gruner + Jahr, Hamburg
Ent.: V. Marg
Mit.: M. Dittmer, B. Fleckenstein,
T. Fulda, W. Haux, H. Schmees
- db - deutsche bauzeitung 9/1983
- Bauwelt 27/1983, 22/1986
- Die Welt 12.7.1983
- Die Zeit 14.7.1983
- gmp 2, DVA Stuttgart 1984¹
- Wettbewerbe aktuell 7/1986
- SD - Space Design 7/1986
- gmp 3, DVA Stuttgart 1988¹
- Idee und Modell, Ernst + Sohn Berlin 1994¹

240 1983, fertiggestellt 1988
Wohnbebauung am Fischmarkt, Hamburg
Ent.: V. Marg
Mit.: M. Mews, W. Haux
- gmp 3, DVA Stuttgart 1988¹
- Gut Wohnen Aug. 1989
- Stern - Journal Bauen + Wohnen 39/1990
- gmp 4, DVA Stuttgart 1992¹
- d-extrakt 44/Aug. 1994
- Idee und Modell, Ernst + Sohn Berlin 1994¹

241 1983, fertiggestellt 1993
Wohnstift Augustinum, Hamburg
Ent.: V. Marg
Pa.: K. Staratzke
Mit.: K. Lübbert, B. Fleckenstein,
M. Dittmer, B. Gronemeyer,
D. Winter, K. Heckel
- gmp 3, DVA Stuttgart 1988¹
- Hamburger Abendblatt 27.7.90
2.8.1991, 11.10.1991
- Hamburger Morgenpost 25.7.1991
- Frankfurter Allgemeine Zeitung 27.9.1996
- gmp 4, DVA Stuttgart 1992¹
- gmp, Academy Editions, London;
Ernst + Sohn Berlin 1993¹
- Baumeister 9/1993
- Idee und Modell, Ernst + Sohn Berlin 1994¹

242 1984, fertiggestellt 1986
Parkhaus der OPD Braunschweig
Ent.: M. v. Gerkan
Pl.: B. Albers
Mit.: K. Maass, A. Lucks
- a+u - Architecture and Urbanism 7/1987
- Beton Prisma 53/1987
- gmp 3, DVA Stuttgart 1988¹
- gmp, Academy Editions, London;

1984, Projektstudie
Stadtinformation Hamburg
Ent.: M. v. Gerkan
Mit.: T. Fulda
- gmp 3, DVA Stuttgart 1988*

1984, Wettbewerb, 1. Preis
Wohnbauten Fontenay, Hamburg
Ent.: M. v. Gerkan mit W. Haux
Pl.: H. Huusmann

1984, Wettbewerb, 1. Preis
Eckbebauung, Quickborn
Ent.: M. v. Gerkan mit J. Zais
- gmp 3, DVA Stuttgart 1988*

1984, Wettbewerb
Filmhaus Esplanade, Berlin
Ent.: M. v. Gerkan
Mit.: A. Buchholz-Berger, M. Mews, S. v. Gerkan, P. Römer, T. Tran-Viet, M. Zimmermann
- DBZ 9/1986
- architektur + wettbewerbe 9/1986
- gmp 3, DVA Stuttgart 1988*
- Idee und Modell, Ernst + Sohn Berlin 1994*

1984, Wettbewerb, 2. Preis
Germanisches Nationalmuseum, Nürnberg
Ent.: M. v. Gerkan
Mit.: C. Boesen, B. Fleckenstein, W. Haux, M. Stanek, M. Ebeling, M. Mews
- architektur + wettbewerbe 3/1985
- SD - Space Design 7/1986
- gmp 3, DVA Stuttgart 1988*

1984, fertiggestellt 1991
Ankara Kavaklidere Komplex
Sheraton Hotel u. Einkaufszentrum
Ent.: V. Marg, K. Brauer
Mit.: K. Lübbert, W. Haux, D. Heller, F. Erkan, R. Preuss, C. Jungk, T. Bieling
- gmp 3, DVA Stuttgart 1988*
- Baumeister 4/1992
- gmp 4, DVA Stuttgart 1992*
- gmp, Academy Editions, London/Ernst + Sohn Berlin 1993*
- Idee und Modell, Ernst + Sohn Berlin 1994*

1984, Wettbewerb, engere Wahl
Kunstmuseum der Stadt Bonn
Ent.: M. v. Gerkan
Mit.: T. Bieling, A. Buchholz-Berger, M. Zimmermann
- gmp 3, DVA Stuttgart 1988*
- Idee und Modell, Ernst + Sohn Berlin 1994*

1984, Wettbewerb, 2. Preis
Realschule u. Sporthalle, Schleswig-Holstein
Ent.: S. v. Gerkan mit J. Blumer
- gmp 3, DVA Stuttgart 1988*

1984, Wettbewerb, 1. Preis, fertiggestellt 1989/1991
Justizgebäude, Flensburg
Ent.: V. Marg
Pa.: K. Brauer
Mit.: B. Fleckenstein, C. Boesen, W. Haux, K. Lübbert, S. Schliebitz, S. Pieper
- Wettbewerbe aktuell 1/1985
- gmp 3, DVA Stuttgart 1988*
- Architekten- und Ingenieurhandbuch 1991/1992
- gmp 4, DVA Stuttgart 1992*

1985, Wettbewerb, 1. Preis
Postämter 1 und 3, Hamburg
Ent.: M. v. Gerkan
Mit.: M. Stanek, T. Bieling, G. Feldmeyer, M. Mews, M. Ebeling
- Wettbewerbe aktuell 5/1986
- gmp 3, DVA Stuttgart 1988*
- gmp, Academy Editions, London/Ernst + Sohn Berlin 1993*

1985, Wettbewerb, 2. Preis
Naturkundestation Balje
Ent.: V. Marg
Mit.: T. Bieling
- Wettbewerbe aktuell 4/1985
- gmp 3, DVA Stuttgart 1988*
- Idee und Modell, Ernst + Sohn Berlin 1994*

fertiggestellt 1985
Wiederaufbau Landhaus Michaelsen als Puppenmuseum, Hamburg
Ent. 1923: K. Schneider
Wiederaufbau 1985: V. Marg, K. Lübbert, W. Rudolph
- Architektur + Wohnen 4-5/1987
- gmp 3, DVA Stuttgart 1988*

1985, Wettbewerb, 5. Preis
Bibliothek, Göttingen
Ent.: M. v. Gerkan
Mit.: M. Zimmermann, T. Tran-Viet
- Wettbewerbe aktuell 8/1985
- gmp 3, DVA Stuttgart 1988*

1985, Städtebaul. Wettbewerb, 3. Preis
Münster
Ent.: V. Marg
- Wettbewerbe aktuell 3/1986
- architektur + wettbewerbe 12/1987

257 1985, Ideenwettbewerb, 1. Preisgruppe
Stadtbücherei Münster
Ent.: M. v. Gerkan
Mit.: T. Bieling, M. Zimmermann
- gmp 3, DVA Stuttgart 1988*

258 1987, Wettbewerb 2. Stufe, Ankauf
Stadtbücherei Münster
Ent.: M. v. Gerkan
- Wettbewerbe aktuell 8/1987
- gmp 3, DVA Stuttgart 1988*

259 1985
Bauforum Hamburg
Ent.: M. v. Gerkan mit S. v. Gerkan, H.-H. Krafft, K.-D. Savadda
Pa.: M. Marg, H. Akyol
- Deutsches Architektenblatt 11/1985
- Bauen am Hafen, Baubehörde Hamburg 1985
- gmp 3, DVA Stuttgart 1988*

260 1985 und 1987, Gutachten
Raumstruktur – Bertelsmann-Verlagshaus, Gütersloh
Ent.: V. Marg
- Baumeister 10/1985

261 1985 und 1986, Projektstudien A und B
International Airport Pjöngjang, Nord-Korea
Ent.: M. v. Gerkan, K. Brauer
Mit.: T. Bieling, T. Tran-Viet, U. Welp
- L'Architecture d'Aujourd'hui 250/1987
- gmp 3, DVA Stuttgart 1988*
- Jahrbuch für Architektur 1989, Dt. Architekturmuseum, Frankfurt
- gmp, Academy Editions, London/Ernst + Sohn Berlin 1993*
- Idee und Modell, Ernst + Sohn Berlin 1994*

262 1986, Entwurf
VIP State Pavilion International Airport Pjöngjang
Ent.: M. v. Gerkan mit T. Tran-Viet
- gmp 3, DVA Stuttgart 1988*

263 1986, Wettbewerb, 1. Preis, fertiggestellt 1993
Arbeitsamt Oldenburg
Ent.: V. Marg
Pa.: K. Staratzke
Mit.: H. Huusmann, W. Haux, Y. Erkan, P. Zachrias, C. Kreusler, M. Ebeling, C. Papanikolaou
- architektur + wettbewerbe 3/1987
- Deutsches Architektenblatt 10/1988
- gmp 3, DVA Stuttgart 1988*
- Die Bauverwaltung August 1993
- VfA Profil 8/1993
- Architektur in Niedersachsen 1970–1995, Hamburg: Junius 1995*
- BDA-Preis Niedersachsen 1994, Anerk.

264 1986, Wettbewerb, ein 3. Preis
Bäckerstraße, Halstenbeck
Ent.: V. Marg
Mit.: J. Kierig, S. v. Gerkan

265 Fertiggestellt 1986
Hamburg-Vertretung in Bonn
Ent.: V. Marg, K. Staratzke
Mit.: P. Römer

266 1986, Wettbewerb, 1. Preis
Rathaus Husum
Ent.: V. Marg
Mit.: K. Lübbert, S. Schliebitz
- Wettbewerbe aktuell 7/1986
- Bauwelt 22/1986
- gmp 3, DVA Stuttgart 1988*
- Idee und Modell, Ernst + Sohn Berlin 1994*

267 1986, Wettbewerb, 2. Preis
Kümmellstraße, Hamburg
Ent.: V. Marg

268 1986, Wettbewerb
Konzertsaal für Lübeck
Ent.: V. Marg
Mit.: K. Lübbert, H. Huusmann
- gmp 3, DVA Stuttgart 1988*
- Idee und Modell, Ernst + Sohn, Berlin 1994*

269 1986, fertiggestellt 1990
Elbchaussee 139, Hamburg
Ent.: V. Marg
Mit.: J. Kierig, P. Sembritzki, S. v. Gerkan, S. v. Sievers
- Hamburger Morgenpost 12.9.1989, 1.12.1989
- Bauwelt 21/1990
- Schöner Wohnen 3/1990
- Hamburger Abendblatt 19.6.1990, 12.9.1990
- Architektur in Hamburg, Jahrbuch 1990
- Architektur u. Wissenschaft Bd. 5

- VfA-Profil 7/8/1990
- ART 4/1990
- Architectural Review 1126/Dez. 1990
- Leonardo 6/1990
- Glasforum 5/1990
- Architect's Journal Dez. 1990
- Ambienta Ispazi 1990/1991
- db - deutsche bauzeitung 2/1991
- DBZ 2/1991, 9/1991
- L'Arca 47/1991
- Abitare 7/1991
- L'Industria delle costruzioni 1/1992
- Progressive Architecture 4/1992
- gmp 4, DVA Stuttgart 1992*
- gmp, Academy Editions, London/Ernst + Sohn Berlin 1993*
- Bauwerk des Jahres 1990 (AIV)

270 1986, fertiggestellt 1994
Elbchaussee 139 – Wohnhaus von Gerkan
Ent.: M. v. Gerkan
Mit.: J. Kierig, V. Sievers, S. v. Gerkan
- Architektur + Wohnen 4/1992
- Hauser 6/1992
- gmp, Academy Editions, London/Ernst + Sohn Berlin 1993*
- Idee und Modell, Ernst + Sohn Berlin 1994*

271 – fertiggestellt 1990
Elbchaussee 139 – Le Canard
Ent.: M. v. Gerkan
Mit.: J. Kierig, V. Sievers,
- Hapers Bazaar 2/1991
- Globo Reisemagazin 8/1990
- Gastronomie + Hoteldesign 1/März 1991
- AIT 6/1991
- gmp 4, DVA Stuttgart 1992*
- gmp, Academy Editions, London/Ernst + Sohn Berlin 1993*
- Deutscher Verzinkerpreis 1993, Anerk.

272 1986, fertiggestellt 1994
Fernmeldeamt 2, OPD Hannover
Ent.: M. v. Gerkan mit K. Staratzke
Mit.: J. Zais
Mit.: G. Feldmeyer, J. Groth, S. Schütz, K. Pollex, T. Schreiber
- gmp 3, DVA Stuttgart 1988*
- DBZ 9/1991
- gmp 4, DVA Stuttgart 1992*

273 1986, Wettbewerbsentwurf
Sparkassenpassage Linz
Ent.: M. v. Gerkan mit K. Müller-Reinecke
- gmp 3, DVA Stuttgart 1988*

274 1986, Wettbewerb
Schulungs- und Rechenzentrum der Deutschen Lufthansa, Frankfurt
Ent.: M. v. Gerkan
Mit.: J. Zais, H. Potthoff
- gmp 3, DVA Stuttgart 1988*
- gmp, Academy Editions, London/Ernst + Sohn, Berlin 1993*
- Idee und Modell, Ernst + Sohn Berlin 1994*

275 1986, Wettbewerb
Museumsinsel, Hamburg
Ent.: V. Marg
Mit.: W. Haux, K. Lübbert, S. Schliebitz, S. Rupprecht
Ent. 2: M. v. Gerkan
Mit.: H. Welp, R. Koeppen, H. Polewaczyk
- gmp 3, DVA Stuttgart 1988*
- Idee und Modell, Ernst + Sohn Berlin 1994*

276 1986, Wettbewerb
Messehallen AMK, Berlin
Ent.: M. v. Gerkan
Mit.: G. Feldmeyer, T. Rinne
- gmp 3, DVA Stuttgart 1988*

277 1986, Wettbewerb, 3. Preis
Bundeskunsthalle, Bonn
Ent.: M. v. Gerkan
Mit.: J. Zais, K. Müller-Reinecke, U. Welp, T. Tran-Viet, J. Kierig, A. Buchholz-Berger, S. v. Gerkan
- SD - Space Design 7/1986
- Wettbewerbe aktuell 10/1986
- a+u - Architecture und Urbanism 7/1987
- gmp 3, DVA Stuttgart 1988*
- gmp, Academy Editions, London/Ernst + Sohn Berlin 1993*
- Idee und Modell, Ernst + Sohn Berlin 1994*

278 1986, Wettbewerb, 4. Preis
Haus der Geschichte in Bonn
Ent.: M. v. Gerkan
Mit.: K. Müller-Reinecke, J. Kierig, S. v. Gerkan
- Baumeister 1/1987
- Wettbewerbe aktuell 2/1987
- Bauwelt 5/1987

279 1986, Wettbewerb
Seca Betriebs- und Verwaltungsgebäude,

Hamburg
Ent.: M. v. Gerkan
Mit.: J. Kierig, T. Tran-Viet
- gmp 3, DVA Stuttgart 1988*

280 1986, Städtebauliche Projektstudie
Freie Universität Witten/Herdecke
Ent.: M. v. Gerkan, J. Zais
- gmp 3, DVA Stuttgart 1988*
- gmp, Academy Editions, London/Ernst + Sohn Berlin 1993*
- Idee und Modell, Ernst + Sohn Berlin 1994*

281 1986, Gutachterliche Projektstudie
Flugzeuglackierhalle der Deutschen Lufthansa, Hamburg
Ent.: M. v. Gerkan, K. Brauer
Mit.: U. Welp
- gmp 3, DVA Stuttgart 1988*
- Idee und Modell, Ernst + Sohn Berlin 1994*

282 1986, fertiggestellt 1988
"Jumbohalle" – Überholungshalle 7 der Deutschen Lufthansa, Hamburg
Ent.: M. v. Gerkan
Pa.: K. Staratzke
Pl.: M. Stanek, R. Niehoff
Mit.: M. Engel, C. Schonherr, D. Winter, W. Gust, G. Maaß
- DBZ 9/1991
- Hamburger Abendblatt 11.10.1991
- Flachglas AG – Glasarchitektur 1992
- gmp 4, DVA Stuttgart 1992*
- Jahrbuch Hamb. Architektenkammer 1992
- Centrum Jahrbuch 1993
- gmp, Academy Editions, London/Ernst + Sohn Berlin 1993*
- L'Arca 79/1994
- db - deutsche bauzeitung Sonderheft Mai 1994
- Idee und Modell, Ernst + Sohn Berlin 1994*
- Teratrakentre 1/1995
- Bauwerk des Jahres 1993 (AIV)
- Prix d'excellence 1994 Finaliste, Categorie Immobilier d'Entreprise

283 1986, fertiggestellt 1992
Werkstätten der Deutschen Lufthansa, Hamburg
Ent.: M. v. Gerkan
Arge: Pysall, Stahrenberg & Partner Kramer
Pa.: K. Staratzke
- gmp, Academy Editions, London/Ernst + Sohn Berlin 1993*
- Idee und Modell, Ernst + Sohn Berlin 1994*
- das bauzentrum 3/1994
- L'Arca 79/1994
- Fassade 6/1994

284 1989, Entwurf
Lagergebäude Lufthansa-Werft, Flughafen-Hamburg
Ent.: M. v. Gerkan
Mit.: T. Fulda
- gmp 4, DVA Stuttgart 1992*

285 1986, Wettbewerb, 1. Preis, fertiggestellt 1993
Flughafen Hamburg-Fuhlsbüttel
Ent.: M. v. Gerkan mit K. Brauer
Mit.: A. Alkuru, T. Bieling, R. Dipper, R. Franke, S. v. Gerkan, J. Hillmer, K. Hoyer, F. Merkel, M. Mews, T. Rinne, U. Schumann, C. Timm-Schwarz, P. Autzen, K.-H. Füller, W. Gust, T. Hinz, G. v. Stulpnagel
- Bauwelt 29/1986, 1-2/1991, 23/1994
- L'Architecture d'Aujourd'hui 4/1987
- a+u - Architecture und Urbanism 7/1987
- gmp 3, DVA Stuttgart 1988*
- Architectural Review Dec. 1989, Feb. 1995
- L'Arca 23/Jan. 1989, 75/Okt. 1993
- Airport 2000 11.6.1990
- Public Design Jahrbuch 1990
- Hamburger Morgenpost 12.9.1989
- Jahrbuch für Architektur 1989, Dt. Architekturmuseum, Frankfurt
- Hamburger Abendblatt 31.7.1991, 11.10.1991
- DBZ 9/1991
- BDB Bund Dt. Baumeister 6/1992
- gmp 4, DVA Stuttgart 1992*
- Dywidag Bildband 1992/1993
- Airport forum 1/1993
- FAZ 4.11.1993
- Die Zeit 19.11.1993
- SZ – Süddt. Zeitung 24.11.1993
- gmp, Academy Editions, London/Ernst + Sohn Berlin 1993*
- VfA Profil 2/1994
- AIT 3/1994, 7/8/1994
- Welt am Sonntag 12.10.1994
- Detail 2/1994
- Möbel, Raum, Design Int. 3/1994
- db - deutsche bauzeitung 3/1994
- Glasforum 3/1994

501

- PACE Interior Architecture 63/1994
- Centrum Jahrbuch 1994
- SD - Space Design 11/1994
- Architektur – Verwaltungsbau und Industriearchitektur Okt. 1994
- Glasarchitektur 1993/1994,
- Flachglas AG Gelsenkirchen 1994
- Architektur in Hamburg, Jahrbuch 1
- Axis – World Design Journal 55/1995
- Teràzrakenne 1/1995
- Balthasar Neumann Preis 1993
- Bauwerk des Jahres 1994 (AIV)
- Deutscher Architekturpreis 1995, Anerk.

286 1989, fertiggestellt 1991
Parkhaus Flughafen Hamburg-Fuhlsbüttel
Ent.: M. v. Gerkan
Pl.: K. Bauer
Mit.: K. Hoyer, U. Pörksen
- Detail 1/1991
- Stern 8/1991
- Baumeister 7/1991
- DBZ 7/1991
- AIT 12/1991
- Architektur in Hamburg, Jahrbuch 1991
- gmp 4, DVA Stuttgart 1992¹
- L'Industria delle costruzioni 1/1992
- Domus 3/1993
- Ingénieurs et architectes suisses 26/1993
- VIA Profil 2/1994
- gmp, Academy Editions, London/ Ernst + Sohn Berlin 1993⁴
- Deutscher Architekturpreis 1991
- Deutscher Verzinkerpreis 1993

287 1986, Weltoffener Wettbewerb, top 30 entries
Nationaltheater Tokio
Ent.: M. V. Gerkan
Mit.: M. Stanek, T. Tran-Viet, J. Kierig
- a+u – Architecture and Urbanism 7/1987
- Transparentes Bauen mit Stahl 1991
- gmp 3, DVA Stuttgart 1988⁴
- gmp, Academy Editions, London/ Ernst + Sohn Berlin 1993⁴
- Idee und Modell, Ernst + Sohn Berlin 1994¹

288 1986, Wettbewerb, 2. Preis
Technik III, Gesamthochschule Kassel
Ent.: M. V. Gerkan
Mit.: G. Feldmeyer, S. v. Gerkan, H. Polewaczyk
- Bauwelt 19/20/1986
- Baumeister 6/1986
- gmp 3, DVA Stuttgart 1988⁴
- Idee und Modell, Ernst + Sohn Berlin 1994¹

289 1987, Wettbewerb, 3. Preis
Polizeipräsidium Hannover
Ent.: M. V. Gerkan
Mit.: J. Kierig, S. v. Gerkan, G. Feldmeyer
- Wettbewerbe aktuell 6/1987
- gmp 3, DVA Stuttgart 1988⁴

290 1987, fertiggestellt 1989
Hillmannhaus, Bremen
Ent.: M. v. Gerkan und K. Staratzke
Mit.: D. Papendick, B. Gronemeyer, S. Dexling, A. Szablowski
- gmp 4, DVA Stuttgart 1992¹

291 1987, Wettbewerb, 5. Preis
Stadthalle Wiesloch
Ent.: M. V. Gerkan
Mit.: M. Zimmermann

292 1987, Wettbewerb, 2. Preis
Forschungs- und Lehrgebäude, Rudolf Virchow-Universitätskliniken, Berlin
Ent.: M. V. Gerkan
Mit.: G. Feldmeyer, T. Tran-Viet, C. Weinmann
- Bauwelt 3/1988
- gmp 3, DVA Stuttgart 1988⁴

293 1987, Wettbewerb, 2. Preis
Biozentrum, Frankfurt/Main
Ent.: M. V. Gerkan
Mit.: G. Ritschl, U. Welp, M. Stanek, A. Starke, A. Hamkens
- gmp 3, DVA Stuttgart 1988⁴
- Idee und Modell, Ernst + Sohn Berlin 1994¹

294 1987, fertiggestellt 1990
Ausbildungszentrum der HEW, Hamburg
Ent.: M. V. Gerkan
Mit.: H. Haussmann, P. Zacharias, M. Ebeling, C. Kreusler
- Deutsches Architektenblatt 6/1990
- Bauwelt 34/1990
- Leonardo 1/1991
- gmp 3, DVA Stuttgart 1988⁴

295 1987, Entwurfsstudie
BMW Kundenzentrum, München
Ent.: M. V. Gerkan
Mit.: G. Feldmeyer, C. Weinmann, T. Tran-Viet
- gmp 3, DVA Stuttgart 1988⁴

- gmp, Academy Editions, London/ Ernst + Sohn Berlin 1993⁴
- Idee und Modell, Ernst + Sohn Berlin 1994¹

296 1987, Ideenwettbewerb
Kleines Haus des Stadttheaters, Braunschweig
Ent.: M. V. Gerkan
Mit.: J. Kierig, S. Dexling
- gmp 3, DVA Stuttgart 1988⁴

297 1987, Gutachterentwurf
Kleiner Schloßplatz, Stuttgart
Ent.: M. v. Gerkan mit T. Tran-Viet
- Bauwelt 9/1987
- Baumeister 9/1987
- architektur + wettbewerbe 12/1987
- gmp 3, DVA Stuttgart 1988⁴

298 1987, Ideenwettbewerb, 3. Preis
Hafengestaltung Heiligenhafen
Ent.: M. V. Gerkan
Mit.: T. Bieling, S. Dexling
- gmp 3, DVA Stuttgart 1988⁴

299 1987, Entwurf für "Hörzu"
Vogelhaus
Ent.: M. V. Gerkan
- gmp 3, DVA Stuttgart 1988⁴
- Idee und Modell, Ernst + Sohn Berlin 1994¹

300 1987, Wettbewerb, Ankauf
Pfalztheater, Kaiserslautern
Ent.: M. v. Gerkan
Mit.: C. Becker, C. Großmann
- Wettbewerbe aktuell 11/1987
- gmp 3, DVA Stuttgart 1988⁴

301 1987, Wettbewerb, Ankauf
Arbeitsamt Flensburg
Ent.: M. V. Gerkan
Mit.: K. Lübbert
- Wettbewerbe aktuell 2/1988

302 1987, Ideenwettbewerb, 2. Preis
Fernmeldetürme DBP
Ent.: M. v. Gerkan mit J. Zais, U. Hassels
- gmp 3, DVA Stuttgart 1988⁴
- gmp, Academy Editions, London/ Ernst + Sohn Berlin 1993⁴
- Idee und Modell, Ernst + Sohn Berlin 1994¹

303 1987, Städtebaulicher Entwurf
Löhhof, Recklinghausen
Ent.: M. v. Gerkan, K. Staratzke
Mit.: G. Ritschl, T. Tran-Viet
- Westdeutsche Allg. Zeitung 16.1.1991
- gmp 3, DVA Stuttgart 1988⁴

304 1987, fertiggestellt 1989
Moorbek-Rondeel, Norderstedt
Ent.: M. v. Gerkan mit J. Zais, U. Hassels
- gmp 3, DVA Stuttgart 1988⁴
- L'industria delle costruzioni 210/April 1989
- Baumeister 3/1991
- DBZ 9/1991
- L'industria delle costruzioni 1/1992
- gmp, Academy Editions, London/ Ernst + Sohn Berlin 1993⁴

305 1987, Wettbewerb, fertiggestellt 1991
Saargalerie, Saarbrücken
Ent.: M. V. Marg
Mit.: H. Akyol, C. Hoffmann, H. Niehoff, J. Rind, M. Bleckmann, B. Bergfeld, B. Dorn, J. Hartmann-Pohl
- Public Design Jahrbuch 1990
- AIT 9/1992
- gmp 4, DVA Stuttgart 1992¹
- gmp, Academy Editions, London/ Ernst + Sohn Berlin 1993⁴

306 1988, Gutachten
Speichermarkt, Hamburg
Ent.: M. V. Marg
Mit.: A. Leuschner
- Architectural Review 1101/1988

307 1988, Wettbewerb, 1. Preis
Bundesministerium für Umweltschutz und Reaktorsicherheit, Bonn
Ent.: M. v. Gerkan
Pl.: M. Zimmermann
Mit.: G. Feldmeyer, D. Hillmer, A. Perlick, S. Scharbau, C. Zeis, J. Schulte
- Public Design Jahrbuch 1990
- Hermann Gutla – Unternehmen Grün, Ideen, Konzepte, Beispiele für mehr Grün in der Arbeitswelt, Callwey-Verlag, München 1990
- DBZ 9/1991
- gmp 4, DVA Stuttgart 1992¹
- Idee und Modell, Ernst + Sohn Berlin 1994¹

308 1988, Wettbewerb, 2. Preis
Bibliothek der TU Berlin
Ent.: M. V. Gerkan
Mit.: C. Weinmann, G. Feldmeyer
- gmp 4, DVA Stuttgart 1992¹

309 1988, Gutachten
"Star Site" Birmingham, International Business Exchange

Ent.: M. v. Gerkan
Mit.: H.-J. Peter
- Architecture Today 7/1990
- gmp, Academy Editions, London/ Ernst + Sohn Berlin 1993⁴

310 1988, Wettbewerb, 1. Preis, fertiggestellt 1993
EAM, Kassel
Ent.: M. V. Marg, T. Bieling
Arge: Marg + Bieling
- EAM – Haus der Energie; Vorstand der Energie AG, EAM, Kassel 1993

311 1988, Wettbewerb, 1. Preis, fertiggestellt 1993
Zürich-Haus, Hamburg
Ent.: M. V. Marg mit N. Goetze
Pl.: K. Staratzke
Mit.: M. Mews, A. Lucks, S. Lohre, T. Haupt
- FAZ 24.07.1989, 25.1.1993
- Transparentes Bauen mit Stahl 1990
- Public Design Jahrbuch 1990
- Hamburger Abendblatt 11.10.1991
- Badische Zeitung 18.8.1992
- Weser Kurier 20.8.1992
- DBZ 3/1993
- Bauwelt 7/1993
- Vision Mens 28/1992
- Bouw 25/1992
- gmp 4, DVA Stuttgart 1992¹
- AIT 10/1993
- Centrum Jahrbuch 1993
- db – deutsche bauzeitung 10/1993
- Office Design 1/1994
- Detail 2/1994
- Idee und Modell, Ernst + Sohn Berlin 1994¹
- Junge Architektur März 1995
- Deutscher Verzinkerpreis 1993, Anerk.

312 1988, Wettbewerb, 1. Rang, fertiggestellt 1993
Salamander, Berlin
Ent.: M. V. Marg
Mit.: J. Rind, M. Bleckmann, P. Römer, S. Zittlau-Kroos
- gmp 4, DVA Stuttgart 1992¹
- Berliner Morgenpost Jan. 1991
- Petra 2/1993
- Architektur in Berlin Jahrbuch 1993/94
- VIA-Profil 1/1995
- gmp, Academy Editions, London/ Ernst + Sohn Berlin 1993⁴
- BDA-Preis Berlin 1992

313 1988, Wettbewerb, 4. Preis
Verwaltungsgebäude Schering AG, Berlin
Ent.: M. V. Gerkan
Mit.: G. Feldmeyer, C. Weinmann
- gmp 4, DVA Stuttgart 1992¹

314 1988, Wettbewerb, 1. Preis
Deutsches Historisches Museum, Berlin
Ent.: M. V. Gerkan
Mit.: M. Stanek, A. Buchholz-Berger, G. Feldmeyer, T. Rinne, J. Kierig, M. Ebeling
- Bauwelt 7/1993
- Architektur + Wohnen 2/1993
- L'Arca 30/1990
- gmp, Academy Editions, London/ Ernst + Sohn Berlin 1993⁴
- Idee und Modell, Ernst + Sohn Berlin 1994¹

315 1988, Wettbewerb
Deutsches Luftfahrtmuseum, München-Oberschleißheim
Ent.: M. V. Gerkan
Mit.: M. Zimmermann, G. Staack, M. Ebeling, T. Fulda

316 1988, Wettbewerb, 1. Preis, in Planung
Bahnhofsvorplatz, Koblenz
Ent.: M. v. Gerkan mit T. Tran-Viet, M. Ebeling
Arge: Amorelli, Sembritzki, Tran-Viet
- Public Design Jahrbuch 1990

317 1988 Wettbewerb, 2. Preis
Parkhaus, Paderborn
Ent.: M. V. Gerkan
Mit.: C. Weinmann

318 1988, Studie, fertiggestellt 1993
Bank- und Geschäftshaus Brodschrangen Bäckerstraße, Hamburg
Ent.: M. V. Marg, K. Staratzke mit S. Krause
Mit.: D. Winter, C. Hegel, J. Kalkbrenner, K. Bonk, S. Dexling, P. Sembritzki
- gmp 4, DVA Stuttgart 1992¹
- Idee und Modell, Ernst + Sohn Berlin 1994¹

319 1988, Wettbewerb, 2. Preis
Neue Orangerie, Herten
Ent.: M. V. Marg
Mit.: H. Akyol, C. Hoffmann, J. Rind

320 1988, Wettbewerb, 1. Preis
Störgang, Itzehoe

Ent.: V. Marg
Mit.: N. Goetze

321 1988, fertiggestellt 1991
Stadtzentrum Schenefeld
Ent.: V. Marg, K. Staratzke
Pl.: B. Gronemeyer, A. Leuschner
Mit.: K.-H. Behrendt, S. Bohl, G. Feldmeyer, U. Gänsicke, T. Grotzeck, K. Dorn
- Hamburger Morgenpost 11.10.1991
- Elbe Wochenblatt 23.1.1991
- VfA Profil 9/1992
- Architektur in Hamburg, Jahrbuch 1992
- gmp, Academy Editions, London/ Ernst + Sohn Berlin 1993⁴
- AIT 3/1994

322 1988, fertiggestellt 1994
Galeria Duisburg
Ent.: V. Marg
Mit.: M. Stanek, K. Krause, C. Zeis, T. Grotzeck, J. Brandenburg, H. Ladewig, E. Höhler
- gmp 4, DVA Stuttgart 1992¹
- gmp, Academy Editions, London/ Ernst + Sohn Berlin 1993⁴
- Idee und Modell, Ernst + Sohn Berlin 1994¹

323 1989, Wettbewerb, 2. Preis
Freizeitbad, Wyk auf Föhr
Ent.: M. V. Marg
Mit.: T. Tran-Viet

324 1989, Wettbewerb, 3. Preis
Deutsche Bundesbank, Frankfurt/Main
Ent.: M. V. Marg
Mit.: C. Weinmann, V. Sievers,
- gmp 4, DVA Stuttgart 1992¹

325 1989, Wettbewerb, 3. Preis
Internationales Seerechtsgerichtshof, Hamburg
Ent.: M. V. Marg
Mit.: C. Weinmann, H. Büttner, C. Zeis, A. Buchholz-Berger
- wettbewerbe aktuell 1/1990
- gmp 4, DVA Stuttgart 1992¹
- gmp, Academy Editions, London/ Ernst + Sohn Berlin 1993⁴
- Idee und Modell, Ernst + Sohn Berlin 1994¹

326 1989, Gutachten
Hertie Center Altona, Hamburg
Ent.: M. V. Marg
Mit.: J. Jobps, R. Schröder, S. Winter, D. Heller, D. Vollrath
- Public Design Jahrbuch 1990

327 1989, fertiggestellt 1991
Wohn- u. Geschäftshaus Matzen, Buchholz
Ent.: M. Zimmermann mit H.-J. Peter
Mit.: A. Perlick, K.-H. Schneider-Kropp, C. Richarz, V. Sievers
- gmp 4, DVA Stuttgart 1992¹

328 1989, Wettbewerb, 1. Preis
Landesbaupark-Kasse Württemberg, Stuttgart
Ent.: M. V. Marg
- gmp 4, DVA Stuttgart 1992¹

329 1989, fertiggestellt 1994
Schaarmarkt, Hamburg
Ent.: M. V. Marg
Mit.: D. Hillmer, Y. Erkan, H. Huusmann
- gmp 4, DVA Stuttgart 1992¹
- Architektur in Hamburg, Jahrbuch 1994

330 1989, Wettbewerb, 1. Preis
Wohnpark Falkenstein, Hamburg
Ent.: M. V. Marg
Mit.: V. Sievers, H. Büttner

331 1989, Wettbewerb, 1. Preis
Kunstmuseum und Stadtverwaltung Wolfsburg
Ent.: M. V. Marg
Mit.: V. Sievers
- gmp 4, DVA Stuttgart 1992¹

332 1989, Wettbewerb, Norderstedt
Sternhäuser, Norderstedt
Ent.: M. v. Gerkan mit J. Zais, U. Hassels
Mit.: U. Wibilshauser, V. Warneke, D. Engeler, T. Böhm

333 1989, Wettbewerb, 4. Preis
documenta Ausstellungshalle, Kassel
Ent.: M. V. Marg
Mit.: V. Sievers, H. Büttner, C. Weinmann
- gmp 4, DVA Stuttgart 1992¹
- Idee und Modell, Ernst + Sohn Berlin 1994¹

334 1989, Jan., fertiggestellt 1989, Aug.
Innenhofüberdachung – Museum für Hamburgische Geschichte, Hamburg
Ent.: V. Marg
Mit.: K. Lübbert
Pa.: J. Schlaich
- Stern 20.9.1990
- Transparentes Bauen mit Stahl 1990
- Domus 719/Sept.1990

- Techniques + Architecture 8/9/1990
- Public Design Jahrbuch 1990
- VfA-Profil Juni 1990
- db - deutsche bauzeitung 1/1990, 7/1990, 5/1991
- Detail 1/1991
- Environmental Design 1990
- Techn. Leitfaden - Glas am Bau 1990 BDA
- L'Architecture d'Aujourd'hui 9/1991
- Baumeister 11/1990
- Stahl und Form 1992
- L'Industria delle costruzioni 8/1993
- Feuerzinken 3/1993
- gmp, Academy Editions, London/ Ernst + Sohn Berlin 1993⁵
- Teracrakenne 1/1995
- Mies-van-der-Rohe-Preis 1990

1989, Wettbewerb
International Forum, Tokyo
- Ent.: M. v. Gerkan
- Mit.: C. Weinmann, V. Sievers, H. Büttner, A. Buchholz-Berger
- DBZ 1/1991
- gmp 4, DVA Stuttgart 1992¹
- gmp, Academy Editions, London/ Ernst + Sohn Berlin 1993⁵

1989, Wettbewerb, 3. Preis
Konzerthalle, Dortmund
- Ent.: M. v. Gerkan
- Mit.: V. Sievers, M. Zimmermann, S. Rimpf, T. Rinne, J. Schulte

1989, Wettbewerb, 2. Preis
Erweiterung "Städtische Union", Celle
- Ent.: M. v. Gerkan
- Mit.: C. Weinmann

1989, Wettbewerb, 1. Preis, fertiggestellt 1991
Carl-Bertelsmann-Stiftung, Gütersloh
- Ent.: V. Marg
- Pl.: H. Schröder, M. Zimmermann
- Mit.: H. Akyol, J. Jöbsch, R. Schröder, J. Schulte
- DBZ 10/1991
- Technik am Bau 8/1992
- AIT 10/1992
- gmp 4, DVA Stuttgart 1992¹
- gmp, Academy Editions, London/ Ernst + Sohn Berlin 1993⁵

1989, Gutachten
Netzbetriebsstation der Preussen-Elektra, Hannover
- Ent.: M. v. Gerkan
- Mit.: B. Kreykenbohm, J. Zais, D. Schaffler, S. Schulte
- gmp 4, DVA Stuttgart 1992¹

1989, Wettbewerb
Bahnhof Nordstedt-Mitte
- Ent.: M. v. Gerkan
- Mit.: G. Staack, B. A. Schwemer

1989, Wettbewerb, 3. Preis
Fernsehmuseum, Mainz
- Ent.: M. v. Gerkan
- Mit.: H. Büttner
- wettbewerbe aktuell 5/1990
- DBZ 7/1991
- gmp 4, DVA Stuttgart 1992¹

1989, Wettbewerb, 2. Preis
VIP Empfangsgebäude, Köln-Wahn
- Ent.: M. v. Gerkan
- Mit.: V. Sievers
- Broschüre des Bundesministeriums für Verteidigung
- gmp 4, DVA Stuttgart 1992¹
- gmp, Academy Editions, London/ Ernst + Sohn Berlin 1993⁵

1989, Wettbewerb
Flughafen Paderborn
- Ent.: M. v. Gerkan
- Mit.: H. Büttner
- gmp 4, DVA Stuttgart 1992¹
- Idee und Modell, Ernst + Sohn Berlin 1994⁷

1989, Wettbewerb
Bank- und Verwaltungszentrum an Hauptbahnhof, Kiel
- Ent.: M. v. Gerkan
- Mit.: M. Stanek, C. Weinmann, S. Schliebitz
- gmp 4, DVA Stuttgart 1992¹

1989, fertiggestellt 1992
S-Bahnhof, Flughafen Stuttgart
- Ent.: K. Staratzke
- Mit.: D. Perisic, B. Kiel

1989, Realisierungswettbewerb, 4. Preis
Bibliothek der Christian Albrecht Universität, Kiel
- Ent.: V. Marg mit S. Jöbsch

Mit.: S. Schliebitz, A. Buchholz-Berger

347 1989, Städtebau. Wettbewerb, 5. Preis
Ausbau Christian-Albrecht-Universität, Kiel
- Ent.: V. Marg mit S. Jöbsch
- Mit.: S. Schliebitz, A. Buchholz-Berger

348 1989, Wettbewerb, 5. Preis
Zürich Haus, Frankfurt/Main
- Ent.: V. Marg
- Mit.: H. Nienhoff, C. Hoffmann

349 1989, Wettbewerb, 2. Preis
Königsgalerie, Kassel
- Ent.: V. Marg
- Mit.: N. Goetze, K. Lübbert

350 1989/1993, in Planung
Harburger Hof, Hamburg
- Ent.: V. Marg, K. Staratzke, K. Duncker

351 1990, Gutachterentwurf
Bürohauserweiterung Deutscher Ring, Hamburg
- Ent.: M. v. Gerkan
- Mit.: N. Goetze, S. Scharbau, V. Sievers, H. Büttner
- gmp 4, DVA Stuttgart 1992¹
- Idee und Modell, Ernst + Sohn Berlin 1994⁷

352 1990, Wettbewerb, 5. Preis
Deichtor + Ericusspitze, Hamburg
- Ent.: M. v. Gerkan
- Mit.: H. Akyol, M. Schröder
Bauwelt 36/1990
- wettbewerbe aktuell 11/1990

353 1990, Wettbewerb, 2. Preis
Kehrwiederspitze - Sandtorhafen, Hamburg
- Ent.: V. Marg
- Mit.: H. Akyol, M. Bleckmann, J. Hartmann-Pohl, C. Tibi, A. Leuschner, R. Schröder,
- Bauwelt 46/1990
- gmp 4, DVA Stuttgart 1992¹
- gmp, Academy Editions, London/ Ernst + Sohn Berlin 1993⁵

354 1990, Wettbewerb
Bürogebäude am Mittelweg, Hamburg
- Ent.: V. Marg
- Mit.: W. Haux, S. Jöbsch, R. Schröder, S. Winter
- gmp 4, DVA Stuttgart 1992¹

355 1990, Wettbewerb, 1. Preis, fertiggestellt 1994
Deutsche Revision, Frankfurt/Main
- Ent.: M. v. Gerkan
- Pa.: K. Staratzke
- Pl.: A. Buchholz-Berger
- Mit.: M. Stanek, K. Krause, G. Hagemeister, J. Kaufhold, R. Maass, B. Meyer, M. Engel, M. Hoffmann, E. Grimmer
- DBZ 4/1992
- gmp 4, DVA Stuttgart 1992¹
- gmp, Academy Editions, London/ Ernst + Sohn Berlin 1993⁵
- Idee und Modell, Ernst + Sohn Berlin 1994⁷
- C & L Deutsche Revision - Bürogebäude Heddernheim, C & L, Deutsche Revision AG, Frankf. 1995
- DBZ 9/1995

356 1990, im Bau
Geschäftshaus Neuer Wall 43, Hamburg
- Ent.: V. Marg mit G. Nissen, H. Schulz
- Pa.: K. Staratzke
- Mit.: S. Jöbsch, R. Schröder
- gmp 4, DVA Stuttgart 1992¹

357 1990, Wettbewerb, 1. Preis, fertiggestellt 1994
Musik- und Kongreßhalle, Lübeck
- Ent.: M. v. Gerkan mit C. Weinmann
- Pl.: T. Rinne, W. Haux
- Mit.: V. Sievers, M. Klostermann, B. Groß, C. Kreusler, K.-H. Behrendt, P. Kropp
- Lübecker Nachrichten 13.5.1990, 1.2.1991
- wettbewerbe aktuell Sonderheft 5/7/1990, 9/1994
- Dt. Architektenblatt 9/1990
- gmp 4, DVA Stuttgart 1992¹
- gmp, Academy Editions, London/ Ernst + Sohn Berlin 1993⁵
- Idee und Modell, Ernst + Sohn Berlin 1994⁷
- Ideen, Entwürfe, Modelle - Die Musik- u. Kongreßhalle (MUK), M. v. Gerkan, gmp, Overbeck-Ges. Lübeck 1994
- Bauwelt 6/1995
- L'Arca 91/May 1995
- architektur Mai 1995
- Glasforum 2/1995
- Architektur in Hamburg, Jahrbuch 1995

358 1990, fertiggestellt 1994
Hypo-Bank Hamburg - "Graskeller"
- Ent.: V. Marg

Mit.: J. Kalkbrenner, B. Staber, R. Schmitz, K. Steinfatt
- DBZ 3/1994
- AIT 12/1994
- Architektur in Hamburg, Jahrbuch 1995

359 1990, Wettbewerb, 1. Preis, in Planung
Wohnpark Neukirchstraße, Hamburg Niensteden
- Ent.: M. v. Gerkan mit J. Zais
- Mit.: U. Wiblishauser, H. Eustrup, D. Engeler, A. Reich, J. Köpke

360 1990, Wettbewerb, 1. Preis
Technologiezentrum Münster
- Ent.: M. Teherani

361 1990, Wettbewerb, 2. Preisgruppe
Akropolis Museum, Athen
- Ent.: M. v. Gerkan
- Mit.: H. Büttner, K. Voß
- Ministry of Culture, Greece Juni 1991
- DBZ 3/1991
- gmp 4, DVA Stuttgart 1992¹
- Idee und Modell, Ernst + Sohn Berlin 1994⁷

362 1990, Entwurf
Große Elbstraße, Carsten-Rehder-Straße, Hamburg
- Ent.: V. Marg
- Mit.: A. Leuschner, R. Schröder
- gmp 4, DVA Stuttgart 1992¹

363 1990, Wettbewerb, 2. Preis
Münsterlandhalle, Münster
- Ent.: V. Marg
- Mit.: M. Bleckmann, J. Hartmann-Pohl, C. Tibi
- wettbewerbe aktuell 11/1990

364 1990, Entwurf
Hotel Palace au Lac, Lugano
- Ent.: M. v. Gerkan
- Mit.: H. Büttner, K. Voß
- gmp 4, DVA Stuttgart 1992¹
- Idee und Modell, Ernst + Sohn Berlin 1994⁷

365 1990, Wettbewerb, 3. Preis
"Zementfabrik", Bonn
- Ent.: M. v. Gerkan
- Mit.: H. Büttner, K. Voß
- gmp 4, DVA Stuttgart 1992¹
- gmp, Academy Editions, London/ Ernst + Sohn Berlin 1993⁵
- Idee und Modell, Ernst + Sohn Berlin 1994⁷

366 1990, Wettbewerb, 2. Preis
Neue Straße, Ulm
- Ent.: M. v. Gerkan
- Mit.: K. Voß, V. Sievers
- gmp 4, DVA Stuttgart 1992¹
- gmp, Academy Editions, London/ Ernst + Sohn Berlin 1993⁵
- Idee und Modell, Ernst + Sohn Berlin 1994⁷

367 1990, Gutachten
Hauptbahnhof Duisburg
- Ent.: M. v. Gerkan
- Mit.: K. Voß, H. Büttner, B. K. Schroeder

368 1990, fertiggestellt 1991
Miro-Datensysteme, Braunschweig
- Ent.: M. v. Gerkan
- Pl.: J. Hassels, J. Zais
- Mit.: W. Gebhardt, U. Kittel, H. Thomsen
- gmp 4, DVA Stuttgart 1992¹
- Braunschweiger Zeitung 21.1.1992
- Neue Zürcher Zeitung 20.3.1992
- Bauwelt 25/1992
- Leonardo 2/1992
- Bauen und Leben in Niedersachsen VWAT-Verlag 1992
- DBZ 11/1992
- Bauingenieur 12/1992
- L'Arca 74/1993
- Glasforum 5/1993
- gmp, Academy Editions, London/ Ernst + Sohn Berlin 1993⁵
- Industriebau 1/1995
- FAZ 6.1.1995
- Idee und Modell, Ernst + Sohn Berlin 1994⁷
- Architektur in Niedersachsen 1970-1995, Hamburg: Junius 1995
- BDA-Preis Niedersachsen 1994
- Peter-Joseph-Krahe Preis 1994
- Constructec-Preis 1994, Anerk.

369 1990, Wettbewerb, 1. Preis, in Planung
Volkshochschule und Stadtbücherei, Heilbronn
- Ent.: V. Sievers
- Mit.: H. Eustrup, H. Ueda, K. Krause
- Wettbewerbe aktuell 3/1991
- DBZ 9/1991
- gmp 4, DVA Stuttgart 1992¹
- gmp, Academy Editions, London/ Ernst + Sohn Berlin 1993⁵

Ernst + Sohn Berlin 1993⁵

370 1990, Projektstudie
Airport-Center, Flughafen Hamburg-Fuhlsbüttel
- Ent.: M. v. Gerkan, K. Brauer
- gmp 4, DVA Stuttgart 1992¹
- gmp, Academy Editions, London/ Ernst + Sohn Berlin 1993⁵

371 1990, Projektstudie
Aero-City, Flughafen Stuttgart
- Ent.: M. v. Gerkan
- Mit.: H. Büttner

372 1990, Projektstudie
Bürozentrum, Neuss-Hammfeld
- Ent.: M. v. Gerkan
- Mit.: K. Schroeder
- Idee und Modell, Ernst + Sohn Berlin 1994⁷

373 1990, fertiggestellt 1994
Hillmann-Eck, Bremen
- Ent.: M. v. Gerkan, K. Staratzke, K. Voß
- M. Porsch
- gmp 4, DVA Stuttgart 1992¹
- L'Industria delle costruzioni 8/1993
- Idee und Modell, Ernst + Sohn Berlin 1994⁷

374 1990, Wettbewerb
Pressehaus Bertelsmann, Berlin
- Ent.: V. Marg
- Mit.: H. Akyol

375 1991, Wettbewerb, in Planung
Quartier 203 - Friedrichstraße/ Leipziger Straße, Berlin
- Ent.: V. Marg
- Mit.: J. Rind, J. Hartmann-Pohl, C. Hoffmann

376 1991, Wettbewerb
Max-Planck-Institut für Mikrobielle Ökologie, Bremen
- Ent.: M. v. Gerkan
- Mit.: K. Schroeder, K. Lenz
- gmp 4, DVA Stuttgart 1992¹
- Idee und Modell, Ernst + Sohn Berlin 1994⁷

377 1990, fertiggestellt 1991
Café Andersen - EKZ Hamburger Straße, Hamburg
- Ent.: K. Staratzke
- Pa.: K. Staratzke
- Mit.: F. Sembritzki, O. Brück
- Hamburger Abendblatt 1.3.1991
- Balex Magazin 7/8/1991
- Hapers' Bazaar 8/1991
- DBZ 9/1991
- gmp 4, DVA Stuttgart 1992¹
- Idee und Modell, Ernst + Sohn Berlin 1994⁷

378 1990/1991, Gutachten und Strukturstudie
Parkstadt am Rhein, Speyer
- Ent.: V. Marg
- Mit.: J. Rind

379 1991, Wettbewerb, 1. Preis, fertiggestellt 1995
Deutsch-Japanisches Zentrum, Hamburg
- Ent.: M. v. Gerkan
- Pa.: K. Staratzke
- Mit.: H. Büttner, K. Voß, R. Niehoff
- DBZ 3/1994
- L'Arca März 1994
- Office Design 1/1994
- Idee und Modell, Ernst + Sohn Berlin 1994⁷
- FAZ 10.5.1995
- Tegl 3/1995

380 1991, Wettbewerb, Ankauf
Kaufmännische Krankenkassen, Hannover
- Ent.: M. v. Gerkan
- Mit.: M. Stanek
- gmp, Academy Editions, London/ Ernst + Sohn Berlin 1993⁵
- Idee und Modell, Ernst + Sohn Berlin 1994⁷

381 1991, Gutachten, in Planung
Büro- und Geschäftshaus Friedrichstraße 108/Johannisstraße, Berlin
- Ent.: V. Marg
- Mit.: C. Hoffmann, C. Hasskamp
- Foyer Dez. 1991

382 1991, Wettbewerb, Ankauf
Bahnhof "Rosenstein" und "Nordbahnhof", Stuttgart
- Ent.: M. v. Gerkan
- Mit.: H. Büttner
- db - deutsche bauzeitung 6/1991
- Bauwelt 33/1994

383 1991, Gutachten
Elbuferbebauung, Dresden
- Ent.: M. v. Gerkan
- Mit.: K. Schroeder, K. Lenz
- DBZ 9/1991
- gmp 4, DVA Stuttgart 1992¹
- Idee und Modell, Ernst + Sohn Berlin 1994⁷

384 1991, Projektstudie

503

Gewerbekomplex in Braunschweig
Ent.: J. Zais
Mit.: S. Schütz, D. Schäffler
385 **1991, Wettbewerb**
BeWoGe – Berlin, Otto-Suhr-Allee,
Berlin
Ent.: M. v. Gerkan
386 **1991, im Bau**
Einkaufszentrum Wilhelmshaven
Ent.: V. Marg
Pa.: K. Staratzke
Pl.: V. Sievers
Mit.: H. Eustrup, M. Lucht, R. Schmitz,
K. Heckel, G. Gullotta, K. Krause
- Idee und Modell, Ernst + Sohn Berlin 1994¹
387 **1991, Wettbewerb**
European Trade Centre, Braunschweig
Ent.: M. v. Gerkan mit J. Zais, W. Gebhardt
Mit.: S. Trilling, U. Wibilshauser
388 **1991, Wettbewerb, 1. Preis**
EKZ Langenhorn-Markt, Hamburg
Ent.: V. Marg
Mit.: V. Sievers, K. Schroeder, K. Lenz
- gmp 4, DVA Stuttgart 1992¹
389 **1991, Wettbewerb, 1. Rang, in Planung**
Platz der Republik, Frankfurt/Oder
Ent.: M. v. Gerkan
Mit.: V. Sievers, A. Czerner, K. Schroeder
- Centrum – Jahrbuch f. Architektur
und Stadt 1994
- gmp 4, DVA Stuttgart 1992¹
390 **1991, Wettbewerb, 1. Rang, in Planung**
Hansetor, Hamburg-Bahrenfeld
Ent.: M. v. Gerkan
Mit.: K. Schroeder, K. Lenz
- gmp 4, DVA Stuttgart 1992¹
391 **1991, Gutachten, 1. Rang, in Planung**
Calenberger Neustadt, Hannover
Ent.: V. Marg
Mit.: T. Rinne, M. Klostermann,
K. Voß, K. Schroeder, K. Lenz
- gmp 4, DVA Stuttgart 1992¹
392 **1991, Wettbewerb, 2. Preis**
Krefeld Süd II
Ent.: V. Sievers, R. Schröder
- wettbewerbe aktuell 9/1991
- gmp 4 DVA Stuttgart 1992¹
393 **1991, Wettbewerb 1. Stufe, 2. Preis,
Wettbewerb 2. Stufe, 1. Rang**
Altmarkt Dresden
Ent.: M. v. Gerkan
Mit.: H. Büttner, K. Voß
- wettbewerbe aktuell 6/1991
- Die Zeit 31/1991
- Die Union 16.9.1991
- Sächsische Zeitung 14./15.9.1991
- FAZ 16.12.1991
- Bauwelt 18/6.1992
- Baumeister 5/1991
- architektur + wettbewerbe Dez. 1991
- Immobilien-Manager Dez. 1991
- Berliner Morgenpost 2.2.1992
- Der Spiegel 29/1992
- gmp 4, DVA Stuttgart 1992¹
- Architese 7/1993
- gmp 4, Academy Editions, London/
 Ernst + Sohn Berlin 1993¹
- Idee und Modell, Ernst + Sohn Berlin 1994¹
394 **1991, Wettbewerb, Ankauf**
Staatliches Museum des 20. Jahrhunderts,
Nürnberg
Ent.: M. v. Gerkan
Mit.: H. Eustrup
- wettbewerbe aktuell 1/1992
395 **1991, Gutachten, 2. Preis**
Gewerbepark Hafen Münster
Ent.: V. Marg
Mit.: M. Bleckmann, H. Akyol
396 **1991, Gutachten**
Salamanderhaus Peterstraße/
Thomaskirchhof, Leipzig
Ent.: V. Marg
Mit.: M. Pohl
397 **1991, Gutachten**
Büro- und Geschäftshaus Rosenthaler-
straße, Berlin
Ent.: V. Marg
Mit.: C. Hoffmann
398 **1991, Wettbewerb, 2. Preis**
Marina Herne
Ent.: M. v. Gerkan
Mit.: K. Schroeder, K. Lenz
- gmp 4, DVA Stuttgart 1992¹
399 **1991, in Planung**
Einkaufszentrum Mühlheim
Ent.: V. Marg
Mit.: J. Rind, H. Akyol, C. Hasskamp
Arge: Rohde, Kellermann, Wawroski
400 **1991, Städtebauliches Gutachten**
Bürotürme, Frankfurt/Main

Ent.: V. Marg
Mit.: B. Bergfeld, F. Kolatan
- Idee und Modell, Ernst + Sohn Berlin 1994¹
401 **1991, Wettbewerb, 1. Preis, in Planung**
Bürozentrum Am Zeppelinstein,
Bad Homburg
Ent.: V. Marg
Mit.: M. Bleckmann, A. Kersig, C. Hoffmann,
M. Tewes, J. Hartmann-Pohl, C. Tibi,
F. Lensing, M. Ziemons
402 **1991, Wettbewerb**
Süllbergterrassen, Hamburg-Blankenese
Ent.: V. Marg
Mit.: J. Hartmann-Pohl,
M. Bleckmann, H. Akyol
403 **1991, Städtebauliches Gutachten**
Stadtteilzentrum Connewitzer Kreuz,
Leipzig
Ent.: V. Marg
Mit.: J. Rind, J. Hartmann-Pohl
404 **1991, in Planung**
Bei St. Annen/Holländischer Brook,
Hamburg
Ent.: V. Marg
Mit.: R. Schröder
405 **1991, Wettbewerb, 2. Preis**
Hafenbahnhof Süderelbe, Hamburg
Ent.: V. Marg
Mit.: R. Schröder, S. Jöbsch
406 **1991, im Bau**
Internationaler Wettbewerb, 1. Rang
Neue Messe, Leipzig
Ent.: V. Marg mit H. Nienhoff
Mit.: gmp-Team
- Bauwelt 27/1992
- Baumeister 7/1992
- FAZ 12.11.1992
- AIT 9/1994
- gmp 4, Academy Editions, London/
 Ernst + Sohn Berlin 1993¹
- MDZ 15.4.1994
- DBZ 10/1994
- Idee und Modell, Ernst + Sohn Berlin 1994¹
- VfA-Profil 3/1995
- Axis – World Design Journal 55/1995
- db – deutsche bauzeitung 5/95
407 **1992, Wettbewerb**
Volkshochschule Koblenz
Ent.: M. v. Gerkan
Arge: Amorelli, Sembritzki, Tran-Viet
408 **1992, in Planung**
Umbau Fischmarkthalle 3, Hamburg
Ent.: V. Marg
Mit.: M. Ziemons
409 **1992, Wettbewerb**
Betriebsgebäude, Flughafen Stuttgart
Ent.: M. v. Gerkan
Mit.: W. Gebhardt, R. Kunze,
H. Schlattmeier
410 **1992, Wettbewerb, 3. Preis**
Rütgers Werke AG, Frankfurt/Main
Ent.: M. v. Gerkan
Mit.: C. Kusch
411 **1992**
Bürobauung EBL Leipzig
Ent.: V. Marg mit
K. Staratzke, H. Eustrup, C. Schneider
412 **1992, Wettbewerb**
World Trade Center, Berlin
Ent.: M. v. Gerkan
Mit.: K. Lenz, K. Schroeder
413 **1992, Wettbewerb**
Spreebogen, Berlin
Ent.: V. Marg
Mit.: H. Schlattmeier
- Idee und Modell, Ernst + Sohn Berlin 1994¹
414 **1992, Wettbewerb, Ankauf**
Fortbildungsakademie Herne-Sodingen
Ent.: M. v. Gerkan
Mit.: K. Lenz, K. Schroeder
415 **1992, in Planung**
Kino- und Einkaufszentrum Harburg-Carre
Ent.: V. Marg
Mit.: S. Jöbsch, D. Heller, U. Rösler,
S. Winter
416 **1992, in Planung**
Forum Friedrichshain, Berlin
Ent.: V. Marg
Mit.: H. Nienhoff, J. Hartmann-Pohl,
C. Hasskamp, C. Dost, D. Heller,
S. Winter
417 **1992, in Planung**
Forum Neukölln, Berlin
Ent.: V. Marg
Mit.: S. Jöbsch, S. Winter
418 **1992, Wettbewerb, 1. Preis, in Planung**
Stadtteilzentrum, Leipzig-Grünau
Ent.: V. Marg
Pa.: K. Staratzke
Mit.: A. Akay, H. Akyol, J. Rind,
B. Albers. K. Maass

1992, Wettbewerb, 1. Preis, in Planung
Telecom Suhl
Ent.: M. v. Gerkan mit
Bothe, Richter, Teherani
Ausführungsent.: M. v. Gerkan, J. Zais
Mit.: W. Reich
419 **1992, Wettbewerb, 1. Rang**
SNI-Dienstleistungszentrum
Berliner Straße, München
Ent.: V. Marg
Mit.: H. Nienhoff, K. Akay
420 **1992, in Planung**
Afrika-Haus, Hamburg
Ent.: V. Marg
Pp.: N. Goetze
Mit.: K. Duncker, K. Ritzke, E. Werner
421 **1992, Wettbewerb, 1. Preis, in Planung**
Hotel Mare Balticum, Bansin
Ent.: V. Marg
Pa.: K. Staratzke
Arge: Bothe, Richter, Teherani
422 **1992, Wettbewerb, 1. Preis, in Planung**
Geschäftshaus und Bibliothek Mollstraße,
Berlin
Ent.: V. Marg
Mit.: H. Akyol, S. Schütz
423 **1992, Wettbewerb, 1. Preis**
Hörsaalzentrum Universität Oldenburg
Ent.: M. v. Gerkan mit K. Lenz
Mit.: J. Kalbbrenner, G. Venschott
- Dr. Architektenblatt 1.9.1993
- gmp, Academy Editions, London/
 Ernst + Sohn Berlin 1993¹
424 **1992, Wettbewerb, 1. Preis, in Planung**
Amtsgericht Hamburg-Nord
Ent.: M. v. Gerkan, J. Zais
Mit.: T. Schreiber, U. Wibilshauser,
M. Skrabal, S. Schütz
- gmp, Academy Editions, London/
 Ernst + Sohn Berlin 1993¹
425 **1992, in Planung**
Astoria Maritim-Hotel, Leipzig
Ent.: M. v. Gerkan mit W. Haux
426 **1992, Wettbewerb, 1. Preis**
"Schöne Aussicht", Hamburg
Ent.: V. Marg
Mit.: K. Schroeder
- gmp, Academy Editions, London/
 Ernst + Sohn Berlin 1993¹
- Idee und Modell, Ernst + Sohn Berlin 1994¹
427 **1992, Gutachten, 2. Rang**
Quartier Stadtsparkasse, Dresden
Ent.: M. v. Gerkan mit J. Zais
Mit.: D. Pfeffer, S. Schütz
428 **1992, Wettbewerb**
Städtische Bühnen Domhof, Osnabrück
Ent.: M. v. Gerkan
Mit.: M. Stanek, K. Krause
429 **1992, Realisierungswettbewerb**
Unfallklinik, Dresden-Neustadt
Ent.: M. v. Gerkan
Mit.: C. Kusch
430 **1992, Wettbewerb, Ankauf**
Sony, Potsdamer Platz, Berlin
Ent.: M. v. Gerkan
Mit.: K. Voß, J. Kalbbrenner
- AD – Architectural Design 7-8/1993
- gmp, Academy Editions, London/
 Ernst + Sohn Berlin 1993¹
431 **1992, Wettbewerb**
Daimler Benz AG, Potsdamer Platz, Berlin
Ent.: M. v. Gerkan, H. Büttner,
C. Schneider, K. Lenz
- Bauwelt 38/1992
- gmp, Academy Editions, London/
 Ernst + Sohn Berlin 1993¹
432 **1992, Wettbewerb, 3. Preis**
Olympia 2000, Berlin
Ent.: M. v. Gerkan
Mit.: C. Schneider, M. Stanek, K. Krause
- wettbewerbe aktuell 8/1992
- Stadtbauwelt 61/1992
- gmp, Academy Editions, London/
 Ernst + Sohn Berlin 1993¹
433 **1992, in Planung**
Hotel Ku'damm-Eck, Berlin
Ent.: M. v. Gerkan mit K. Staratzke,
N. Goetze
Mit.: W. Duncker
- Bauwelt 18/1994
- gmp, Academy Editions, London/
 Ernst + Sohn Berlin 1993¹
- Idee und Modell, Ernst + Sohn Berlin 1994¹
434 **1992, Wettbewerb**
Museum Türkenkaserne, München
Ent.: M. v. Gerkan
Mit.: C. Schneider, V. Sievers

- Idee und Modell, Ernst + Sohn Berlin 1993¹
- Idee und Modell, Ernst + Sohn Berlin 1994¹
435 **1992, Städtebaul. Ideenwettbew., 2. P**
Köln-Ehrenfeld
Ent.: V. Marg
Mit.: M. Bleckmann
436 **1992, Gutachterwettbewerb**
Grundhaltplatz – Block 10, Schwerin
Ent.: V. Marg
Mit.: J. Rind, K. Akay
437 **1992, Wettbewerb, 2. Preis**
Schallschutzbebauung,
Burgerfeld-Markt Schwaben
Ent.: M. v. Gerkan
Mit.: C. Schneider
438 **1992, Wettbewerb**
Justizvollzugsanstalt Hamburg-Billwe
Ent.: M. v. Gerkan
Mit.: C. Kusch
439 **1992, Wettbewerb**
Kongreßhotel, Mannheim-Rosengart
Ent.: V. Marg
Mit.: J. Rind, K. Akay
440 **1992, Gutachten, fertiggestellt 1994**
Rehaklinik Trassenheide, Usedom
Ent.: M. v. Gerkan mit P. Römer
Mit.: K. Baumgarten, H. Borgwardt,
B. Galetto
441 **1992, Gutachten, im Bau**
Bürohaus Hapag-Lloyd, Rosenstraße,
Hamburg
Ent.: V. Marg mit S. Jöbsch
Pa.: K. Staratzke
Mit.: S. Winter, R. Preuss, K. Moyer,
W. Schmidt, M. Schöttler
442 **1992, Gutachten**
EKZ Dresden-Nickern
Ent.: V. Marg
Mit.: H. Akyol, P. Fensing, E. M
443 **1992, Städtebauliches Gutachten**
EKZ OSM-Terrain u. Bürogebäude
Stationsstraat/Honigmannstraat, He
Ent.: V. Marg
Mit.: J. Rind, J. Hartmann-Pohl
444 **1993, fertiggestellt 1994**
Neubauten für "Premiere", Studio
Hamburg
Pa.: K. Staratzke
Mit.: K. Duncker, S. Krause, B. Grone
E. Werner
445 **1993, im Bau**
HTC – Kehrwiederspitze, Phase IV,
Hamburg
Ent.: V. Marg
Pa.: K. Staratzke
Mit.: M. Akyol, U. Rösler, B. Scholl, G
B. Dipper, K. Dorn, B. Gronem
446 **1993, Wettbewerb, 1. Preis, in Planu**
Bürogebäude am Mielesheide, H
Ent.: V. Marg
Pl.: W. Gebhardt
Mit.: K. Schroeder, C. Kreusler, S. K
C. Papanikolaou, H. Gietmann
- Idee und Modell, Ernst + Sohn Berlin 1994¹
447 **1993, Studie**
Mainpark, Würzburg
Pa.: K. Staratzke
Arge: Bothe, Richter, Teherani
448 **1993, Wettbewerb, 1. Preis, in Planu**
Fachhochschule des Bundes in Schv
Ent.: V. Marg
Mit.: W. Gebhardt, H. Eustrup, K. Le
449 **1993, Wettbewerb, 3. Preis**
Polizeipräsidium Kassel
Ent.: V. Marg
Mit.: W. Gebhardt, B. Claasen
- Idee und Modell, Ernst + Sohn Berlin 1994¹
450 **1993, Wettbewerb, 2. Preis**
Nürnberger Beteiligungs AG
Ent.: V. Marg
Mit.: V. Sievers, H. Büttner, K. Voß,
K. Krause, H. Ueda, C. Berle
451 **1993, Wettbewerb, Ankauf**
Trabrennbahn Farmsen, Hamburg
Ent.: V. Marg
Mit.: H. Schlattmeier
452 **1993, Wettbewerb, 2. Preis**
Saalbau Festspielzentrum, Reckling
Ent.: M. v. Gerkan mit H. Schlattm
453 **1993, Wettbewerb, Ankauf**
Festspielzentrum, Recklinghausen
Ent.: M. v. Gerkan mit H. Schlattm
454 **1993, Wettbewerb, Ankauf**
Hoffmannstraße, Berlin-Treptow
Ent.: V. Marg
Mit.: B. Claasen, K. Schroeder

- Idee und Modell, Ernst + Sohn Berlin 1994
1993, Wettbewerb
Marienburgprojekt, Nijmegen
Ent.: V. Marg
Mit.: J. Rind, J. Hartmann-Pohl
1993, Wettbewerb, Ankauf
Städtebau Dreißigacker Süd, Meiningen
Ent.: M. v. Gerkan
Mit.: C. de Picciotto
1993, Wettbewerb
Gymnasium Crivitz
Ent.: M. v. Gerkan
Mit.: K. Schroeder
- Idee und Modell, Ernst + Sohn Berlin 1994
1993, fertiggestellt 1995
Stadtvilla, Eberswalde
Ent.: M. v. Gerkan
Pl.: P. Römer
Mit.: R. Wolff, S. Drendinger
1993, Wettbewerb, 2. Preisgruppe
Umbau des Reichstagsgebäudes zum Deutschen Bundestag, Berlin
Ent.: M. v. Gerkan
Mit.: W. Gebhardt, R. Eustrup, K. Lenz, C. Schneider, K. Schroeder
- Bauwelt 4/1993
- Realisierungswettbewerb Umbau Reichstag zum Dt. Bundestag Dokumentation eines Wettbewerbes 1994
- Idee und Modell, Ernst + Sohn Berlin 1994
1993, Gutachten, 1. Rang, in Planung
Lehrter Bahnhof, Berlin
Ent.: M. v. Gerkan
Mit.: J. Kalkbrenner, M. Stanek
Pp.: J. Hillmer
Mit.: S. Winter, P. Bucher, B. Föllmer, S. Gressel, B. Queck, K. Hoyer, R. Blume
- Foyer 1/1993
- Baumeister 5/1993
- AIT 5/1993
- Bauwelt 26/1993
- FAZ 15.11.1993
- architektur + wettbewerbe März 1994
- Der Tagesspiegel 27.12.1994, 17.01.1995
- Bahn special 1/1995
- Zug 3/1995
- Axis - World Design Journal 55/1995
- Kineo 7/Aprile 1995
- Architektur in Berlin Jahrbuch 1995
- Berlin - Auf der Suche nach dem verlorenem Zentrum, Hamb.: Junius 1995
- Baumeister 8/1995
- World Cities Berlin, Academy Editions, London/Ernst+Sohn Berlin 1995
1993, in Planung
Eisenbahnbrücke Lehrter Bahnhof
Ent.: J. Schlaich
1993, Wettbewerb, Ankauf
Luisenstadt - Heinrich-Heine Straße, Berlin
Ent.: M. v. Gerkan mit H. Schlattmeier
Mit.: B. Claasen
1993, Wettbewerb
Neugestaltung Hindenburgplatz, Münster
Ent.: M. v. Gerkan
Mit.: K. Schroeder, B. Claasen, H. Schlattmeier
- Wettbewerbe aktuell 1/1994
- architektur + wettbewerbe März 1994
- Idee und Modell, Ernst + Sohn Berlin 1994
1993, Studie
Museum Grothe, Bremerhaven
Ent.: M. v. Gerkan mit K. Lenz
- Idee und Modell, Ernst + Sohn Berlin 1994
1993, Wettbewerb, 2. Preis
"Der Spiegel", Hamburg
Ent.: V. Marg
Mit.: H. Akyol, S. Jobsch
- Wettbewerbe aktuell 3/1993
- Baumeister 3/1993
1993, Wettbewerb, 1. Preis
Deutsch-Japanisches Zentrum, Berlin
Ent.: M. v. Gerkan
- L'Arca März 1994
- Idee und Modell, Ernst + Sohn Berlin 1994
1993, Wettbewerb
Dortmunder Union Brauerei
Ent.: M. v. Gerkan
- Idee und Modell, Ernst + Sohn Berlin 1994
1993, im Bau
Fernmeldeämter 3 + 5, Telekom Berlin
Ent.: M. v. Gerkan mit J. Zais
Mit.: V. Warnecke, S. Schroeder, J. Stodtko, G. Wysocki
1993, Wettbewerb
Max-Planck-Ges. Marstallplatz, München
Ent.: M. v. Gerkan

Mit.: C. Berle, H. Schlattmeier, V. Sievers
- Idee und Modell, Ernst + Sohn Berlin 1994
1993, Städtebauliches Projekt
Bahnhof Blankenese, Hamburg
Ent.: M. v. Gerkan mit N. Goetze
Mit.: T. Haupt
- Kineo 7/Aprile 1995
1993, Wettbewerb, 3. Preis, in Planung
Fernbahnhof Berlin-Spandau
Ent.: M. v. Gerkan
Mit.: S. Zittau-Kroos, B. Claasen, M. Stanek, J. Kalkbrenner, K. Struckmeyer, P. Schuck, B. Keul, R. Lauer
- Bauwelt 26/1993
- Idee und Modell, Ernst + Sohn Berlin 1994
- Kineo 7/Aprile 1995
1993
Havelbrücke, Fernbahnhof Spandau
Ent.: J. Schlaich mit M. v. Gerkan
1993
Lärmschutz, Fernbahnhof Spandau
Ent.: M. v. Gerkan
1993, Wettbewerb
Spreeinsel, Berlin
Ent.: M. Luchi
1993, Wettbewerb
Neurimm-Mitte, München
Ent.: M. v. Gerkan
Mit.: W. Gebhardt, U. Heiwolt
Arge: Weberg, Lange, Eppinger
- Idee und Modell, Ernst + Sohn Berlin 1994
1993, Wettbewerb, 4. Preis
Institut für diskrete Mathematik, Lennéstraße, Bonn
Ent.: M. v. Gerkan
Mit.: N. Goetze, C. de Picciotto
1993, Wettbewerb, 2. Preis
Zentrumserweiterung Erfurt-Ost
Ent.: M. v. Gerkan mit W. Gebhardt
Mit.: H. Schlattmeier
1993, 3 Entwürfe
Fußgängerbrücke Holstenhafen, Lübeck
Ent.: J. Schlaich mit M. v. Gerkan mit H. Schlattmeyer
1993, Wettbewerb
Musikhalle Kopenhagen
Ent.: M. v. Gerkan
Mit.: N. Goetze, K. Schroeder
1993, Gutachten
Zwei Ministerien und Deutsche Telekom Mobilfunk, Bonn-Beuel
Ent.: M. v. Gerkan mit N. Goetze
Mit.: K. Duncker
- Idee und Modell, Ernst + Sohn Berlin 1994
1993, in Planung
Städtebauliches Projekt Stuttgart 21
Ent.: M. v. Gerkan
Mit.: C. de Picciotto
- Forbes 3/1995
- Glas Architektur und Technik 1/1995
- Kineo 7/Aprile 1995
1993, Wettbewerb, 1. Preis, im Bau
Messe Hannover, Halle 4
Ent.: V. Marg
Mit.: K. Staratzke
Arge: M. Ziemons, T. Hinz, H. Ueda, D. Vollrath, U. Rösler, B. Scholl
Arge: J. Schlaich
- Dt. Architektenblatt 1.8.1994
1993, Städtebauliche Studie
Fortbildungsakademie der Telekom, Klein Machnow
Ent.: M. v. Gerkan mit J. Zais
Mit.: Andreas Reich
1993, in Planung
Fachhochschule K, Hamburg
Ent.: V. Marg
Mit.: R. Schroeder, H. Huussmann, Y. Erkan
1993, Wettbewerb
Webergasse, Dresden
Ent.: M. v. Gerkan
Mit.: M. Stanek, J. Kalkbrenner
1993, Gutachten
Deutrichhof-Passage, Leipzig
Ent.: S. Rupprecht, M. Kupper
1993, Wettbewerb
Rathaus Garbsen
Ent.: M. v. Gerkan mit W. Gebhardt
1994, in Planung
Wohnbebauung EBL Leipzig
Ent.: M. v. Gerkan mit J. Zais, K. Staratzke
Mit.: C. Dirk, S. Schröder, G. Wysocki
1994, in Planung
Niederlassung der EBL in Leipzig-Podelwitz (Bauhof)
Ent.: V. Sievers
Mit.: G. Gullotta
1994, Wettbewerb, Ankauf
Theater der Stadt Gütersloh
Ent.: M. v. Gerkan mit H. Schlattmeier

- Wettbewerbe aktuell 4/1994
- architektur + wettbewerbe März 1994
- Idee und Modell, Ernst + Sohn Berlin 1994
1994, Gutachten
Wohnbebauung Dovenfleet, Hamburg
Ent.: M. v. Gerkan mit N. Goetze
Mit.: R. Burmester
1994, Wettbewerb, 1. Preis
Hörsaalzentrum - Erweiterung der TU Chemnitz
Ent.: M. v. Gerkan
Mit.: A. Lapp, H. Schlattmeier
- Wettbewerbe aktuell 9/1994
1994, Wettbewerb
Erweiterung Universität Dresden
Ent.: M. v. Gerkan
Mit.: A. Lapp, K. Blötz, H. Reusch
1994, Wettbewerb, 1. Rang
Neues Zentrum, Berlin-Schönefeld
Ent.: M. v. Gerkan
Arge: Amorelli, Sembritzki, Tran-Viet
Mit.: C. de Picciotto, A. Lapp, H. Schlattmeier, W. Gebhardt
- Bauwelt 13/85/1994
1994, Wettbewerb, Ankauf
Kleist-Theater, Frankfurt/Oder
Ent.: M. v. Gerkan
Mit.: S. Schutz, D. Schaffler
1994, Gutachten, in Planung
Fußgängerbrücke Kiel-Hörn
Ent.: V. Marg
Mit.: R. Schröder, J. Baumeister, D. Vollrath, C. Momberg
Arge: J. Schlaich
1994, Wettbewerb
Hauptbahnhof Leipzig
Ent.: M. v. Gerkan
Arge: J. Rind, J. Naujack, M. Bleckmann, P. Nagel, B. Kortz
1994, Wettbewerb, 4. Preis
Bundeskanzleramt, Berlin
Ent.: M. v. Gerkan
Mit.: K. Lenz, V. Sievers, K. Burmester, P. J. Dorn
- Der Tagesspiegel 15.12.1994
- Wettbewerbe aktuell 12/1994
- Baumeister 3/1995
1994, Wettbewerb, 1. Preis, in Planung
Stadtvillen Gerling, Leipzig
Ent.: M. v. Gerkan mit W. Gebhardt
Pa.: K. Staratzke
Pl.: D. Dorn
Mit.: K. Bonk, H. Munchhalfen
1994, Wettbewerb, 4. Preis
Hypo-Bank, Frankfurt/Main
Ent.: V. Marg
Mit.: M. Bleckmann, J. Naujack, M. Gerhards, C. Venus
1994, Wettbewerb
Cardiff Bay Opera
Ent.: M. v. Gerkan mit J. Zais, A. Reich, R. Eustrup
1994, in Planung
Tivoli-Kino, Berlin
Ent.: M. v. Gerkan mit K. Lenz
Mit.: P. Kropp, T. Grotzeck, B. Groß, G. Venschott
1994, Wettbewerb
Werdener Straße, Düsseldorf
Ent.: M. v. Gerkan
Mit.: A. Lapp, H. Schlattmeier
1994, Wettbewerb
Nördliche Wallhalbinsel, Lübeck
Ent.: M. v. Gerkan
Mit.: H. Gietmann, K. Voß
1994, in Planung
Gewerbepark Areal Robotron, Sommerda
Ent.: M. v. Gerkan mit J. Zais
Mit.: S. Schutz, D. Schaffler
Arge: Weberg, Eppinger, Schmdtke
1994, Wettbewerb, 4. Preis
mdr - Mitteldeutscher Rundfunk, Leipzig
Ent.: V. Marg
Mit.: M. Bleckmann, F. Jaspert, K. Hofmeister
1994, Wettbewerb
Holzhafen Hamburg-Altona
Ent.: M. v. Gerkan mit H. Schlattmeier
Mit.: K. Blötz
1994, Wettbewerb, 3. Preis
Wohn- und Geschäftshaus Eppendorfer Landstraße, Hamburg
Ent.: M. v. Gerkan mit A. Lapp
1994, Wettbewerb, 2. Preis
Max-Planck-Institut, Potsdam-Golm
Ent.: M. v. Gerkan mit H. Schlattmeier
1994, Wettbewerb, in Planung
Norddeutsche Metall-Berufsgenossen-

schaft, Hannover
Ent.: M. v. Gerkan
Pl.: W. Gebhardt
Mit.: A. Bauer, K. Bonk, K. Beiß, U. Heiwolt
1994, Studie
Bahnhof Charlottenburg, Berlin
Ent.: M. v. Gerkan
Mit.: K. Nolting
Arge: J. Schlaich
1994, im Bau
Standardisierte Bahnhofsdächer
Ent.: M. v. Gerkan
Pp.: J. Hillmer
Mit.: R. Nolting, R. Dipper
1994, Wettbewerb
Östlicher Altstadtring Dresden
Ent.: Meinhard v. Gerkan
Mit.: A. Lapp, F. Hulsmeier
1994, Gutachten
Berliner Platz, Heilbronn
Ent.: M. v. Gerkan mit V. Sievers
1994, Wettbewerb
Promotion Park, Bremen
Ent.: M. v. Gerkan
Mit.: C. de Picciotto
1994, Studie, in Planung
Gerlinghaus Am Löwentor, Stuttgart
Ent.: M. v. Gerkan
Pl.: N. Goetze
Mit.: K. Staratzke
1994, in Planung
Körber AG, Hamburg
Ent.: M. v. Gerkan mit N. Goetze
Mit.: R. Ritzke
1994, Wettbewerb
Bahnhof Helsinki
Ent.: M. v. Gerkan
Mit.: R. Schroder, H. Akyol
- Bauwelt 31/86/1995
1994, Wettbewerb
Bundespräsidialamt, Berlin
Ent.: M. v. Gerkan mit P. Römer
1994, Realisierungswettbewerb
Fachbibliothek HTW Zwickau
Ent.: M. v. Gerkan
Mit.: K. Burmester
1994, in Planung
Abgeordnetenhäuser Dorotheenblöcke, Berlin
Ent.: M. v. Gerkan mit H. Schlattmeier
Arge: Busmann & Haberer, die Architekten Cie, von Gerkan, Marg + Partner, Schweger und Partner, Thomas van de Valentyn.
- Foyer 3/1994
- Bauwelt 11/1995
1994, Internationaler Wettbewerb
Hafen Yokohama
Ent.: M. v. Gerkan
Mit.: D. Schäffler, S. Schütz
1994, Städtebaulicher Wettbewerb, 2. Preis
Neuordnung des Areals "AEG-Kanis", Essen
Ent.: M. v. Gerkan
Mit.: D. Schäffler, S. Schutz,
1994
Tiergartentunnel, Berlin
1994
Bebauung Bahnhofstraße Erfurt
Ent.: M. v. Gerkan mit J. Zais
Mit.: R. Eustrup
1994, Wettbewerb, 4. Preis
Bürohaus an der Stadtmünze, Erfurt
Ent.: V. Marg
Mit.: A. Lapp
1994, Wettbewerb, Ankauf
Universitätsbibliothek und stadtebaulicher Ideenwettbewerb, Universität Erfurt
Ent.: V. Marg
Mit.: F. Jaspert, O. Drehsen, S. Driessen
1994, Studie
Flughafen Zürich
Ent.: M. v. Gerkan mit K. Lenz
1994, Gutachten, in Planung
Bahnhof Stuttgart 21
Ent.: M. v. Gerkan mit C. de Picciotto
1995, Wettbewerb
Erweiterung Städtisches Museum im Simeonstift, Trier
Ent.: M. v. Gerkan mit H. Schlattmeier
1995, Wettbewerb, 1. Rang, in Planung
Dresdner Bank, Pariser Platz, Berlin
Ent.: M. v. Gerkan
Mit.: H. Schlattmeier
- Wettbewerbe aktuell 3/1995
- BZ 9.2.1995
- Wochenpost 16.2.1995
- Bauwelt 11/1995
- Die Zeit 10/1995

505

533 1995, Wettbewerb, Ankauf
Ehemaliger Nutz- und Zuchtviehmark, Lübeck
Ent.: M. v. Gerkan, J. Zais
Mit.: S. Kreykenbohm, V. Warnecke

534 1995, Wettbewerb
High-Tech Center, Babelsberg
Ent.: M. v. Gerkan
Mit.: D. Schäffler, S. Schütz

535 1995, Wettbewerb, 1. Preis
Neumarkt, Celle
Ent.: M. v. Gerkan
Mit.: D. Schäffler

536 1995, Gutachten
Wasser- und Schiffahrtsdirektion Ost, Magdeburg
Ent.: M. v. Gerkan
Mit.: S. Müller

537 1995, Wettbewerb
Erweiterung Rathaus Berlin-Treptow
Ent.: M. v. Gerkan mit H. Schlattmeier

538 1995, Wettbewerb
Grund- und Hauptschule, München
Ent.: M. v. Gerkan
Mit.: C. de Picciotto

539 1995, Studie
Einkaufszentrum Berlin-Marzahn
Ent.: M. v. Gerkan
Mit.: V. Sievers, K. Ritzke

540 1995, in Planung
Brücke Landwehrkanal, Berlin
Ent.: M. v. Gerkan
Mit.: D. Schäffler, S. Schütz

541 1995, Farb- und Materialkonzept Bahn 2000
Ent.: M. v. Gerkan, J. Hillmer
Mit.: A. Buchholz-Berger, R. Dipper, B. Föllmer

542 1995, in Planung
Papierterminal Fa. Pohl & Co., Kiel
Ent.: V. Marg mit H. Akyol
Pa.: K. Staratzke
Pp.: U. Rösler

543 1995, Wettbewerb, Ankauf
Bahnhof Erfurt
Ent.: M. v. Gerkan
Mit.: A. Lapp

544 1995, Wettbewerb, Ankauf
Museum "Alte Post", Pirmasens
Ent.: M. v. Gerkan
Mit.: A. Lapp

545 1995, Wettbewerb, Ankauf
Messehalle Bremen
Ent.: M. v. Gerkan
Mit.: K. Lenz

546 1995, Wettbewerb, 3. Preis
Neues Bürgerhaus Scharbeutz
Ent.: C. Abt

547 1995, Wettbewerb, 2. Preis
Kurbereich Lobenstein
Ent.: M. v. Gerkan und J. Zais
Mit.: K. Plein, J. Köpke, M. Kaschke, W. Gothe

Ent.: Entwurf Design
Mit.: Mitarbeiter Assistants
Pa.: Partner Partnership
Pl.: Projektleiter Project leader
Pp.: Projektpartner Project partnership
Arge Arbeitsgemeinschaft Working Team

[1] Meinhard von Gerkan
Architektur 1966 – 1978
von Gerkan, Marg und Partner
Stuttgart: Karl Krämer Verlag 1978

[2] Meinhard von Gerkan
Die Verantwortung des Architekten
Bedingungen für die gebaute Umwelt
Stuttgart: Deutsche Verlags-Anstalt 1982

[3] Meinhard von Gerkan
Architektur 1978 – 1983
von Gerkan, Marg und Partner
Stuttgart: Deutsche Verlags-Anstalt 1983

[4] Meinhard von Gerkan
Architektur 1983 – 1988
von Gerkan, Marg und Partner
Stuttgart: Deutsche Verlags-Anstalt 1988

[5] Meinhard von Gerkan
Architektur 1988 – 1991
von Gerkan, Marg und Partner
Stuttgart: Deutsche Verlags-Anstalt, 1992

[6] Meinhard von Gerkan
von Gerkan, Marg und Partners
London: Academy Editions,
Berlin: Ernst & Sohn 1993

[7] Meinhard von Gerkan
Idea and model
Idee und Modell
30 years of architectural models
30 Jahre Architekturmodelle
von Gerkan, Marg und Partner
Berlin: Ernst & Sohn 1994

Allgemeine Veröffentlichungen
General publications

* db – deutsche bauzeitung 5/1972
  Architektenporträt
* Deutsche Kunst seit 1960
  Architektur
  von Pablo Nester, Peter M. Bode
* Die Zeit 25.10.1974
  Ein Halleluja für zwei Architekten
* Der Spiegel 14.10.1974
  Weihe nach Wehen – Flughafen Berlin-Tegel
* Die Welt am Sonntag 7.11.1976
  Die glorreichen Sieben der deutschen Architektur
* Andreas und Harald Deilmann 1979
  Gebäude für öffentliche Verwaltung
* Bauwelt 9.5.1980
  Hamburg – Bauen am Wasser
  Bemerkungen zu einem betagten, aber noch immer aktuellen Gutachten
* Hamburger Abend-Blatt 5.6.1981
  Zu Gast bei Volkwin Marg
* Bild-Zeitung 10.10.1984
  Die Reportage: Holzbau am Elbhang – so wohnt ein Architekt
* architektur + wettbewerbe 6/1986
  Wettbewerbsprofil der Architekten von Gerkan, Marg + Partner – Portrait
* Die Welt 26.11.1987
  "Wir könnten glatt mit Manhattan konkurrieren"
  Interview mit Volkwin Marg
* Die Welt 21.12.1988
  "Schon Versailles war durchgestylt bis zur letzten Buchsbaumhecke"
  Welt-Gespräch mit sechs Kreativen
* Norddeutscher Rundfunk 1989
  Kulturfilm 45 min
  Zwischen Tradition und Moderne
  "Architekten von Gerkan, Marg + Partner, Hamburg"
* Calwey-Verlag München 1990
  Unternehmen Grün, Ideen, Konzepte,
  Beispiele für mehr Grün in der Arbeitswelt
  "Mit gutem Beispiel voran"
  "Koloss in grüner Brandung"
  Hermann Grub
* Frankfurter Rundschau 249/1990
  Architekturforum 19. – 21.10.1990 Dresden
  "Was tun mit der geschundenen Schönheit?"
  Peter Iden
* Frankfurter Allgemeine Zeitung 20.7.1990
  West-Östlicher Architektenworkshop
  Dresden, 13. – 20. Juli 1990
  "Was aus Dresden werden könnte"
  Helmut Trauzettel
* Bauwelt 48/1990
  West-Östlicher Architektenworkshop
  Dresden, 13. – 20. Juli 1990
  "Die Emotionale Stadt"
  Reinhard Löffler
* db – deutsche bauzeitung 12/1990
  Architektenforum Dresden
  "Gedankenaustausch"
  Oliver G. Hamm
* Sender Freies Berlin 1990
  "Auf Sand gebaut"
  Film 45 min. mit Meinhard v. Gerkan
* Christians Verlag Hamburg 1990
  Jürgen-Ponto-Stiftung
  West-Östlicher Architektenworkshop
  in Dresden 13. – 20. Juli 1990
  Herausgeber Meinhard v. Gerkan
* DBZ – Deutsche Bauzeitschrift 11/1990
  "Ostdeutschland: Architektur im Aufbruch?"
  Klaus-Dieter Weiß
  Interview mit Meinhard v. Gerkan
* Bauwelt 34/1990
  Mit gutem Beispiel voran
* PBC International Inc. 1990
  Environmental Design – The Best of Architecture & Technology"
  Margret Cottom-Winslow
* Technique & Architecture 391/Sept. 90
  "Vague de Verre – Musée d'histoire de Hambourg, RFA"
  Annie Zimmermann
* Stern, Journal Bauen und Wohnen 20.9.1990
  "Hochhäuser sind dumm und teuer"
  Interview mit Volkwin Marg
* L'Arca 23/1990
  "von Gerkan's Airports"
  Virgil Tutu
* Deutsches Architektur-Museum,
  Frankfurt/Main
  Jahrbuch für Architektur 1991
  Vittorio Magnago Lampugnani
* AJ Focus März 1991
  Case Study over the Top
  Susan Dawson
* DBZ – Deutsche Bauzeitschrift 9/1991
  Stadthalle in Bielefeld
  Klaus-Dieter Weiß
* DBZ – Deutsche Bauzeitschrift 9/1991
  Geometrie als Fundus
  Der Architekt Meinhard von Gerkan
  Klaus-Dieter Weiß
* DBZ – Deutsche Bauzeitschrift 10/1991
  "Cui bono, Städtebau?"
  Klaus-Dieter Weiß
* World Architecture 15/1991
  "Spirit of Competition – Bureau of GMP"
* L'Industria delle costruzioni 243 1/1991
  "L'Architettura – The work of GMP"
* Architektur in Hamburg, Jahrbuch 1991
  "Bauprobleme, keine Stilprobleme!"
  Ein Portrait der Architekten von Gerkan
  Marg und Partner
  von Werner Oechslin
* Atrium März/April 1993
  "Architektur als Dialog"
  Jan Esche
* Pace Architecture Vol. 63, Febr. 1994
  "What makes an airport designer tick"
  Interview mit Meinhard v. Gerkan
* New Steel Construction Juni 1994
  "The work of Meinhard v. Gerkan"
* Hamburger Abendblatt 29.7.1994
  "Ein Kind der Küste" – Prominente und Unbekannte unserer Nachbarschaft. III
  Der Architekt Volkwin Marg
  von Julius Herrmann
* GRANIT stellt vor... September 1994
  "Architekt Prof. M. v. Gerkan"
* DBZ – Deutsche Bauzeitschrift 10/1994
  "Einheit durch Material – Mannigfaltigkeit durch das Detail (Ziegelbauweise)"
* Ideen, Entwürfe, Modelle – Die Musikhochschule Kongresshalle (MUK)
  "Ein Bekenntnis besonderer Art"
  Jan Esche, Bernd Pastuschka
  Interview mit Meinhard v. Gerkan
* Hamburger Abendblatt 31.1.1995
  "Harburg gehört an die Elbe – Wohnen am Wasser: Studenten-Ideen für einen Stadtteil"
* Bauwelt 19/1995
  "Unter großen Dächern – von Gerkan und Partner in der Berlinischen Galerie Martin-Gropius-Bau, Stresemannstr.
  Berlin, bis zum 25. Juni 1995"
  Wolfgang Hoffmann
* Kineo 7/Aprile 1995
  "Le Stazioni Ferroviarie di von Gerkan + Partner"
  Stefano Andi
* C & L Deutsche Revision, Bürogebäude Heddernheim
  Fragen an den Architekten
  Interview mit Meinhard v. Gerkan
* Baumeister 8/1995
  Der gläserne Himmel – Weitgespannte Dächer von gmp
  Jan Esche
* Norddeutscher Rundfunk 1995
  Porträtfilm 45 min
  "Profile: Volkwin Marg"

Aufsatze, Artikel
Essays, articles

- Berliner Bauwirtschaft
  Sonderheft Berliner Bauwochen 1972
  Neubau des Flughafens Berlin-Tegel
  Meinhard v. Gerkan
- Deutsches Architektenblatt 13/1974
  Quo vadis? Zum Wettbewerbswesen
  Meinhard v. Gerkan
- Airportforum 4/1974
  Tegel – Berlins neuer Zentralflughafen
  Meinhard v. Gerkan
- Deutsches Architektenblatt 21/1974
  Vielfalt in der Einheit
  Neuplanung für den Flughafen Berlin-Tegel
  Meinhard v. Gerkan
- Die Zeit 21.2.1975
  "Architekten sind nicht an allem Schuld –
  Warum unsere gebaute Umwelt immer
  lebensfeindlicher wird"
  Meinhard v. Gerkan
- Detail 3/1975
  Gedanken zum Berufsbild des Architekten
  heute
  Meinhard v. Gerkan
- Die Zeit 29.8.1975
  "Schnörkel gegen Raster – Plädoyer für eine
  einfallsreiche Architektur"
  Meinhard v. Gerkan
- Der Architekt 9/1975
  Wird die Bürolandschaft ein Alibi?
  Volkwin Marg
- Verband Bayrischer Wohnungsunternehmen
  11/1975
  Gestaltung unserer Umwelt
  Meinhard v. Gerkan
- Der Architekt 11/1975
  Architektur kritisch:
  Ein Bau widerlegt seine Ideologie:
  FU-Berlin – "Die Rostlaube"
  Meinhard v. Gerkan
- Bauwelt 2/1976
  5. Godesberger Gespräch:
  "Bei den Mandrills, bei den Sappeuren"
  Volkwin Marg
- Der Architekt 1/1976
  5. Godesberger Gespräch:
  "Stadt zwischen Wachstum und
  Regeneration"
  Volkwin Marg
- Der Architekt 10/1976
  Albertslund – Lageplandesign und
  Stadtebau oder wer hat Angst vor dem
  langen Strich?
  Volkwin Marg
- Der Architekt 11/1976
  Verkehrsbauten als zentrale Aufgabe der
  Umweltgestaltung
  Meinhard v. Gerkan
- Bauen + Wohnen 2-3/1976
  Elemente der Flughafenplanung
  Hamburg Kaltenkirchen, Flughafen
  München II, Flughafen Berlin-Tegel
  Meinhard v. Gerkan
- Bauwelt 34/1976
  Der Computer als Ersatz für den hohlen
  Bauch
  Meinhard v. Gerkan
- Der Architekt 4/1978
  Architektenausbildung in der
  Braunschweiger Schule
  Meinhard v. Gerkan
- Die Welt 17.4.1978
  Das Kunstwerk Hamburg
  Meinhard v. Gerkan
- Der Architekt 7-8/1978
  In persönlicher Verantwortung
  Meinhard v. Gerkan
- Der Architekt 2/1978
  Centre Pompidou, Monument einer
  fixen Idee
  Volkwin Marg
- Sonderdruck des BDA
  Baden-Württemberg 14.11.1978
  Bedingungen für Architektur
  Meinhard v. Gerkan
- db – deutsche bauzeitung 5/1978
  Anpassung oder Selbstbehauptung
  Meinhard v. Gerkan
- Der Architekt 7-8/1979
  Man fährt nach Finnland
  Meinhard v. Gerkan
- Der Architekt 9/1979
  Wie ein Schiff am Kai
  Volkwin Marg
- Hamburger Abendblatt 13.9.1979
  In Hamburg ist vieles versaut worden
  Volkwin Marg
- Der Architekt 2/1979
  Bedingungen für Architektur
  Meinhard v. Gerkan

- Der Architekt 1/1979
  Pluralismus der Formen ja,
  Pluralismus der Werte nein
  Volkwin Marg
- Allgemeine Bauzeitung 24.8.1979
  Wird es mit der Ausbildung zum
  Architekten?
  Volkwin Marg
- Werk – Archithese 1-2/1979
  Walt Disney – als Leitidol neuen Städtebaus
  Meinhard v. Gerkan
- Bauwelt 38/1979
  Spezialisten oder Generalisten
  Meinhard v. Gerkan
- Bauwelt 14.12.1979
  Gut Figur
  Meinhard v. Gerkan
- Glasforum 2/1979
  Bedingungen für Architektur
  Meinhard v. Gerkan
- Bauwelt 1-2/1980
  Zweite Unschuld - Improvisiert
  Volkwin Marg
- Bauwelt 17-18/1980
  Hamburg – Bauen am Wasser
  Meinhard v. Gerkan
- Forum "Rettet den Unterelbraum"
  24.4.1980
  Volkwin Marg
- Bauwelt 19/1980
  James Stirling "Spree Athen"
  Meinhard v. Gerkan
- Bauwelt 23.5.1980
  Einstimmigkeit durch Uneinigkeit –
  Die Selbstzerstörung des Wettbewerbs-
  wesens durch Entscheidungen, die keine
  sind
  Meinhard v. Gerkan
- Der Architekt 11/1980
  Sozialer Wohnungsbau zwischen
  Resignation und Motivation
  Volkwin Marg
- Der Architekt 11/1980
  Vom politischen Geschäft zur politischen
  Kultur
  Meinhard v. Gerkan
- Deutsches Architektenblatt 7/1980
  "Schnörkel kontra Raster – die Polarisierung
  der Ästhetik"
  Meinhard v. Gerkan
- Gemeinnütziges Wohnungswesen 7/1980
  Mehr Kooperation für den Wohnungsbau
  Volkwin Marg
- Der Architekt 2/1981
  9. Godesberger Gespräch – "Verwalteter
  Mensch – Zerwaltete Umwelt"
  Volkwin Marg
- The Architectural Review 6/1981
  The state of German architecture
  Meinhard v. Gerkan
- Vorwärts Spezial Juni 1981
  "Kann denn Wachstum Sünde sein?"
  Volkwin Marg
- Bauwelt 40-41/1981
  "Handeln im Wandel"
  Volkwin Marg
- Glasforum 3/1981
  "Ist der Architekt überholt?"
  Meinhard v. Gerkan
- Deutsches Architektenblatt 3/1981
  "Stil oder Mode"
  Meinhard v. Gerkan
- architectura + wettbewerbe 6/1982
  Sportbauten – Orte der Begegnung
  Meinhard v. Gerkan
- Tendenzen, Architekten- und Ingenieur-
  kammer Schleswig-Holstein 1982
  Entwerfen im Dialog
  Meinhard v. Gerkan
- Der Architekt 7-8/1983
  Wie wollen wir weiterleben? – Vorsicht vor
  morgen mit Rücksicht auf gestern
  Meinhard v. Gerkan
- Der Architekt 7-8/1983
  BDA-Kritikerpreisverleihung an
  Julius Posener
  Volkwin Marg
- Der Architekt 10/1984
  Über die Sinnlichkeit des Wohnens
  Meinhard v. Gerkan
- Bundesverband der Deutschen
  Zementindustrie e. V.
  Tagungsbericht vom 26.4.1984
  Gesundes Wohnen
  Meinhard v. Gerkan
- Der Architekt 7-8/1984
  "Demokratie und Architektur im Alltag"
  Volkwin Marg
- Bauwelt 58/1984
  "Zur Lage – Überheblich und unerheblich"
  Volkwin Marg

- Bauwelt 27/1985
  Bunker + Valium
  Volkwin Marg
- Der Architekt 12/1985
  Architekturkritik – Gesprächsversuche über
  ein schwieriges Thema
  Volkwin Marg
- Der Architekt 1/1985
  13. Godesberger Gespräch:
  Freiheit und Bindung in der Architektur –
  Von Zuwenig zum Mißbrauch der Freiheit
  Meinhard v. Gerkan
- Der Architekt 4/1985
  "Baugestaltung zwischen Anspruch und
  Wirklichkeit"
  Meinhard v. Gerkan
- BAU '85 – 22.10.1985
  "Architektur als Dialog"
  Meinhard v. Gerkan
- Arcus 3/1986
  "Dialogisches Entwerfen"
  Meinhard v. Gerkan
- arcus 5-6/1986
  "Dialogisches Entwerfen"
  arcus Gespräch "Entwurfsprozesse"
  Auszug aus der Diskussion
  Meinhard v. Gerkan
- Bauwelt 27/1985
  Bunker und Valium?
  Volkwin Marg
- Bauwelt 29/1986
  "Gegensätzliche Auffassungen über Lösung
  der Flughafenprobleme"
  Meinhard v. Gerkan
- Detail 2/1986
  Bis ins Detail
  Meinhard v. Gerkan
- Baumeister 6/1986
  Ergebnisse aus Wettbewerben
  BAG-Nachrichten, Februar 1986
  So werden Planungsfehler bei Passagen
  vermieden
  Meinhard v. Gerkan
- Perspektiven, Juni 1986, Universität
  Witten/Herdecke
  Neuer Bautypus einer Campus-Universität,
  Dialogische Proportionen
  Meinhard v. Gerkan
- Summarios, Buenos Aires 7/1986
  En contra de toda doctrina en Arquitectura
  Meinhard v. Gerkan
- Daidalos März 1987
  Baumartige Konstruktionen
  Meinhard v. Gerkan
- Art 44/1987
  Aus Stoff und Stein – Fabrik
  Volkwin Marg
- Baumeister 5/1987
  Wohnen in Stadtvillen, Energiesparhäuser
  Meinhard v. Gerkan
- Der Tagesspiegel – Sonderbeilage
  Wohnen 8.3.1987
  Die Sinnlichkeit des Wohnens
  Meinhard v. Gerkan
- Hamburger Abendblatt 12./13.3.1988
  Beispiele London/Köln, Amsterdam
  Volkwin Marg
- Schweizer Ingenieur und Architekt 10/1988
  Kopf und Maschine
  Meinhard v. Gerkan
- Die Welt 5.3.1988
  Auf die Schnelle ein paar Kisten in die
  Gegend klecksen
  Meinhard v. Gerkan
- Der Architekt 1/1989
  "Hamburgs Chancen und Risiken"
  Volkwin Marg
- Der Architekt 7-8/1989
  "Der Wandel im Handel"
  Volkwin Marg
- L'Arca 30/Sept. 1989
  "Il Deutsches Historisches Museum
  a Berlino"
  Meinhard v. Gerkan
- Stahl-Informations-Zentrum 1990
  Transparentes Bauen mit Stahl
  "Warum transparentes Bauen – Mode oder
  Bedürfnis?"
  Meinhard v. Gerkan
- Public Design Jahrbuch 1990
  "Überdachte öffentliche Räume –
  Architektur für die Öffentlichkeit"
  Meinhard v. Gerkan
- arcus – Architektur u. Wissenschaft, Band 5
  Schiffe in der Architektur – Hamburg
  "Architektendampfer an der Elbchaussee"
  Meinhard v. Gerkan
- Festschrift zur Fertigstellung der Stadthalle
  Bielefeld 1990
  "Konzeption und Gestaltung der Stadthalle"
  Meinhard v. Gerkan
- Der Architekt 5/1990

Wolfgang Haux
Dipl.-Ing. Architekt BDA

geboren am 13. August 1947 in Hamburg.
1969 Architekturstudium an der Hochschule für Bildende Künste.
1975 Diplom-Examen.
1976 Mitarbeit im Architekturbüro Prof. Dieter Hoor, Steinhorst.
seit
1978 Mitarbeit im Büro von Gerkan, Marg + Partner, Hamburg.
seit
1994 Assoziierter Partner im Büro von Gerkan, Marg + Partner.

born on 13 August 1947 in Hamburg.
1969 Architectural Studies at Hochschule für Bildende Künste.
1975 Diploma Examination.
1976 Work with Architekturbüro Prof. Dieter Hoor, Steinhorst.
since
1978 Work with von Gerkan, Marg + Partners, Hamburg.
since
1994 Associate Partner with von Gerkan, Marg + Partners.

Nikolaus Goetze
Dipl.-Ing. Architekt

geboren am 25. September 1959 in Kempen.
1980 Architekturstudium an der RWTH Aachen.
1985–
1986 Meisterklasse Prof. W. Holzbauer, Hochschule für angewandte Kunst, Wien.
1987 Diplom an der RWTH Aachen.
seit
1987 Mitarbeit im Büro von Gerkan, Marg + Partner, Hamburg.
seit
1994 Assoziierter Partner im Büro von Gerkan, Marg + Partner.

born on 25 September 1959 in Kempen.
1980 Architectural studies at RWTH Aachen.
1985–
1986 Master Class Prof. W. Holzbauer, Hochschule für angewandte Kunst, Wien.
1987 Diploma at the RWTH Aachen.
since
1987 Work with von Gerkan, Marg + Partners.
since
1994 Associate Partner with von Gerkan, Marg + Partners.

Jürgen Hillmer
Dipl.-Ing. Architekt

geboren am 26. Dezember 1959 in Mönchengladbach.
1980 Architekturstudium an der Carolo-Wilhelmina in Braunschweig.
1988 Diplom.
1988–
1992 Mitarbeit im Büro von Gerkan, Marg + Partner, Hamburg.
1992–
1995 freiberuflicher Architekt in Haltern, Nordrhein-Westfalen.
seit
1994 Assoziierter Partner im Büro von Gerkan, Marg + Partner.

born on 26 December 1959 in Mönchengladbach.
1980 Architectural studies at the Carolo-Wilhelmina in Braunschweig.
1988 Diploma.
1988–
1992 Work with von Gerkan, Marg + Partners, Hamburg.
1992–
1995 Free lance architect in Haltern, Nordrhein-Westfalen.
since
1994 Associate Partner with von Gerkan, Marg + Partners.